대한민국

캠핑카부터
차박까지
자동차로 즐기는
요즘 대세 여행법

자동차 캠핑 가이드

허준성·여미현·표영도 지음

중앙books

저자의 말

2009년 1월, 국내에 폴딩 트레일러가 채 100대도 되지 않았을 초창기 시절, 중고 트레일러로 RVing을 시작해서 횟수로 10년이 넘었다. 당시만 해도 캠핑카에 대한 정보가 거의 없었고, 캠핑장을 소개하고 예약을 해주는 등의 스마트폰 애플리케이션이나 웹사이트도 부족했다. 요즘은 TV 프로그램에서도 심심치 않게 캠핑카가 나올 정도로 대중화의 길로 가고 있고, 차박캠핑을 중심으로 자동차 캠핑 유저도 많이 늘었다.

하지만, 길에서 만난 호기심 많은 사람의 물음에는 아직 사소한 오해들이 담겨있다. 어떻게 자동차 캠핑을 시작해야 하는지, 특수한 면허가 필요한지 등등. 처음 내가 자동차 캠핑을 시작하면서 정보가 없어 힘들었던 시간을 되짚으면서 트레일러를 끌고 떠났던 첫 여행부터 지금까지 캠핑을 다니며 얻은 모든 정보를 담았다.

파트1, 2에서는 자동차 캠핑을 위한 기본적인 정보와 자신에게 어울리는 RV를 선택하는 데 도움이 되도록 내용을 구성했다. 파트3에서는 자동차 캠핑을 어디로 가서 무엇을 할지에 대한 정보를 담았다. 자동차 캠핑을 시작해보고 싶은 독자, 이제 막 시작해서 어디로 가야 할지 고민인 독자들에게 조금이나마 도움이 되었으면 한다.

여행작가 허준성

동물의 진화 과정이 있듯 캠핑에도 진화 단계가 있는 듯하다. 내 경우를 보니 그렇다. 캠핑해 보고 싶은데 비싼 장비를 무턱대고 사기는 애매했다. 그래서 친구 몇 명과 모든 장비를 다 갖춘 곳으로 글램핑을 몇 번 다녀온 적이 있다. 일정액을 지불하고 하룻밤 자연과 벗 삼아 잘 쉬다 오니 그지없이 좋았다.

캠핑이 나한테 잘 맞는 듯해서 지인들과 백패킹을 하게 됐다. 밥은 같이 해 먹더라도 텐트 정도는 있어야겠다 싶어 메쉬 소재의 텐트를 샀다. 장비가 하나둘씩 늘어나서 배낭을 메는 게 점점 힘들어졌다. 먹고 싶은 것, 가지고 가고 싶은 것을 제대로 챙겨 백패킹을 다니기 위해서는 튼튼한 무릎이 필수였다. 내 무릎은 그다지 튼튼하지 못했으므로, 자동차에 짐을 싣기 시작했다. 장비는 간단했고, 여행할 수 있는 곳은 점차 넓어졌다. 하룻밤 정도 자동차에서 자는 것도 괜찮았다. 무릎은 덜 아팠지만 대신 허리는 좀 욱신거렸다. 좀 더 편하고 안전하며, 사적으로 캠핑을 즐기는 방법을 찾기 시작했다.

이 책은 나처럼 차근차근 캠핑의 진화 과정을 밟는 분이 곁에 두고 찾아보기 좋다. 나역시 그러한 단계를 밟으면서 여기까지 왔으니까. 벅적지근한 캠핑 장비가 없어도 괜찮다. 떠나고 싶은 마음이 있고 짧은 시간이라도 여행을 즐기고자 하는 사람에게 작은 도움이 되었으면 한다.

여행작가 여미현

대한민국에서 캠핑을 한 번도 안 해본 사람은 거의 없을 것이다. 자동차를 타고 강, 바다, 산으로 향해 돗자리 하나 깔고 도시락을 먹는 것도 휴식이 되지만 캠핑장을 찾아 가족들을 위해 텐트를 치고 모닥불을 피우며 도란도란 이야기를 나누는 활동이 진정한 의미의 캠핑이다.

하지만 시간이 지나면서 캠핑 트렌드도 바뀌고 있다. 자동차와 함께하는 오토캠핑 인구는 600만 명에 이르렀고 최신 트렌드를 반영하는 캠핑카, 카라반 등록대수는 이미 2만 대에 육박하고 있다. 10여 년 전과 비교하면 매년 2배 이상의 가파른 성장세를 이어나가고 있는 셈이다.

평상시 타고 다니던 자동차에 카라반을 견인해서 다니는 피견인 타입과 엔진이 달린 자동차 위에 생활공간인 캠퍼를 결합한 캠핑카에 이르기까지 수많은 레이아웃과 다양한 사이즈의 모델들이 국내에 소개되어 인기를 끌고 있는데 국내 제작 모델들의 인기도 시간이 갈수록 더욱 높아지고 있다. 세련된 디자인과 편의사양을 갖춘 유럽 모델부터 넉넉한 실내 공간을 가득 채운 풀옵션, 강한 내구성을 자랑하는 미국 캠핑카, 한국 사람들을 위한 맞춤형 국산 캠핑카에 이르기까지 너무도 다양한 종류의 캠핑카와 카라반 포함하는 RV(Recreational Vehicle)들을 만나고 있다.

코로나 시대, 비대면으로 즐길 수 있는 가장 안전하고 편안한 여행의 동반자로서 RV 의 인기는 그 어느 때보다 높아지고 있다. 대한민국을 대표하는 자동차 캠핑에 대한 기본적인 가이드가 제작되었고 이 정보를 바탕으로 전국의 주요 캠핑장을 베이스로 편안하고 유익한 여행을 이어나가길 바라본다.

캠핑카와 카라반을 이용하는 자동차 캠핑 문화는 기존에 소개되었던 텐트 위주의 캠 핑 문화와는 조금 더 발전된 형태의 신세계를 보여주게 될 것이다. 굳이 숙박시설을 찾 지 않아도 언제, 어디서든 마음 놓고 쉴 수 있는 진정한 의미의 '움직이는 집'이 되어줄 것이다.

누구나 쉽게 배우고 익히며 이 새로운 캠핑 트렌드와 문화를 즐길 수 있다. 하지만 이와 관련된 정확한 지식과 에티켓을 익히지 않는다면 다양한 문제와 논란의 소지가 될 수 있다. 다녀온 곳을 깨끗하게 정리하고 자연을 즐기며 가족과 친구, 연인들 사이에서 편 안한 여행의 동반자로 즐거운 추억을 만드는 지침서가 되었으면 하는 바람을 전해본다.

대한민국 자동차로 떠나는 캠핑 이야기는 지금부터가 시작이다!

매거진 더 카라반 편집장 표영도

CONTENTS

PART 1

캠핑을
떠나기 전에

01
요즘은
캠핑이 대세

바야흐로 캠핑 열풍이다. 코로나19로 인해 하늘길이 막히면서 해외여행이 어려워지고, 타인과의 접촉을 최대한 피하는 '언택트(비대면)'가 새로운 여행 트렌드로 떠오르면서 조용했던 캠핑이 다시 인기다. TV프로그램, SNS 등에서도 캠핑의 뜨거운 인기를 찾아볼 수 있다.

큰 가방에 캠핑 장비를 넣고 떠나는 가장 일반적인 캠핑인 백패킹, 자동차에 캠핑 장비를 싣고 원하는 장소에서 캠핑을 즐기는 오토캠핑, 시설이 갖춰진 곳에서 캠핑을 즐기는 카라반캠핑과 글램핑 등 캠핑의 종류는 무궁무진하다.

어떤 사람에게는 고행길을 자처하는 것처럼 보일지라도 한 번 매력에 빠지면 캠핑하러 갈 날만 손꼽아 기다릴 정도로 헤어나올 수 없는 캠핑. 단순히 밖에서 야영하는 것쯤으로 생각하면 오산이다. 캠핑의 무한 매력을 소개하기에 앞서 캠핑이란 무엇인지, 어떤 점이 좋은지 그리고 왜 요즘 대세가 되었는지 전반적으로 알아보자.

캠핑이
뭐길래?

예전에는 흔히 야영이라고 불렀다. 텐트를 바다나 계곡 주변에 자리 잡고 매트 한 장과 부탄 가스 버너 하나로 가족 모두가 행복했다. 마땅한 침낭도 하나 없어서 집에 쓰던 이불을 싸 들 고 갔던 추억은 최근 다녀온 편안한 캠핑보다 오히려 불편했던 그때가 더 선명한 것도 같다. 주 5일제가 확산되고 자동차 보급률이 높아지면서 차를 이용하는 오토캠핑으로 진화 하였다 가 이제는 다양한 방식으로 변화하고 있다.

오토캠핑 Auto Camping
텐트 모양이 다양해지고 타프, 화로대 등 장비가 많 아지면서 자동차에 가득 짐을 싣고 떠나는 캠핑으 로 우리나라에서 가장 보편적인 형태의 캠핑.

백패킹 Backpacking
산이나 섬 등 사람의 발길이 잘 닿지 않는 곳으로 걷 기 여행을 즐기는 두 발 캠핑족. 중독성이 꽤 강해 마니아층이 두텁다.

미니멀캠핑 Minimal Camping
부피가 크고 무거운 캠핑 장비보다는 가벼운 장비 를 최소한으로만 가지고 여행을 떠나는 캠핑

카라반/모터홈캠핑
Caravan/Motorhome Camping
북미나 유럽에서는 이미 오래전부터 즐겨오던 RV(Recreational Vehicle) 캠핑이 오토캠핑을 대체하고 있다. 점점 무거워지고 늘어나는 짐에 눌려 넘어오는 경 우도 많고 비싸진 캠핑 장비 가격에 놀라 처음부터 RV 캠핑으로 시작하는 유저도 늘어나고 있다.

자전거캠핑 Bike Camping

다양한 취미에 캠핑이 더해졌다. 가까운 곳에서부터 국토 종주 자전거길 여행까지. 운동과 캠핑이라는 두 가지 취미를 동시에 즐길 수 있어 좋다.

글램핑 Glamping

'Glamorous(화려한)'라는 단어가 조합된 캠핑으로 럭셔리한 고급형 캠핑을 말한다. 주로 텐트 내부에 모든 장비를 갖추어 놓고 몸만 와서 즐기고 가도록 하는 체험형 캠핑이다.

차크닉

차박캠핑의 당일치기 버전으로, '차+피크닉'이 더해진 신조어다. 거창하게 준비하지 않아도 간단히 자연에 가서 쉬다가 올 수 있어 좋다.

차박캠핑

텐트가 아닌 '차에서 잠을 잔다는 점'에서 오토캠핑과는 다른 개념이다. 뒷좌석을 평평하게만 할 수 있다면 큰 비용을 들이지 않고 시작할 수 있어 최근 대세로 자리 잡았다.

홈캠핑 Home Camping

마당이 있는 단독주택에서 주로 했었지만, 요즘에는 아파트 베란다에 테이블과 의자를 놓고 다양한 랜턴으로 감성을 자극하며 홈캠핑을 즐기기도 한다.

캠핑,
어떤 점이 좋은가요?

언택트 시대에 최적화된 여행

캠핑에 자동차가 더해지면서 오토캠핑으로 한참 유행하다가 잠시 주춤했었다. 2019년 말 시작된 코로나로 인해 우리 일상은 크게 변화를 겪고 있다. '함께'와 '어울림'을 중시하던 삶은 가족이나 나 혼자 단위로 잘게 쪼개지고, 깨지기 쉬운 일상이라는 것을 알게 되며 삶을 소중히 하게 되었다. 예전에는 캠핑을 하러 가도 지인들과 함께 '떼 캠핑'을 즐겼다면, 이제는 인적 드문 곳이나 가족끼리만 즐기는 캠핑으로 바뀌고 있다. 사람들 사이를 벗어나 답답한 마스크도 벗고 철저히 혼자가 되어 보는 백패킹이 그렇고, 낚시나 자전거 타기 등 취미생활에 캠핑을 더하기도 한다. 어떤 사람들이 다녀갔을지 모르는 호텔이나 콘도가 아닌, 가족과 함께 편안하게 내 집 같은 카라반 캠핑을 즐기는 캠퍼들도 부쩍 늘었다. 특히나 20~30대 중심으로 캠핑장이 아닌 야외로의 차박캠핑은 언택트 시대에 가장 최적화된 여행 방법으로 다시 한 번 불을 붙이고 있다.

자연에 더 가까이 가는 여행

캠핑장은 대부분 자연과 가까이 있다. 가을 단풍이 아름다운 설악산을 지천에서 볼 수 있는 설악산 캠핑장, 낙조를 감상하면서 갯벌 체험이 가능한 학암포 캠핑장, 가을이면 재즈페스티벌과 함께 하는 자라섬 오토캠핑장, 주산지의 물안개를 볼 수 있는 주왕산 상의야영장 등 자연을 가장 가까이에서 몸소 느끼고 체험할 수 있는 캠핑장들이 수없이 많다. 캠핑 붐을 타고 급하게 업종을 변경하거나 최근 만들어진 사설 캠핑장도 있지만, 어느 하나 자연을 느끼기에는 부족함이 없다.

한여름 그늘 밑 해먹에서 잠시 청하는 낮잠은 어느 휴양지 부럽지 않고, 푸른 나뭇잎 사이 바람 소리를 느끼면서 마시는 핸드드립 커피 한잔은 유명 카페가 부럽지 않다. 투둑투둑 빗소리를 들으면서 읽는 책 한 권의 여유, 참나무 화롯불에 구워 먹는 목살과 와인 한잔은 먹어본 사람만이 안다. 마음껏 뛰어놀아도 뭐라고 하는 아래층 사람도 없다. 게임 그만하라고 소리치는 부모가 되지 않아도 된다. 주말마다 홀로 낚시를 떠나던 아빠는 이제 가족과 함께 낚시 캠핑을 떠나고, 카약, 트레킹 등 자연을 만끽할 수 있는 다양한 아웃도어 스포츠를 가족과 함께 즐길 수 있다. 이 모든 것이 자연과 함께 하는 캠핑이기에 가능하다.

가족이 함께 즐길 수 있는 여가생활

캠핑은 온 가족이 함께 즐길 수 있는 여가생활이다. 아빠가 타프(Tarp-그늘막)를 칠 때 아이들이 도와주고, 엄마와 아이가 사이좋게 설거지를 한다. 엄마, 아빠가 저녁을 준비하는 사이 아이들은 자연스레 옆집 또래들과 친해져 스스럼 없이 논다. 이 모든 것이 캠핑에서 흔히 볼 수 있는 광경이다. 주말이면 어김없이 집에 누워서 TV만 보던 아빠의 모습은 온데간데없다. 가족이 캠핑을 즐길 집을 직접 짓고 모닥불을 지피고 식사를 준비하는 모습을 보면서 아이들은 진정한 아빠의 모습을 보게 된다.

자연 속에 자리한 캠핑장에서는 디지털기기에서 잠시 멀어질 수 있다. 휴대폰이나 컴퓨터만 들여다보던 일상에서 벗어나 책을 읽고 가족과 대화를 나누면서 한층 더 돈독해진다. 타닥타닥 타들어 가는 모닥불 앞에 모여 고구마를 구워 먹다 보면 그동안 나누지 못했던 속마음을 털어 놓기도 한다.

물론 무더운 여름에 땀을 뻘뻘 흘리면서 텐트를 치고, 비를 흠뻑 맞으면서 철수하다 보면 '내가 왜 집을 나와서 고생인가' 하는 생각이 들 때도 있다. 하지만 돌아오는 차 안에서 가족끼리 다음 캠핑을 기약하며 행복한 대화를 나눌 때면, 언제 그런 생각을 했었는지 기억조차 나지 않는다. '가족 때문에 캠핑이 있고, 캠핑이 있어 다시 가족이 함께 한다'는 말의 의미를 절실히 느끼게 된다.

저렴한 여행 경비

4인 가족이 숙소를 잡고 여행을 가려면 비용이 만만치 않다. 펜션의 경우 1박에 기본 15만 원 정도는 잡아야 하는데, 여기에 3~4번 외식 비용까지 고려하면 35만~40만 원은 든다고 봐야 한다. 여기에 자동차 주유비와 고속도로 통행료 등을 더하면 한 달에 한 번 여행 가는 것도 여간 부담스러운 것이 아니다.

캠핑은 상대적으로 저렴한 경비를 자랑한다. 1박에 3만~4만 원 정도에 식료품값으로 평균 10만~13만 원 정도면 가능하니 펜션 여행 경비의 절반 수준으로 저렴하다. 식료품값은 집에 있는 식료품으로 대체해서 사용할 수 있으니, 실제 캠핑으로 인해 생기는 경비는 캠핑장 비용과 자동차 기름값 정도면 충분하다. 물론 감성 캠핑 유행을 따라 이것저것 장비를 늘리다 보면 배보다 배꼽이 더 커지는 경우도 있다. 자전거, 오디오, 카메라 등 하나의 취미에는 필수적으로 장비가 들어가기 마련이고 장비에 목숨 걸다 보면 여행인지 장비 자랑인지 구분이 안 될 때도 있긴 하지만, 개인의 선택에 따른 자기만족으로 얼마든지 저렴한 비용으로도 캠핑을 즐기는 데 문제가 될 것은 없다.

02

자동차로
떠나는
캠핑

요즘 캠핑 시장의 핫 이슈는 단연 '차박캠핑' 그리고 '캠핑카'이다. TV 프로그램에서도 소재로 자주 쓰일 정도로 대중화되고 있다. '차에서 잠을 잔다'는 뜻으로 크게 보면 SUV 차박, 카라반(트레일러), 캠핑카 모두 자동차 캠핑이라 할 수 있다. 편의시설이 조금 더 있느냐의 차이지 바퀴 달린 차에서 잠을 자는 모든 캠핑을 자동차 캠핑이라고 할 수 있다. 자동차만 있으면 어디서든 먹고 잘 수 있다는 것이 자동차 캠핑의 묘미이자 최대 장점! 내 차를 이용해 간단히 즐기는 차박캠핑부터 차 안에 취사시설과 화장실까지 갖추고 있는 카라반 캠핑까지 자동차 캠핑의 종류 또한 다양하다. 최근에는 다양한 차종을 캠핑카로 사용할 수 있도록 관련 법규가 바뀌면서 앞으로도 자동차 캠핑은 더욱 활성화될 전망이다. 초기 비용이 많이 들어서 쉽게 접할 수 없었던 카라반과 모터홈도 코로나19 반사 영향으로 급격하게 인기가 높아지고 있다. 이 책에서는 자동차 캠핑 중에서도 '캠핑카'를 중심으로 한 여행법을 소개한다.

자동차 캠핑의
좋은 점

대한민국 어디나 캠핑장

오토캠핑을 본격적으로 하다 보면 전국의 이곳 저곳 캠핑장을 다니게 된다. 여름에는 시원한 계곡이나 바다 근처로, 가을에는 단풍이 아름답게 물든 산이 있는 캠핑장을 찾는다. 전국에 2,500여 개가 넘는 캠핑장이 있다고 하지만 시설 좋고 가격 좋은 국가 운영 캠핑장이나 사설 캠핑장을 예약하기가 만만치 않다. 특히 국가나 지자체에서 운영하는 캠핑장 중 인터넷으로 예약을 하는 곳은 사이트 오픈 후 2~3분 이내 모두 마감될 정도로 인기가 좋다. 가을 설악산 트레킹을 위해 설악산 캠핑장을 사용하려고 하면 최소 한 달 전에 미리 계획하고 예약을 성공해야만 갈 수 있다는 말이다. 당장 다음 주 주말 일정도 수시로 바뀌는 현대 사회에서 한두 달 전에 미리 일정을 잡기란 쉽지 않다.

자동차 캠핑으로 여행하는 경우에는 굳이 캠핑장에 연연하지 않아도 된다. 가는 곳이 어디든, 차를 세우는 곳 어디든 캠핑장이 되기 때문이다. 지역 축제장의 주차장도, 바닷가 근처 주차장도 내가 멈추면 나만의 캠핑장이 된다. 수도와 전기가 아쉽긴 하지만 캠핑카 내부 배터리와 물통 용량으로 1~2박 정도는 충분히 가능하다. 이 점은 다양한 레저 스포츠의 베이스캠프(Base Camp)로도 활용할 수 있다. 스키나 보드를 타러 갈 때, 낚시 여행을 갈 때, 스킨스쿠버, 수상스키, 자전거 투어까지. 어디든지 차를 세워 놓을 곳만 있다면 그곳을 바로 전진기지로 활용할 수 있다는 말이다. 책에서는 초보 자동차 캠핑 여행자를 위해 파트3에서 전국 추천 캠핑장과 주변 여행지를 소개하고 있으나 어느 정도 내공이 쌓이면 나만의 장소를 찾아 노지 캠핑을 즐길 수도 있을 것이다. 사람이 북적이는 곳을 피하고 언택트 여행을 지향하는 요즘, 이보다 더 사적인 여행이 있을까?

바람이 불어도 좋고 비가 오면 더 좋다

자동차 캠핑은 텐트보다 날씨의 영향을 적게 받는다. 어찌 보면 당연하다. 비와 바람을 효과적으로 막아주며 단열성이 좋아 비단 겨울 뿐만이 아니라 여름에도 외부 열을 효과적으로 차단해 준다. 캠퍼들 사이에서 적당한 우중 캠핑은 최고의 낭만으로 기억된다. 텐트에 부딪히는 빗방울의 잔잔한 노랫소리를 상상해 보자. 그 소리를 들으며 마시는 따뜻한 커피

한잔은 유명한 커피 전문점의 바리스타가 만든 커피도 줄 수 없는 행복함을 준다. 우중 캠핑이 아름다워지는 경우는 사실 한 가지밖에 없다. 사이트 세팅을 하기 전과 후에는 비가 오지 않는 것이다. 세팅 시에 비가 오다가 철수 전에 멈추는 경우는 그나마 양반이지만, 철수할 때 오는 비는 낭만이라기보다는 스트레스의 시작이다. 비를 맞으며 철수하는 자체도 쉽지 않지만, 5m가 넘는 타프나 텐트가 비에 젖은 채로 철수를 하게 되면 집에서 말리기가 쉽지 않다. 자칫 잘못하면 곰팡이가 피어 수백만 원이 넘는 고가의 텐트나 타프를 못 쓰게 되는 경우가 발생할 수 있다. 캠핑카의 경우 외부 활동에 제한이 있는 것은 마찬가지이지만 세팅과 철수의 어려움이 없어 우중 캠핑의 낭만을 최대한 느낄 수 있다.

캠핑 장비의 간소화

'나도 한 번 캠핑을 시작해 볼까?' 하고 학창 시절 친구들과 다녀온 야영 정도로만 여기고 필드에 나가면 주위의 휘황찬란한 캠핑 장비에 쓸데없이 위축이 될지도 모른다. 오토캠핑 장비가 발달하면서 집에서 지내는 것처럼 편하게 있을 수 있는 장비들이 많이 나왔다. 오토캠핑을 즐기다 보면 하나둘씩 늘어나는 장비에 내

가 캠핑을 하러 가는 것인지 장비가 캠핑을 하러 가는 것인지, 아니면 새로 산 장비를 써보기 위해서 가는 것인지 구분이 안 되는 시기가 온다. 장비의 브랜드를 따지고 옆 캠퍼의 장비와 비교하며 쓸모가 있다는 자기 최면을 걸어 결국에는 지름신을 영접한다. 불어난 장비를 테트리스 신공(?)으로도 부족하여 뒷좌석에 보조석까지 점령하다 보면 자연스레 차량 업그레이드까지 고려하게 된다.

캠핑카에는 화장실, 냉장고, 샤워시설, 주방시설 등 대부분의 시설이 오밀조밀 들어 있어 특별한 장비가 필요 없다. 그냥 집에서 사용하던 이불과 주방 식기류만 챙기면 그만이다. 캠핑 장비를 사러 캠핑 숍을 가는 경우보다 다이소와 같은 생필품 가게에서 물품을 사는 것이 더 익숙해진다. 물론 캠핑카를 즐기면서도 어닝 텐트를 피칭하고 난로를 꺼내고 외부에 테이블과 의자를 별도로 세팅하는 경우도 많다. 하지만 이건 선택의 문제이지 필수적인 부분이 아니어서 간단하게 스텔스 모드(오직 자동차를 사용하는 캠핑으로, 밖에서 보면 캠핑 중인지도 알 수 없다)로 조용히 즐길 수도 있다.

세팅과 철수 시간 절약

앞서 장비를 최소화할 수 있음을 확인했는데, 이는 캠핑장에서의 세팅과 철수 시간 절약이라는 엄청난 혜택을 준다. 큰 자동차와 돈만 있다면 장비의 많고 적음은 문제가 안 될 듯하지만, 막상 많은 장비를 세팅하고 철수를 몇 번 해보면 공간과 돈만의 문제는 아니라는 것을 느끼게 된다. 비박이나 솔캠(혼자 하는 캠핑)이 아닌 가족 단위의 오토캠핑에서 사이트 세팅과 철수는 약 1.5~2시간 정도 걸리는 경우가 많다. 보통은 토요일 오전에 출발하여 일요일 오후에 돌아오는 1박 2일의 여행을 간다고 할 경우, 캠핑장에서 1시쯤부터 사이트 구성을 하면 보통 3시는 돼야 끝난다. 그러다 보니 도착하여 준비하면 3~4시, 이어서 저녁 준비하고 식사가 끝나면 7~8시, 10시까지 여유롭게 저녁 식사를 한 후 취침, 다음 날 아침엔 기상하면서부터 철수를 시작해야 한다. 이게 일반적인 1박 2일 오토캠핑의 일과다. 가족과 함께 자연을 즐기고 휴식을 즐겨야 할 시간의 상당 부분을 세팅과 철수로 보내야 하는 것은 분명 아쉬운 점이다.

야간 이동도 용이해진다. 아무래도 토요일에는 고속도로 사정상 이동 시간이 길어지는데, 캠핑카를 이용하면 금요일 밤에 출발하여 캠핑장에 늦게 도착해도 주차만 하면 사이트 구성이 되니 부담이 없다. 또 여행지가 원거리인 경우는 금요일 출발하여 이동하다가 고속도로 휴게소에서 1박을 하고 다음 날 캠핑장이나 여행지로 이동도 가능하다.

CAMPING TIP

실제 유럽에서는 캠핑카 여행 중
휴게소에서 정박을 하는 경우도 많다.
참고로 우리나라에서는 최초 고속도로
진입 후 24시간이 지나면 최장 요금을
내야 한다는 것을 반드시 기억해야 한다.

깨끗한 화장실을 사용할 수 있다

카라반과 같은 취사시설과 화장실을 갖춘 캠핑카에 해당되는 이야기이지만, 일부 캠핑장이나 여행지 그리고 노지에서도 언제든 깨끗한 화장실을 사용할 수 있다는 점만 해도 여행의 질이 몇 배는 향상됨을 느낄 수 있다. 해외에 비해서 우리나라 공용 화장실이 깨끗한 편이라지만, 어디 우리 집 화장실, 우리 가족만 사용하는 화장실보다 깨끗할 수 있으랴. 아이들이 있다면 더욱 그렇다. 국도를 달리다가도 급하게 화장실을 찾을 필요가 없다. 잠시 갓길에 주차만 가능하면 바로 사용이 가능하다. 캠핑장에서 잠을 자다가도 새벽에 일어나 옷을 챙겨 입고 화장실을 가지 않아도 된다. 물론 화장실에 물을 채우고 변기 카세트를 비워야 하는 수고스러움이 있긴 하지만 30번의 편함 뒤에 찾아오는, 딱 한 번이면 된다.

테트리스는 이제 그만

캠핑카를 이용하면 세팅과 철수 시간만 줄어드는 게 아니라 장비를 차로 나르는 일도 없어진다. 우리나라 거주 형태의 50% 정도를 차지하는 아파트에서는 절실히 느끼는 부분이다. 매번 캠핑을 갈 때마다 대여섯 번씩 짐을 집에서 지하 주차장까지 나르고 나면 상당히 진이 빠지고 힘이 든다. 캠핑에서 돌아와서 피곤할 때는 며칠씩 차에서 장비를 빼지 않는 경우도 있을 정도다. 캠핑카는 장비를 항상 싣고 다닐 수 있으니 이런 번거로움이 줄어든다. 그냥 캠핑카에 두면 되니까 말이다. 금요일 밤, 퇴근 후 옷가지와 먹을 것만 챙겨서 출발만 하면 그만이다.

자동차
캠핑의 종류

자동차 캠핑은 차를 이용하여 이동을 하고 차에서 잠을 자는 모든 캠핑을 말한다. 여기에는 이동과 숙박 위주인 차박캠핑에서 취사시설이나 화장실, 침실 등을 갖추고 있는 카라반이나 캠핑카를 이용하는 캠핑 모두를 포함한다. 자동차 캠핑을 위한 '캠핑용 자동차', 흔히 우리가 말하는 '캠핑카(Camping-car)'에는 어떤 종류가 있고 어떠한 장점이 있는지 알아보자.

캠핑카란?

먼저 캠핑카가 무엇인지 알아보자. 흔히 우리나라에서는 캐빈(Cabin) 공간에 캠핑을 할
수 있는 화장실과 침실 등이 있는 차량이나 트레일러, 카라반을 캠핑카라고 통칭한다.
Camping+Car 두 단어가 합성된 것으로 사실 캠핑카라는 단어는 우리나라와 일본에서만
주로 사용하는 단어다. 캠핑카 문화가 일찍부터 정착된 미국이나 유럽에서는 엔진이 있는 캠
핑카를 모터홈(Motorhome), 견인차가 끌고 다니는 캠핑카를 카라반(Caravan), 캠핑 트레
일러(Camping Trailer) 등으로 부르기도 하고 레저용 차량을 뜻하는 말로 Recreational
Vehicle의 약칭으로 'RV'라고도 부른다. 이미 오래전부터 캠핑카로 여행을 즐기던 사람들은
전체적인 카테고리는 RV라 하고, RV를 타고 야외에서 활동하는 행위를 RVing(알빙), 그리
고 '캠핑하는 사람=캠퍼'로 부르듯 RV를 타고 취미 활동을 하는 사람을 RVer(알비어)로 불
러왔다. 하지만 RV라는 단어가 캠핑카를 비롯한 레저를 취미로 하는 대부분의 차량을 포함
하기도 하거니와 우리에게는 '캠핑카'라는 단어가 더 익숙하기 때문에 이 책에서도 '캠핑용
자동차'를 통칭하여 캠핑카라고 칭한다.

Class A 캠핑카

버스 형태의 대형 캠핑카로 최대 6~8인 탑승, 취침이
가능한 공간을 제공하기도 한다. 넓고 쾌적한 생활 공
간을 제공하지만 그만큼 이동과 보관의 제한도 따른
다. 보통 국내에서는 25인승 미니버스나 대형 버스를
개조한 경우가 이에 해당한다.

Class B 캠핑카

소형 RV(레저용 차량)로 외형을 손대지 않은 상태의 캠퍼밴, 밴 컨버전 모델이 많으며 공간의 제약으로 인해 내부
의 시설물들은 경량화, 기능성에 초점을 두고 제작된다. 가장 활동적이며 경제적인 모델들이 여기에 해당한다. 현
대 쏠라티, 벤츠 스프린터 캠핑카가 대표적이며 최근 르노 마스터를 개조한 캠핑카가 많이 늘어났다.

Class C 캠핑카

베이스 차량 중 앞부분을 제외한 나머지에 캠퍼를 제작하여 결합한 타입이 여기에 속한다. 예전에 많이 보이던 스타렉스 기반의 캠핑카가 여기에 속하며 포터나 봉고 차량을 개조한 이동식 업무 차량도 Class C 타입이라고 보면 된다. Class B보다는 여유로운 실내와 편의시설을 갖추고 있다.

카라반, 트래블 트레일러

유럽에서는 카라반, 미국에서는 트래블 트레일러라고 주로 부른다. 견인차가 끌고 다니는 형태로 '피견인차', '캠핑용 트레일러'라고도 불리는데, 캠핑카보다 가격이 저렴하고 정박 후 견인차로 주변을 여행하기에도 좋아서 인기가 높다.

폴딩 트레일러

텐트 트레일러라고도 부른다. 트레일러 베이스에 텐트 구조물을 접거나 펼 수 있는 형태로 제작된다. 텐트 캠핑에서 카라반으로 넘어가는 중간 단계로 선택되기도 하고, 구입 비용이 상대적으로 저렴해 가성비와 감성적인 측면에서 좋은 평가를 받고 있다. 또한 접으면 크기가 작아 이동과 보관에도 유리함이 있다.

트럭 캠퍼

픽업 트럭 위에 분리가 가능한 캠퍼를 싣고 내릴 수 있는 캠핑카의 독특한 카테고리다. 평소에는 차량을 분리하여 일반 차량으로 사용하다가 여행을 떠날 때는 캠핑카로 변신할 수 있어 편리하다. 한때 불법 논란이 있었지만, 기준에 맞는 구조 변경을 하면 합법적으로 운영할 수 있다.

세미 캠핑카

요즘 들어 급격히 늘어나는 추세다. SUV 차량을 평소에는 일반적인 용도로 사용하고, 주말에는 '캠핑 박스' 같은 제품을 올리면 간단하게 침대와 주방이 있는 캠핑카로 변신한다. 차박과 비슷하지만 옵션에 따라 냉장고, 수전, 조리기구까지 있어 세미 캠핑카라 부른다.

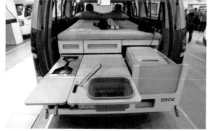

루프탑 텐트

차량 위에 접이식 텐트를 달아 언제든 잠자리를 마련할 수 있다. 텐트의 감성과 차박의 편리함을 닮았다. 차량을 따로 개조하지 않아도 되고 언제든 다른 차량으로 옮길 수도 있다.

차박캠핑

바퀴가 달린 차에서 잠을 자는 차박을 위한 RV도 캠핑카라고 볼 수 있다. 차박은 뒷좌석과 짐칸이 완전히 평탄화가 되는 차량이면 모두 가능하다. 평탄화 후 자충매트를 하나 깔고 침낭을 펼치면 잠자리가 완성된다. 차량에 결합이 가능한 차박 텐트를 결합하면 훌륭한 거실이 된다.

04 캠핑장 VS 노지 캠핑

Part3에서는 전국 추천 캠핑장과 주변 여행 정보를 담았다. 캠핑카는 어디든 갈 수 있고 잠자리가 될 수 있지만, 초보 캠퍼에게 전기가 없거나 물이 없는 등의 *노지 캠핑이나 *3무(無) 캠핑은 쉽지 않다. 게다가 여름에는 눈치 보며 발전기를 틀어 에어컨을 돌리는 것보다 캠핑장의 전기를 사용하는 것이 더 편리한 경우도 있다. 관리가 되는 캠핑장은 도난이나 불필요한 자리 싸움에 휘말릴 일도 없고 안전하다. 다만, 예약이 쉽지 않고 요금 부담도 있다 보니 캠핑 내공이 쌓이면 차츰 노지를 찾게 된다.

노지는 사용료가 없어서 장기간 여행에 부담이 없고 예약이 필요 없다. 언제든 가서 조용히 캠핑을 즐길 수 있다. 대신 대부분의 노지가 캠핑을 하도록 정식 허가가 난 곳이 아니기에 언제든 없어질 수도, 막힐 수도 있다. 개인 사유지인 경우 갑자기 쫓겨나기도 하고, 편하게 타프를 치고 테이블과 의자를 꺼내 캠핑을 즐기기에도 눈치가 보인다.

책이라는 매체를 통해 정보를 전달해야 하는 만큼 이 책에서는 캠핑장에서 시작하는 캠핑카 여행을 소개하는 것으로 구성했다. 오랜 캠핑카 생활을 하면서 느낀 점은 캠핑장과 노지를 적당히 버무려 여행을 즐기는 것이다. 노지 캠핑을 즐기다가 캠핑장으로 가서 전기도 충전하고 물도 넣고 샤워도 즐기면 한결 여행이 가벼워진다.

---

* **노지** | 캠핑장이 아닌 곳으로 전기나 물 등의 지원이 없는 곳. 들판, 주차장, 바닷가 등이다.
* **3무(無) 캠핑** | 노지 캠핑과 비슷한데 화장실, 물, 전기의 3대 필수 사항이 모두 없는 곳에서 하루를 보내는 캠핑을 말한다.

캠핑장 VS 노지 캠핑 특징

캠핑장

- ⊘ 미리 예약이 필요하다.
- ⊘ 전기, 화장실, 물이 있다.
- ⊘ 관리가 되는 곳이라 안전하다.
- ⊘ 아이들의 놀거리가 있는 경우가 많아 편리하다.

노지 캠핑

- ⊘ 예약이 필요 없다.
- ⊘ 무료로 이용할 수 있다.
- ⊘ 입실/퇴실에 제한이 없다.
- ⊘ 전기, 물 공급이 어렵고 불 사용이 제한된다.

05 안전한 자동차 캠핑을 위한 주의사항

요즘 급격하게 차박 캠퍼와 캠핑카 유저들이 늘어나면서 캠핑장 예약은 어려워지고 노지 캠핑을 즐기는 인구가 늘어났다. 덩달아 쓰레기를 마음대로 버리거나 전기를 몰래 사용하는 등 공정하지 못한 행동들로 인해 해당 마을이나 개인에게 피해를 주는 경우도 늘어나고 있다. 카라반을 공용 주차장에 장기간 주차해 두거나 주차 자리를 3~4칸씩 차지하는 경우, 해변마다 텐트로 알박기를 하는 경우들 때문에 점점 RVer의 설 자리가 줄어들고 있다. 미국 국립공원 환경단체의 운동으로 알려진 'LNT(Leave No Trace)' 운동처럼 우리도 타인과 자연을 배려하여 흔적을 남기지 않고 공정한 캠핑을 해야 한다.

CLEAN
클린 캠핑
쓰레기는 가급적 되가져와서 처리한다. 되가져오기가 힘든 상황이라면 최소한 해당 지역 쓰레기봉투라도 사서 지정된 곳에 분리 배출한다.

EQUITY
공정 캠핑
대형마트에서 장을 보기보다는 지역 오일장, 지역 재래시장에서 장을 보고 신선한 현지 음식 재료로 요리를 해보자.

CONCESSION
양보 캠핑
주차장에서 차박을 하는 경우 캠핑이 금지된 곳이 아닌지 확인을 한다. 가급적 차 한 대 자리 이상을 차지하지 않고 장기간 알박기를 하지 않는다. 좋은 자리를 잡았다고 다음 주말을 위해 텐트나 카라반으로 자리를 미리 잡지 말자.

CARE
배려 캠핑
캠핑장의 개수대처럼 공중화장실에서 설거지하거나 공용 전기를 빼서 쓰지 않는다. 캠핑장이 아닌 곳에서 불놀이를 하지 않는다.

06

캠핑카 여행 Q&A

Q. 어린아이들도 캠핑카 여행을 즐기기에 어려움이 없을까요?

저의 경우 첫 아이는 생후 6개월, 둘째 아이는 90일부터 캠핑을 다녔어요. 텐트나 차박보다는 카라반, 모터홈의 경우 아이들과 캠핑하기에는 더없이 좋죠. 여름에 에어컨을 틀 수도 있고 겨울에도 온수로 목욕을 시킬 수 있으니까요. 집의 축소 버전이라 생각하시면 충분히 즐길 수 있어요.

Q. 초보자들이 시작하면 좋은 캠핑장은 어떤 곳인가요?

전국에 2,500여 개의 캠핑장이 있습니다. 하지만 아무래도 국공립 캠핑장이나 지자체에서 운영하는 캠핑장들은 자동차 캠핑에 최적화되어 있습니다. 자동차 전용 사이트를 운영하기도 하고 사이트 간 구분이 확실해서 프라이버시도 보장됩니다.

Q. 캠핑카를 사서 해외에 여행을 다녀올 수 있나요?

그럼요. 가까이는 일본 캠핑카 여행도 가능하고 러시아를 통해 유라시아 횡단도 가능합니다. 실제 직접 만든 캠핑카나 카라반을 가지고 다녀온 캠퍼들이 상당히 많아요. 먼저 가까운 제주도 자동차 캠핑부터 계획해 보세요.

Q. 겨울 자동차 캠핑은 어떤가요? 춥지 않나요?

가스 히터 또는 무시동 히터가 달린 경우는 오히려 집보다 더울 정도로 강력한 성능을 보여줍니다. 무시동 히터는 차량의 연료를 공유하는 방식으로 연료만 충분하다면 동계 캠핑도 추위 걱정 없이 즐길 수 있습니다. 대신 좁은 공간에서 히터를 사용하여 상당히 건조할 수 있으니, 적당한 크기의 가습기는 필수입니다.

Q. 이제 막 캠핑카 여행을 시작해 보려 합니다. 필수로 가지고 있어야 하는 기본 장비는 무엇이 있을까요?

테이블, 의자 등의 기본적인 캠핑용품은 캠핑카 수납을 고려해서 구매하는 편이 좋습니다. 일반적인 캠핑용품 외에 차량의 수평을 맞춰주는 레벨러, 오수를 버리는데 사용하는 오수통, 전기 릴선과 물 호수도 있으면 편리합니다. 나머지는 여행을 즐기시면서 천천히 구매하셔도 좋습니다.

Q. 춥거나 비가 많이 오는 날씨에도 캠핑이 가능한가요?

자동차 캠핑에서는 오히려 반기는 날씨이기도 합니다. 대부분의 캠핑카에는 히터가 달려 있어서 추위는 크게 문제 될 것이 없고, 비가 와도 텐트 말리는 걱정이 없어서 좋죠. 더구나 주말에 이런 날씨가 예보되면 급하게 캠핑장 예약 취소가 많아지면서 평소에 인기가 높아 가보지 못했던 캠핑장에 갈 수 있다는 장점도 있답니다.

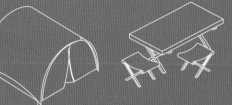

Q. 자동차 캠핑, 어디서나 가능한가요?

어디든 갈 수 있지만, 무엇이든 해도 되는 것은
아닙니다. 요즘 언택트 여행의 방법으로 뜨는
과정에서 공용 주차장에서 쓰레기 투기, 공용
전기 몰래 쓰기, 알박기 등으로 지자체에서
차박캠핑을 규제하는 분위기입니다. 조용히 온 듯
안 온 듯 최소한의 예의를 지키는 것이 좋습니다.

Q. 오토캠핑장을 고를 때 필수로 생각하면 좋은 요소는?

사이트별로 구역에 대한 구분이 정확하게
있는 캠핑장이 좋습니다. 자동차로 캠핑을
하는 만큼 구분이 되지 않으면 나중에 차량이
빠지지 못하는 경우도 있거든요. 예전 여름에
제 트레일러 뒤로 수많은 텐트들이 자리하는
바람에 가장 마지막에 철수한 경험도 있답니다.

Q. 소형 승용차에 루프탑 텐트를 설치해도 문제없나요?

특별히 문제 될 것은 없지만, 생각보다 무거운
루프탑 텐트가 항상 올려져 있는 상태라 연비가
20% 정도 떨어지고 고속 주행 시 풍절음이 날
수 있습니다.

Q. 지금 승용차를 타고 있는데, 최소한의 비용으로 자동차 캠핑을 시작하는 방법을 알려주세요.

차를 바꾸지 않는 선에서는 루프탑 텐트를 차
위에 올리는 방법도 있고, 견인 장치를 달아서
승용차가 끌 수 있는 크기의 폴딩 트레일러나
중소형 카라반을 끌고 다니는 방법이 가장
현실적일 것 같습니다. 뒷좌석 평탄화가
가능하다면 간편하게 차박캠핑으로 시작해보는
것도 좋겠습니다.

Q. 카라반이나 캠핑카의 화장실은 사용하면 냄새가 많이 나지 않나요?

요즘은 오토캠핑에서도 포타포티 같은 휴대용
화장실을 많이 사용합니다. 비슷한 형태로
캠핑카에 들어가 있는 화장실은 사용할 때
용변을 분해하고 냄새가 나지 않게 하는 약품을
넣습니다. 약품의 향이 강해서 사용할 때나 사용
후 버릴 때도 냄새는 크게 나지 않아요. 대신 한
여름에는 겨울보다 조금 더 자주 비워주는 것이
좋습니다.

Q. 전기 사용은 어떻게 하나요?

12~24V 차량용 배터리를 활용하여 전기를
사용합니다. 캠핑장에서 220V 전기로
충전하기도 하고 태양광 충전, 주행 충전으로
배터리 관리를 합니다. 보통 전등이나 노트북
충전, 휴대폰 충전 등으로만 사용하면 오래
쓰는 편이고, 인버터(12V → 220V)를 사용하여
에어컨이나 전자레인지 등 고전력을 사용하면
사용 시간은 급격하게 줄어듭니다.

Q. 카라반을 연결해서 다닐 경우 운전하는 데 어려움은 없나요?

당연하게도 일반 차량을 운전하는 것보다는
신경이 많이 쓰입니다. 속도를 마음만큼 올리지
못하거니와 잘 따라오는지 계속 신경 쓰며
살펴야 합니다. 또한 길을 잘못 들어 돌아
나가야 할 때는 한숨이 절로 나오기도 하죠.
하지만 목적지에 도착해서 나만의 집을 만들고
나면, 운전에 대한 부담은 생각이 나지 않을
정도로 행복감과 안정감을 줍니다.

PART 2

실전!
자동차 캠핑 준비

01

나에게 맞는
캠핑카 찾기

움직이는 방식과 크기에 따라 다양한 모델이 있는 캠핑카. 그중에서 나의 여행 방식에 걸맞은 캠핑카를 찾는 일이란 쉬운 일이 아니다. 나에게 맞는 캠핑카를 선택하는 데 필요한 모델별 특징과 대략의 예산 정보를 아낌없이 소개한다.

알아두세요! 모터홈 vs 카라반

캠핑카의 양대 축인 모터홈과 카라반(트레일러) 중 어떤 형태가 나에게 적당한지 선택하기가 쉽지 않다. 물론 둘 다 사용해 보면 특징이 뚜렷해서 알 수 있지만, 사고파는 것이 부침개 뒤집듯 쉬운 일이 아니다 보니 선택의 갈림길에서 고민이 길어지기 마련이다. 일단, 가격 측면에서 큰 차이가 있어 선택 시 예산이 가장 중요한 고려 요인이지만 가격 이 외에도 각각의 장단점이 뚜렷하기 때문에 함께 고려해야 한다.

❶ 모터홈의 가장 큰 장점은 이동 시간도 여행이 된다는 점이다.

운전자는 운전을 해야 하니 어쩔 수 없지만, 나머지 일행은 차창 밖의 풍경을 감상하며 담소를 나눌 수도 있고 이동하면서 위성방송을 볼 수도 있다. 짧은 거리라면 침대에 누워서 잠을 자는 도중에도 이동이 가능하다(카라반은 이동 중에 탑승이 불가하다). 언제든 출발이 가능하고 주차만 하면 사이트 세팅이 끝난다. 카라반이 접근하지 못하는 곳까지도 모터홈은 갈 수 있는 경우도 많다. 그렇기 때문에 한자리에 길게 머물기보다는 여러 관광지를 짧게 경유하며 코스를 짜서 이동하는 것에 최적화되어 있다. 태생이 자동차 기능을 포함하고 있기 때문에 중고로 개조하는 경우가 아니라면 차량 가격이 포함되어 있어 대체로 카라반에 비해 가격이 비싸다.

❷ 카라반은 베이스캠프에 세팅 후 견인차로만 주변을 관광할 수 있다.

캠핑장 근처를 관광하고 먹거리를 사러 다녀올 수도 있지만, 이동하기가 불편하다. 가격 면에서도 유사한 조건이라면 카라반이 모터홈에 비해 저렴한 편이다. 특정 지역까지 이동한 후 베이스캠프를 구성하고 한자리에 길게 머물며 주변을 여행하는 방식에 더 어울린다.

모터홈

모터홈은 생활에 필요한 시설이 있는 집과 같으면서도 바퀴와 엔진이 있는 독립적인 자동차, 즉 '바퀴 달린 집'이다. 자동차가 갈 수 있는 어디든지 갈 수 있고 그곳이 바로 나만의 집이 된다. 파도가 넘실거리는 동해 바다 앞, 단풍잎 곱게 물든 설악산 입구 주차장은 물론, 내 집 앞 마당도 캠핑 장소가 될 수 있다. 물리적으로 실내가 좁은 것은 어쩔 수 없지만, 요리가 가능한 취사시설과 안락한 침실, 편하게 몸을 씻을 수 있는 화장실까지 갖추고 있어 편리하다.

Class A 캠핑카

미국처럼 땅이 넓은 곳에서 인기가 높은 캠핑카다. 버스 모양의 대형 캠핑카로 넓고 쾌적한 생활 공간을 제공한다. 국내에서는 이동과 보관의 제한 때문에 사용자가 많지는 않다. 완성된 캠핑카가 수입되기보다는 25인승 미니버스나 45인승 대형 버스를 개조한 경우가 이에 해당한다. 후면 고정 4인 이상의 침대와 널찍한 리빙룸을 제공한다. 별도로 테이블 변환 등을 하지 않고도 취침할 수 있고 원룸 이상의 생활 환경을 제공해 주기도 한다. 넓은 천장에는 태양광 패널이 넉넉하게 올라갈 수 있고 배터리, 청수통, 가스통 등 옵션이 들어갈 자리도 여유로워서 아낌없이 용량을 키워 만들기도 한다. 신차보다는 중고 버스를 사서 개조하는 편이며, 차량 가격을 제외한 내부 개조비로 3,000만~4,000만 원 전후로 투자하는 편이다(옵션에 따라 다름).

Class B 캠핑카

현대 쏠라티, 벤츠 스프린터, 르노 마스터 같은 밴형 차량의 외형을 손대지 않은 상태로 내부를 꾸민 캠핑카를 말한다. 공간의 제약으로 내부의 시설물들은 경량화, 기능성에 초점을 두고 제작된다. 카니발이나 스타렉스급과 차 폭은 거의 같고 길이도 50~100cm 정도밖에 차이가 나지 않아 국내 어디든 거침없이 누비고 다닐 수 있다. 일반적인 야외 주차장에도 큰 무리 없이 주차가 가능해서 흔히 이야기하는 '스텔스 모드'로 조용히 여행을 다닐 수 있는 최적의 형태라 할 수 있다. 국내에서는 주로 C타입 방식의 캠핑카가 주종을 이루다가 조금 더 저렴한 가격의 B타입 캠핑카가 대세로 자리 잡아 가고 있다. 4인 가족을 위한 모델도 있지만, 내부 생활이 다소 답답하기도 해서 3인 이하 가족이 많이 선택하는 편이다. 가격은 베이스 차량 가격을 제외하고 2,000만 원에서 옵션에 따라 4,000만 원 이상까지도 한다. 중고 차량에 최소한으로 내부를 꾸민다면 2,000만~3,000만 원대의 금액으로도 가능하다.

취침 공간의 확보를 위해 팝업 텐트와 결합된 모델도 인기가 높다.

옵션이 잘 갖추어진 수입 모터홈 오라이온 모델

Class C 캠핑카

우리에게 캠핑카가 익숙하지 않을 시기에 하나둘씩 보이던 캠핑카의 대부분이 C타입 캠핑카였다. 베이스 차량 중 앞부분을 제외한 나머지에 캠퍼를 제작하여 결합한 타입이 여기에 속한다. 차량을 잘라서 만든다고 해서 컷 어웨이(Cut Away) 방식이라고 한다. 예전에 많이 보이던 스타렉스 기반의 캠핑카가 C타입이며 포터나 봉고 차량을 개조한 이동식 업무 차량도 같은 그룹이라고 보면 된다. Class B보다는 여유로운 실내와 편의시설을 갖추고 있다. 내부는 대부분 비슷한 구조를 가지고 있다. 중앙에 테이블과 의자가 있고, 이는 4인 정도가 누울 수 있는 침대로 바뀐다. 운전석 위쪽에는 벙크베드가 있다. 벙크베드는 평소에는 이불이나 옷을 두었다가 정박 시 두 명이 편히 쉴 수 있는 침실로 변신한다. 특히 벙크베드는 2층 침대의 형태로 아이들이 선호하는 레이아웃이다. 벙크베드와 테이블 변환 침대를 더하면 5~6인이 안락하게 동시 취침이 가능하다. 가격은 B타입보다 캐빈 제작비 등이 포함돼 높은 편이다. 옵션에 따라 다르지만, 국내 제작은 베이스 차량 가격 포함 보통 7,000만~8,000만 원에서 시작하고 수입 Class C는 1억5,000만 원까지 금액이 올라간다.

트럭 캠퍼

트럭 캠퍼는 포드F150, 닷지 다코타와 같은 픽업 트럭에 상차하여 사용하는 구조다. 별도의 구동계가 필요하지 않아 고장이 적고 수리 비용이 크지 않으며, 별도의 보험 또한 필요하지 않다는 장점이 있다. 연식이라는 개념이 큰 의미가 없어 감가상각도 없는 편이다. 일종의 픽업 트럭에 실린 화물인 셈이다. 캠핑장에 도착해서는 캠퍼를 하차하고 차는 개별로 움직이는 것도 가능하다. 주변 여행지를 다닐 수 있는 점은 트레일러의 장점을 닮았고, 운전은 캠핑카의 장점을 가지고 있다. 가격 또한 캠핑카/트레일러보다 저렴하니 일석삼조라 할 수 있다. 다만 무거운 트럭 캠퍼를 올릴 수 있는 픽업 트럭으로 국내에서는 선택의 폭이 좁은 것이 아쉽다. 미국에서 주로 트럭 캠퍼에 많이 사용되는 픽업 트럭은 포드사의 F시리즈와 쉐보레의 실버라도 등이다. 국내에서는 봉고나 포터와 같은 1t 트럭이 주로 사용된다. 픽업 트럭보다 무거운 화물에 특화되어 있어 서스펜션 보강 등이 필요 없어 더 안정적으로 사용할 수 있다. 업무상 트럭을 가지고 있는 사람이라면 적은 비용으로 캠핑카를 가질 수 있는 좋은 방법이다.

콜로라도에 올라가는 팝업 타입의 트럭 캠퍼

운행 시에는 캠핑카의 특성을 갖지만 캠퍼를 내리면 픽업 트럭을 마음껏 활용할 수 있다.

세미 캠핑카

SUV 차량이나 밴 형태의 차량에 캠핑박스 같은 제품을 올려 간단하게 침대와 주방이 있는 캠핑카로 사용하는 차량을 말한다. 차박과 비슷하지만 옵션에 따라 냉장고, 수전, 휴대용 조리기구까지 있어 세미 캠핑카라 분류하는 것이 맞다. 평소에는 차량의 기본 목적에 따라 사용을 하다가 주말에만 캠핑카로 사용할 수 있는 부분이 가장 매력적이다. 더불어 큰 비용을 들이지 않고도 시작할 수 있어서 인기가 높다. 옵션에 따라 차이는 있지만 보통 500만 원 정도만 투자하면 되고 별도의 구조 변경 등의 절차가 필요 없다. 나중에 중고로 다시 되팔 수 있다는 점도 장점이다.

주행 시 공기 저항을 줄일 수
있도록 접고 사용 시에는 원터치로
확장 가능한 모델

차량의 지붕 위에 설치하는 것이
일반적이지만 소형 트레일러 위에
장착하면 적재공간과 취침 공간을
동시에 확보할 수 있어 실용적이다.

루프탑 텐트

루프탑 텐트의 가장 큰 장점은 자동차 루프랙 위에 쉽게 설치한 후 아늑한 취침 공간을 확보하고 텐트보다 습기와 더위에 강하다는 점이다. 설치 후 지하주차장 진입 등 높이 제한에 대한 제약을 받을 수 있지만, 취침 용도로 멋진 선택이 될 수 있다. 루프탑 텐트는 크게 소프트 타입, 하드탑 형태로 구분할 수 있다. 자동차의 루프랙 위에 텐트를 결합하고 사다리를 놓고 올라가는 기본적인 형태는 유사하다. 소프트 타입은 텐트 재질의 지붕과 측면으로 펼쳐지는 확장성, 사용 인원이 늘어나는 반면 더위와 추위, 바람에 취약하고 젖었을 때 말려야 한다는 불편함이 있다. 하드탑 형태의 루프탑 텐트는 접었을 때 부피가 얇고 더위에 강한 데 비해 가격이 비싸다. 하드탑 텐트도 확장되는 형태와 삼각형으로 펼쳐지는 형태, 수동으로 레버를 돌려 올리거나 원터치로 펼쳐지는 등 다양한 제품군이 마련 돼 있다. 가격은 200만~500만 원대로 형성되어 있다.

에어를 주입하는 타입의 루프탑 텐트

차박캠핑

바퀴가 달린 차에서 잠을 자는 측면에서 보면 차박을 위한 차량도 캠핑카의 한 범주라고 볼 수 있다. 뒷좌석과 짐 칸이 완전히 평탄화만 된다면 어떤 차량이든 상관없다. 유행처럼 시작한 캠핑이, 거금을 들여 산 캠핑카가 막상 몇 번의 들살이 후 자신에게 맞지 않는다는 것을 알면 그때부터 짐 덩어리가 되어 버릴 수 있다. 차박이 가능한 차량 만 있다면 간단하게 의자와 테이블 정도만 준비해서 차박을 떠나보자. 집보다 조금은 더 덥기도 하고 추울 때도 있 겠지만, 언제든 떠날 수 있고 어디서든 잠을 청할 수 있는 것이 불편함을 잊게 해준다면, 그 어떤 차도 '바퀴 달린 집'이 될 수 있다. 요즘은 차량 뒤에 결합하는 차박 텐트가 다양하게 나와 있어서 선택의 폭도 커졌다.

자동차의 실내를 평탄화하고
매트리스와 방충망까지 설치한 차박 텐트

내 차로 떠나는 차박캠핑

단지 짐을 쌓는 용도로만 쓰던 트렁크가 차크닉이나 차박캠핑을 떠나면 나만의
캠핑장이 된다. 트렁크에 앉아 밖을 바라보면 사각 프레임 안으로 아름다운 풍경이
들어온다. 마치 75인치 UHD TV를 통해 최고급 퀄리티의 영상을 보는 듯하다.
내 차의 트렁크가 어느새 '뷰 맛집'으로 변하고 바퀴 달린 집이 완성된다. 자연에 한
바퀴 더 가까이 다가가고, 풍경은 두 바퀴 더 우리 품에 안기는 것.
바로 내 차로 즐기는 차박캠핑의 매력이다.

차박캠핑에 유리한 차종 ▶▶

'바닥 공사'에 많은 공을 들여도 땅바닥의
찬 기운이 바로 올라오는 오토캠핑(텐트캠
핑)에 비해서 차박은 잠자리에 확실한 차이
가 있다. 냉기가 바로 올라오지 않기도 하고
비가 와도 불안해하며 잠을 설칠 일이 없다.
외부 소음에도 유리하고 텐트보다 보안(?)
도 확실하다. 게다가 미니멀한 장비로 빠르
게 집을 짓고 철수하는 것도 오토캠핑과의
소소한 차이점이다. 다만, 차종을 가리지 않
는 오토캠핑에 비해 차박캠핑은 차량의 종
류에 따라 편한 정도가 달라진다.

내가 가지고 있는 차량의 뒷좌석을 접어 평
평하게 만들 수만 있다면 당장이라도 차박
캠핑이나 차크닉을 떠날 수 있다. 승용차의
경우는 평탄화가 가능하다고 해도 안에서
앉아 있을 정도의 높이가 나오지 않기 때문
에 허리도 아프고 움직이기에 불편함이 있
다. 평탄화를 하고 매트를 깔고도 앉아서 식
사를 하거나 차 한잔 마시려면 천장 높이가
높은 SUV나 왜건형 차량을 사용하는 것이
유리하다. 완벽한 평탄화가 어렵다면 평탄

화를 위한 캠핑박스나 맞춤형 완제품을 사용해도 좋다. 카니발, 레이, 렉스턴, 스타렉스, 티볼리 등의 차종은
여러 업체에서 다양한 완제품을 제작해놓아 직접 보고 선택할 수도 있다.

차박캠핑의 필수 요건, 평탄화 작업 ▶▶

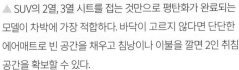

▲ SUV의 2열, 3열 시트를 접는 것만으로 평탄화가 완료되는 모델이 차박에 가장 적합하다. 바닥이 고르지 않다면 단단한 에어매트로 빈 공간을 채우고 침낭이나 이불을 깔면 2인 취침 공간을 확보할 수 있다.

▲ 경차 레이를 베이스로 제작된 캠핑카다. 2인 승차, 취침이 최적화된 구성으로 1열의 변환 시트로 실내의 취침 공간을 확보한 모델이다.

◀ 차박을 본격적으로 즐길 경우, 실내만 전문 업체에 의뢰해 좀 더 편안한 조건으로 주문 제작을 고려해보는 것도 좋다. 또 단열, 환기, 조명 등을 추가하면 사계절 차박을 즐길 수 있다.

차박캠핑 필수 아이템 ▶▶

차박캠핑을 즐길 때 필요한 최소한의 아이템을 소개한다. 처음부터 값비싼 캠핑 장비를 사기보다는 차박에 꼭 필요한 아이템 정도만 준비해서 떠나보고 이후 캠핑을 즐기면서 차차 필요한 장비를 하나씩 추가해 보는 것도 좋다.

#매트
편안한 잠자리를 위해 캠핑용 접이식 발포 매트나 에어매트는 필수 아이템. 에어매트는 3만~4만 원대 저렴한 버전부터 고무보트 재질의 20만 원대 고가 에어매트까지 다양하게 있다. 본인의 자동차에 맞춤 제작도 가능한데 가격은 비싸지만 가장 최적의 취침 공간을 확보할 수 있다.

#침낭
자동차의 평탄화가 제대로 이루어졌다면 바닥에 매트리스 하나와 침낭 하나로도 사계절 충분히 차박을 즐길 수 있다. 2인용 침낭을 선택하거나 1인용 침낭 중 사각형 모양으로 되어 2개를 결합해서 사용할 수 있는 형태가 적당하다. 성인 2명은 거뜬하고 성인 2명에 아이 1명도 가능할 정도로 넉넉하다.

#차량용 소화기
차박 시 화재로 인한 피해를 최소화할 수 있는 기본 용품이다. 손에 닿기 쉬운 장소에 비치하는 것이 좋다.

#캠핑용 폴딩박스
시원한 '트렁크 뷰'를 보며 치맥 한잔하거나 도시락이라도 먹으려면, 좌식에 어울리는 높이의 미니 테이블 하나는 준비해야 한다. 물건을 넣기도 하고 테이블로도 사용 가능한 캠핑용 폴딩박스가 핫 아이템.

#차량용 커튼
선팅이 되어 있더라도 외부 시선을 막고 이른 아침의 햇볕을 피하기 위해 차량용 커튼도 준비하는 것이 좋다.

차박캠핑 확장 아이템 ▶▶

한두 번 다녀온 차박캠핑에 빠져 차크닉 수준이 아닌 제대로 차박캠핑을 하려 한다면, 추가로 몇 가지
아이템을 더해보자. 캠핑이 훨씬 더 풍성해질 것이다.

#차박텐트

검색창에 '차박텐트'라고만 쳐도 수십 가지 종류가 나온다. 좁은
차량에 거실을 더해주어 캠핑용 의자, 테이블을 놓고 캠핑다운
캠핑을 즐길 수 있게 해준다. 겨울에는 찬 바람을 막아주고
여름에는 시원한 그늘을 드리워주는 필수 아이템.

#어닝

모터홈/카라반뿐만이 아니라 소형 차량용
어닝도 있다. 간단히 그늘을 만들어 주기도
하고 어닝룸을 달아 차박텐트 용도로
사용하기도 한다.

#루프박스

차박은 차량 트렁크에 잠자리를
마련하는 바람에 짐을 둘 곳이
마땅치 않다. 차량 위에 추가로
짐을 실을 수 있는 루프박스를
올리면 여러모로 편리하다.

#캠핑용 전기요

대용량 파워뱅크가 있다면 간절기와
겨울 차박을 위해 전기요를 사용해볼
만하다. 5V~12V 캠핑용 전기요도
좋고 파워뱅크와 인버터를 사용해
가정용 220V 전기요도 활용할 수
있다.

#팬히터

차박텐트와 더불어 동절기 캠핑을
위한 필수 아이템. 가정용 등유를
넣고 사용하며 차박텐트 정도는
거뜬히 따뜻하게 만들어 준다.
아이들 손을 델 일도 없고 냄새가
거의 없어서 요즘 캠핑 대세
아이템이 되었다.

카라반(트레일러)

보통 우리나라에서 카라반이란 용어는 미국 트래블 트레일러(Travel Trailer)와 유럽·영국 카라반(Caravan)을 통틀어 부르는 말이다. 법체계에서는 견인차로 끌고 다니는 자동차라고 해서 '피견인차'로 부르기도 한다. 엔진이 달린 자동차(모터홈)와 달리 앞의 자동차(Tow Car)에 견인장치가 설치돼 있어야 견인할 수 있다. 견인볼에 카라반의 연결 장치인 커플러를 연결해서 운행한다. 경우에 따라 면허도 필요하고 운전도 쉽지 않지만, 베이스 차량에 대한 가격이 빠져 같은 수준의 레이아웃이라면 모터홈보다 카라반이 더 저렴하고 넓다. 그러다 보니 카라반으로 캠핑카 생활을 시작하는 경우가 많다.

카라반도 모터홈처럼 여러 가지 형태가 있다. 재질에 따라 하드탑 트레일러와 소프트탑 트레일러(폴딩 트레일러 또는 텐트 트레일러)로 나눌 수 있고, 하드탑 트레일러는 크기에 따라 하우스 트레일러(House Trailer), 트래블 트레일러로 나눌 수 있다. 국내에선 트래블 트레일러급으로는 유럽의 카라반이 조금 더 인기다. 가격도 캠핑카에 비해 저렴하고 실사용 인원은 비슷하여 아마도 국내에서 가격 대비 운영하기 가장 좋은 형태가 아닐까 한다. 샤워가 가능한 화장실과 냉장고, 싱크대, 가스레인지 및 가스히터 등의 옵션으로 며칠 머무는 데 부족함이 없다.

대형 트레일러를 숙박시설 개념으로 활용하는 모습. 하우스 트레일러와 같은 모습이다.

카라반을 선택하기 전에 알아야 할 것들

❶ 미국 vs 유럽 카라반 비교하기

미국 트래블 트레일러, 유럽 카라반, 영국 카라반은 저마다의 특징과 개성이 뚜렷하다. 미국 트래블 트레일러는 전축 무게(견인볼에 가해지는 무게)가 유럽식에 비해 무거운 편이고 트레일러 자체의 무게가 상당해서 든든한 견인차로 견인해야 한다. 모하비, 렉스턴 스포츠, 콜로라도, 트레버스 등 중대형 SUV 정도는 되어야 된다. 미국 RV(레저용 차량)는 내구성이 좋기로 소문이 나 있고 집과 같은 편안함과 실용성을 겸비하고 있다. 자주 이동하는 캠퍼들보다는 한 곳에 오래 머물거나 세컨드 하우스 대용으로도 잘 어울린다.

반면 유럽 카라반은 미국식에 비해 가벼운 것이 특징이다. SUV가 아니어도 승용차로 견인할 수도 있다. 여기에 세련된 디자인에 실내의 구성 요소들에 대한 만족도가 높다. 선택 폭이 넓고 브랜드별, 등급별로도 수많은 레이아웃이 존재한다. 특히 영국 카라반의 장점은 전면부의 시원스러운 개방감과 풍부한 옵션, 실내 구조, 독립 샤워부스 등을 꼽을 수 있다. 화장실이 카세트 방식이라 처리도 미국식에 비해 간편하다.

유럽 카라반

미국 트래블 트레일러

영국 카라반의 전면부

❷ 견인장치와 견인면허

카라반은 우선 견인차(Tow Car)에 카라반 총 중량을 견인할 수 있는 스펙의 견인장치가 장착되고 구조 변경이 완료된 후 견인이 이루어져야 한다. 실제 거의 모든 차가 견인장치만 달면 견인을 할 수 있지만, 승용차/경차는 견인력에 한계가 있어 SUV를 선호하는 편이다. 견인차의 무게를 100이라고 했을 때 카라반의 무게가 70~80%를 넘어서면 위험한 경우가 생길 수도 있다.

캠핑 및 레저문화를 위해 취득하는
소형견인차면허(2016년 신설)

일부 차종에는 옵션으로 견인장치가 달려 있어 별도의 구조 변경이 필요 없다.

대형 견인차면허는 추레라면허로도 불리며
상당히 난이도가 높은 특수면허이다.

미국 트래블 트레일러와 영국, 유럽, 독일에서 제작된 카라반은 구조적인 특징으로 인해 견인할 수 있는 조건이 달라진다. 예를 들어 무게가 1,000kg인 중형 카라반이라도 유럽 카라반은 중앙에 위치한 바퀴를 기준으로 앞뒤 무게 배분이 잘 되어 있지만, 미국식은 크기가 작더라도 바퀴가 중심축 뒤에 있어 앞으로 수직 하중이 집중되는 구조를 보인다. 이 때문에 미국식은 중대형 SUV 정도는 되어야 견인이 가능하고 유럽 카라반은 승용차로도 견인에 무리가 없다. 그 외에도 미국과 유럽은 전원 공급을 위한 소켓과 볼 크기가 서로 다르다. 주로 미국 트레일러는 2인치(약 50.8mm) 볼과 7핀 소켓을 사용하고, 유럽은 50mm 볼과 13핀 소켓을 사용한다. 견인장치 가격과 설치비 그리고 구조 변경 비용은 일반적으로 100만 원 전후이다. 카라반 구매 시 견인장치 비용도 적은 부분이 아니기 때문에 미리 예산에 반영해야 한다.

카라반의 총 중량이 750kg을 넘어가는 경우는 견인면허를 취득해야 한다. 면허는 면허 시험장이나 사설 면허 시험장에서 딸 수 있다. 예전에는 대형 견인면허만 있었지만 2016년부터 소형 견인면허(750kg~3,000kg)가 생겨서 접근하기가 쉬워졌다. 750kg 이하의 소형 카라반을 먼저 운영하다가 면허를 따는 경우는 사설 학원에 다니지 않고 취득하기도 한다. 반면 트레일러 운전 경험이 없거나 견인 운전에 자신이 없는 경우 사설 면허 학원을 권한다.

CAMPING TIP

400급? 500급?
카라반의 크기를 이야기할 때 카라반 내부의 길이가 4m 전후면 '400급', 5m 전후면 '500급'
이런 식으로 이야기한다. 보통 400급 미만은 750kg 이하가 많아 면허 없이 타고, 500급이
넘어가면 견인 면허가 필요한 수준의 크기가 된다. 급이 클수록 거주성이 편리해진다. 대신
가격이 높고 운전과 보관에 불편함이 있다.

하우스 트레일러

모빌 홈(Mobile Home)이라고도 불리는 하우스 트레일러는 외부 길이가 보통 10m 이상이고 무게도 1.5t 이상이며, 견인해서 다니기보다는 한 장소에 붙박이처럼 고정해서 많이 사용한다. 일반적인 캠핑 트레일러보다 크기 때문에 6~8명 이상 동시 숙식도 가능할 정도다. 냉장고를 비롯한 주방시설과 욕조를 포함한 화장실 수준도 소형 오피스텔 정도의 규모라 이동식 주택 대용으로도 손색이 없다. 좋은 전원주택용 땅이 있는 경우 수도/하수도 및 전기 공사만 하여 하우스 트레일러를 주말 주택, 전원주택 대용으로 사용할 수도 있다. 그러다가 더 좋은 곳이 있다면 옮기는 것도 가능하고 땅과 트레일러는 별도 처분도 가능하다. 같은 용도로 컨테이너를 이용한 이동식 주택도 있지만, 주택/건설 관련 법규에 자유롭지 못하고 건축비 외에 가구 등 집기 구매 비용이 별도로 추가되며, 추후 이동 시 비용이 하우스 트레일러보다 많이 들어간다. 요즘에는 일반 펜션과 캠핑장에도 보급이 되어 이색 숙박시설로도 많이 사용되고 있다. 이런 대형 모델의 또 하나의 장점은 에어컨, 냉장고, 침대 등 완벽히 갖추어진 실내 인테리어와 풀옵션 상태에서도 비교적 가격이 저렴하다는 것이다. 가격은 4,000~8,000만 원 선이다.

출입구가 2개인 투룸, 확장 타입은 가정집 못지 않은 실내와 편의사양을 제공한다.

정박형 하우스 트레일러의 확장된 거실

바퀴가 있어 가까운 거리의 이동이 자유롭다.

카라반&트래블 트레일러

하우스 트레일러보다 작은 사이즈를 트래블 트레일러(미국) 또는 카라반(유럽)이라 부른다. 유럽의 카라반에도 작은 사이즈와 모빌홈 수준의 대형이 있지만 보통 국내에 들어와 있는 유럽 카라반이 정박형보다는 여행용 사이즈라서 같은 의미로 쓰인다. 이동이 용이하고 크기는 내부 길이 4m(400급)에서 8m(800급) 이하로 4명에서 6명이 취침하기 좋은 크기다. 가격도 캠핑카에 비해 저렴한데 실사용 인원은 비슷하여 국내에서 가장 유저층이 두텁다. 오토캠핑을 다니며 가장 신경 많이 쓰이는 것이 날씨인데, 카라반으로 캠핑을 다니면서 크게 상관하지 않게 된다. 비가 와도 바람이 불어도 카라반은 든든한 집처럼 버텨준다. 창문 밖은 영하의 날씨라도 창문 안의 세상은 포근해서 캠핑의 즐거움이 배가 된다. 워낙 다양한 크기와 레이아웃의 차이로 가격대는 천차만별이다. 2~3인용의 엔트리 모델은 2,000만 원부터 시작하고 600급 고급형 같은 경우는 옵션에 따라 6,000만 원이 훌쩍 넘기도 한다.

지하 주차장에 출입이 가능한 일부 모델은 팝업 텐트로 실내 공간을 확보하기도 한다.

최근 모델은 전동, 에어로 텐트가 자동으로 설치되는 추세이다.

폴딩 트레일러(텐트 트레일러)

폴딩 트레일러는 하드탑 트레일러와 달리 접을 수 있고 운행과 보관이 편하다는 장점이 있다. 상단이 텐트 형태로 되어 있는 것들이 많아서 텐트 트레일러라고도 부른다. 사이즈가 큰 카라반은 크기로 인해 바람의 저항을 많이 받게 되고 고속으로 운행 시 좌우로 롤링이 생겨 운전이 쉽지 않다. 반면 폴딩 트레일러는 이동 시 작게 접힌 크기로 보다 쉽고 안전하게 운전이 가능하다. 운전과 보관의 용이함 외에 펼쳤을 때 상당히 넓은 크기로 인해 가격 대비 많은 인원이 취침 가능한 부분도 장점. 텐트의 감성에다 카라반의 편안함과 트레일러의 기동성 및 초기 구입비가 비교적 저렴해 인기다.

폴딩 텐트 트레일러는 카라반이나 모터홈이 접근할 수 없는 오프로드, 비포장 등의 노지 어디든 쉽게 접근할 수 있다는 것도 장점이다. 그리고 텐트 캠핑의 감성은 그대로 살리면서 편안한 취침 공간과 세팅이 가능하다는 점도 장점이다. 지면과 떨어져 냉기가 차단되고 푹신한 매트리스나 전기 난방이 되는 침대에서 바라보는 자연의 풍경은 카라반에서 바라보는 것과는 색다른 경험이 된다. 대부분의 폴딩 텐트 트레일러는 프레임, 뼈대와 텐트의 외부 스킨이 연결되어 있어 후면부 혹은 측면으로 펼치면 텐트가 자동으로 설치되고 일부 시설을 내부에서 고정하면 5분~10분 이내에 기본 세팅은 끝난다. 최근 모델은 에어컨과 무시동 히터까지 갖추고 있어 사계절 운용이 가능해졌다.

폴딩 트레일러 설치 과정　　　　　　　　　　　　※설치/철수 시 1분~3분 내에 모든 과정이 마무리된다.

01

02

03

04

카라반 차고지 증명

트래블 트레일러는 하우스 트레일러처럼 한 장소에 주차하여 사용하지 않고 여러 캠핑장이나 여행지로 이동하여 사용한다. 여행이 끝나고 집 근처에 보관해야 하지만 크기가 승합차보다 크다 보니 아무 곳에나 주차할 수는 없다. 실제 카라반을 선택하고자 할 때 사람들의 고민이 보관 장소다. 2020년 2월 28일 이후에 구입한 신규 카라반은 반드시 차고지 증명을 해야 한다. 차고지 증명은

아파트 주차장에 등록이 된다면 관리사무소의 차고지 사용승낙서 등 간단한 서류만으로도 쉽게 해결이 가능하지만, 주차를 거부할 경우에는 사설 주차장이나 대행업체 등을 통해 차고지를 증명해야 한다. 구청에서 차고지 증명을 신청하기 위해서는 차고지 소재지, 지목, 지적, 사용 면적, 승낙자, 신청자의 기재 후 토지대장, 건축물대장, 주차장 사용 계약서, 임대차 계약서, 승낙자 인감증명서, 법인 인감증명서 등의 추가 서류가 필요할 수 있다(2020년 10월 8일부로 캠핑카는 차고지 증명에서 제외되었다).

알아두면 좋은 카라반(트레일러) 용어

헤키창
지붕으로 뚫려 있는 창문으로
환기를 위해 열 수 있고 채광이
가능해 여러 개가 장착되어 있다.
공기 유입과 배출을 위해 헤키창에
맥스팬을 설치하기도 한다.

**아웃트리거
(또는 스테빌라이저)**
카라반의 모서리 네 곳을
받쳐주어 생활 시 흔들리지
않도록 지지하는 장치.

커플러
자동차의 견인장치.
견인볼에 카라반을 연결할
수 있도록 설치된 장치.

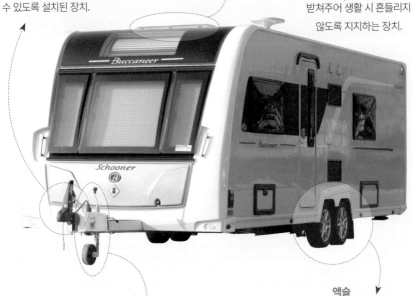

자키 휠, 텅잭
카라반, 트레일러의 전면부에 위치한 작은 바퀴와 레버를
돌려 섀시를 올리거나 내려 높이를 조절할 수 있는 장치.

액슬
카라반의 차대에 부착되어 좌우의 타이어를
고정하는 중심축을 말한다. 싱글 액슬과 액슬이
두 개인 더블/트윈 액슬로 나뉜다.

왼쪽 커넥터(7핀/13핀), 오른쪽 견인볼

13핀 · 7핀
유럽 카라반은 13핀을 기본으로 사용하며 자동차의
방향 지시등, 브레이크등, 전기등을 카라반에 연결하는
커넥터이며, 미국 트레일러는 주로 7핀 방식을 채택하고 있다.

02

캠핑카 구입하기

나에게 맞는 캠핑카를 찾았다면, 이제 본격적으로 구입 단계에 접어든다. 당장이라도 업체 투어를 다니며 계약금을 보낼 준비를 한다. 하지만 이때 가장 조심해야 한다. 미리 챙겨야 할 중요한 부분을 놓치고 덜컥 계약부터 했다가 계약금 환불 때문에 문제가 생기는 경우가 종종 발생하기도 한다. 참 이상한 것이 분명 계약 전에는 내가 '갑'인 것 같았는데, 계약하고 나서부터는 '을'처럼 느껴지는 순간이 온다. 물론 판매자와 구매자 사이에 갑을 관계가 있다는 뜻은 아니다. 높은 금액을 주고 산 제품에 대한 고객이 기대하는 서비스와 여러 고객 중 하나일 뿐인 판매자의 입장에서의 '간극'은 항상 있어 보인다. 그렇기에 계약 전 출고 일정, 옵션 사항, 금액, 유/무상 AS 조건 등 전반적인 요소를 꼼꼼히 따져보고 계약을 해야 한다.

구입 전 체크해야 할
필수 사항

캠핑카를 내 품으로 데려오기 전에 가장 먼저 확인해야 하는 부분이 있다. 예산도 아니고 레이아웃도 아니다. 바로 주차 공간이다. 캠핑카는 구입한 후 옵션 작업이 끝나는 순간, 바로 출고된다. 업체에서 받은 캠핑카를 견인하거나 타고 집에 도착하고나서 고민하면 이미 늦는다. 차고지 증명이 가능한 주차장을 확보하고 있다면 간단

히 해결될 문제이지만, 자동차보다 약 1.5배가 큰 캠핑카를 무작정 구입한 후 아파트와 같은 공용 주택 공간에 왔다면 설렘과 기쁨보다 이 차를 어디에 세워야 할지 심각한 고민에 빠질 것이다. 그나마 지상 주차장이 넓어 세우는 데 지장이 없고 주변에 피해가 없다면 모르겠지만 수도권에서 RV(레저용 차량)를 아파트 내에 세우는 것은 운이 좋은 상황에 해당한다. 공영주차장의 경우, 월 6만~15만 원 선에서 주차장을 확보할 수 있다. 때에 따라서는 캠핑장에 장박(장기간 한 캠핑장에서 머무는) 개념으로 자리를 잡는 것이 도움이 될 수 있다.

캠핑카 선택에 있어 또 하나 중요한 것은 취침 인원에 대한 문제다. 캠핑카를 이용할 사람이 몇 명이며 어떤 장소에서 어떤 모습으로 활용할 것인지 결정하는 것이 우선시되어야 한다. 가격과 레이아웃은 추후 고려할 문제다. 2명이 사용할 예정이라면 선택의 폭은 상당히 넓지만, 반대로 4인~6인이 활용할 수 있는 카라반을 골라야 한다면 선택의 폭이 1/4 혹은 1/5로 확 줄어든다. 항상 사용하는 인원과 가끔 사용하는 인원에 대해서도 비중을 잘 두어야 한다. 부모님이나 다 큰 자녀를 위해 무작정 큰 캠핑카를 샀다가 후회하는 경우도 많고 그 반대의 고민을 하는 경우도 발생한다.

RV(레저용 차량)의 사이즈가 작아질수록 내가 운용 시 느끼는 부담은 확실히 줄어든다. 여기에는 보관에 따른 문제도 포함된다. 전체 길이가 5.5m 이내의 모델이라면 대부분의 주차장에서 큰 불편 없이 보관하거나 지하 주차장 출입까지 가능해 편리하지만 RVer(알비어; 캠핑카를 운용하는 사람)의 성향에 따라 좁다거나 불편함을 호소할 수 있다. 사용 인원과 연령대, 공간 구성에 대한 제원을 꼼꼼히 살피고 결정해야 한다.

캠핑카
구입

신차

자금 여력만 된다면 가장 깔끔하고 원하는 모델로 준비할 수 있는 확실한 방법이다. 옵션도 원하는 것만 골라서 설치할 수도 있다. 모터홈으로 할지 카라반으로 할지 정했다면 다음으로 업체를 정해야 한다. 가급적 집과 가까운 업체를 선택하는 것이 추후 캠핑카에 문제가 생겼을 때 AS를 받기 편하다. 특성상 한 번 AS가 들어가면 며칠씩 걸리기 때문에 가져다 놓고 돌아갔다가 다시 찾으러 가야 하는 상황이 발생하기 때문이다. 비슷한 조건이라면 전국적으로 AS 지점이 많은 곳을 선택하는 것이 현명하다. 또한 규모에 따라 다르겠지만, 여러 브랜드를 이것저것 파는 곳은 피하는 것이 좋다. 브랜드마다 서로 다른 부품을 쓰기 마련인데 여러 브랜드의 캠핑카를 판매한다는 것은 각 브랜드에 해당하는 AS용 부품을 보유하고 있지 않을 가능성이 높다. 개인적으로 1년에 수십 가지 레이아웃을 제작하는 국내 업체도 신뢰가 가지 않는다. 그만큼 고민 없이 만들어낸다는 뜻이기도 하고 내가 구입한 차가 금방이라도 단종되는 상황이 발생할 수 있다는 뜻이기 때문이다.

캠핑카를 신차로 사게 되면 차량 가격 외에도 여러 세금이 붙는다. 판매가에는 개별소비세 5%, 개별소비세 30%에 해당하는 교육세, 부가가치세 10%가 더해진다. 여기에 취등록세 (5%), 부대 비용, 보험료가 추가로 발생한다. 예를 들어 캠핑카 출고가가 약 6,500만 원인 모델이라면 개별소비세(5%) 약 325만 원, 개별소비세의 30%에 해당하는 교육세 약 98만 원, 부가가치세 650만 원(10%)을 포함한 총 7,573만 원의 비용이 들게 된다. 어차피 빼고 더할 수 있는 사항이 아니기 때문에 업체가 이야기하는 판매가는 각종 세금이 포함된 최종 금액이다. 여기에 등록비로 취등록세(5%) 약 379만 원과 공채 할인 4만 원, 증지 5,000원, 번호판 및 수수료 4만 원 등 총 400만 원에 가까운 부대비용도 발생한다. 초기에 차량 가격만 보고 덥석 계약했다가는 추가로 들어가는 옵션과 부대비용에 놀랄 수도 있다. 전체 금액을 한 번에 준비하지 못할 경우 요즘은 '신한마이카' 같은 금융 상품에 캠핑카가 포함되어 일부 할부로 구매도 가능하다. 차량 가격이 포함된 캠핑카에 비해 카라반이나 트레일러는 비교적 적은 예산으로 구매 가능하다.

중고 캠핑카

예산의 한계가 있고 평소 '가성비'를 따지는 편이라면 중고 캠핑카를 인수하는 것도 좋은 방법이다. 보통의 차량처럼 출고 후 2~3년 정도 지나면 초기 출고 금액에서 상당히 떨어지게 된다. 매일 출퇴근으로 운행하지 않는 차량이라 2~3년이 지난 중고라 해도 운행거리(km)가 얼마 되지 않는 경우가 상당수일 것이다. 엔진이 없는 카라반의 경우는 특히 중고의 선호도가 높다. 중고로 사서 타다가 다시 되파는 경우 가격의 큰 변동 없이 주인만 바뀔 때가 많다. 캠핑카 보급률이 높아지면서 중고 캠핑카 거래 온라인 사이트가 생기기도 했지만, 초보 캠퍼의 경우 역시 신차 구매와 동일하게 거주지와 가까운 업체, AS망이 잘 되어 있는 업체의 '보증 중고'를 알아보는 것이 유리하다.

캠핑카도 국내법상 정상적인 차량이라 일반 승용차 중고 거래와 방법은 동일하다. 매도인의 신분증, 차량등록증, 매매계약서, 자동차용 인감증명서(직접 방문 시, 없어도 되지만 대리인이라면 필요)가 필요하고 이전 서류(자동차양도증명서, 이전등록신청서)도 작성해야 한다. 일반 차량과 달리 주로 주말에 타는 차량으로 인식해서 매수인이 바로 등록을 안 하는 경우도 있다. 완전히 이전되지 않은 상태에서 사고가 나거나 발견하지 못한 하자로 인해 거래가 깨지는 경우도 있으니, 가급적 거래는 직접 만나서 등록소에서 이전까지 완료하는 것을 추천한다.

CAMPING TIP

새로 바뀐 캠핑카 법규 개정

다양한 '캠핑카 개발을 위한 규제 완화', 2020년 2월 28일부터 시행된 자동차관리법 하위 법령의 개정 주요 내용과 시행 규칙에 대한 이야기다. 먼저 차종에 상관없이 모든 차로 캠핑카 제작이 가능해졌고(기존에는 승합차만 정식 캠핑카로 구조 변경이 가능), 승차 정원을 늘리는 것 또한 가능해졌다. 3인승 밴형 차량도 인증받은 좌석을 추가하여 4인승 캠핑카로 구조 변경이 가능하다. 기존의 캠핑카는 취침시설, 취사, 세면 등의 일률적인 시설을 갖추도록  하였으나, 기준 완화 이후에는 취사시설, 세면시설, 개수대, 탁자, 화장실 중 '1가지 이상의 시설만 갖추어도 캠핑용 자동차로 인정한다'로 기준이 상당히 완화되었다. 반면 자동차관리법 개정 이후, 세금 부담은 증가했다. 기존에는 개조 비용의 부가가치세 10%를 내면 되었지만, 개정 후에는 자동찻값+개조 비용의 5%를 개별소비세로, 개별소비세의 30%를 교육세로, 개조 비용+개별소비세+교육세의 10%를 부가가치세로 내야 한다. ※[참고] 2021년 1월 법 개정을 통해 승용차를 캠핑카로 등록하는 경우는, 차량 가격을 제외한 제작 비용에만 세금이 부과되도록 재개정 되었다.

차종	승합·화물(현행 유지)	승용(개정세율 적용)
예시	2,000만 원의 차량을 구매 후, 개조 비용 1,000만 원을 더해 캠핑카로 개조 했을 경우	
항목별 세금	•차량 금액 및 개조 금액 3,000만 원의 5% =개별소비세 1,500,000원 •교육세(개별소비세의 30%)= 교육세 450,000원 •개조비 + 개별소비세 + 교육세 합의 10% = 부가세 1,195,000원	•개조 금액 1,000만 원의 5% =개별소비세 500,000원 •교육세(개별소비세의 30%)= 교육세 150,000원 •개조비 + 개별소비세 + 교육세 합의 10% = 부가세 1,065,000원
세금 합계	3,145,000원	1,715,000원

렌트

여건상 캠핑카를 구매할 상황이 아니라면 빌려서 다녀보는 것도 좋다. 한 번 빌리는 비용이 일반 차량에 비해 높긴 해도 차량과 숙박이 한 번에 해결된다고 생각하면 이해가 가는 수준이다. 당장 초기 투자 비용이 없어도 되거니와 보관 비용, 세금, 보험 등의 유지 비용이 들지 않는다. 수입 부품에 의존하는 국내 캠핑카 시장 상황상 부품 하나하나가 고

가인 경우가 많은데, 내장재 고장에 따른 수리비 등의 관리 비용도 따로 들지 않는다는 장점이 있다. 캠핑카를 사서 감가상각 되는 비용과 유지 비용 등을 고려해 한 달에 한 번 이상 꾸준히 다닐 수 있는 상황이 아니라면 차라리 때마다 빌려 타는 것이 오히려 경제적일 수도 있다. 캠핑카를 사기 전 비슷한 차종으로 먼저 빌려서 다녀와 본다면 레이아웃 선택에도 도움이 된다. 렌트 비용은 평일과 주말이 다르고 성수기에도 가격이 다르다. '레이'와 같은 경차 베이스의 작은 캠핑카는 10만 원부터 시작되며 4인 기준 중형 캠핑카는 1일 20만 원, 수입 캠핑카는 보통 하루 40만 원이 넘어가는 편이다.

캠핑카를 빌려서 사용할 때는 정확한 사용법, 매뉴얼을 따라야 파손의 위험을 줄이면서 편안하고 안락하게 지낼 수 있다. 무작정 여행지를 돌아다니기보다는 아무래도 시설이 잘 갖추어진 캠핑장을 이용하는 것이 편리하다. 도로 위를 달릴 경우, 캠핑카는 속도를 낼 수 없기 때문에 하위 차선을 통해 천천히 주행하길 권한다. 벙커가 있는 높은 캠핑카는 톨게이트 진출입시 외부 높이로 인한 파손에 주의해야 하고 주유소와 식당가의 주차장, 캠핑장의 나뭇가지도 조심해야 한다. 사소한 파손에도 큰 비용이 청구될 수 있으니 가급적 자차 보험을 높게 들어두는 것을 추천한다.

DIY(Do It Yourself)

'캠핑카 활성화법'에 따라 모든 차종으로 캠핑카를 제작할 수 있도록 법이 개정된 후 자작 (DIY)에 관한 관심은 그 어느 때보다 높아지고 있다. 손재주가 있거나 기존에 전기, 인테리어, 목공 쪽을 접해봤다면 직접 만들어서 캠핑카로 운영할 수도 있다. 직접 만들었기 때문에 언제든 고칠 수가 있어 편리하다. 중고 캠핑카를 구매하는 것보다 가격 측면으로도 이득이 있고 자신이 원하는 스타일로 꾸밀 수도 있다. 캠핑카로 자작하여 구조 변경을 하는 경우도 바뀐 법에 따라 세금을 내야 한다. 개별소비세와 교육세 그리고 부가세까지 고려해야 함을 유의해야 한다.

추천! 캠핑카 모델별 국내 RV 제작&판매사

캠핑 고수 저자 3인이 뽑은 다양한 캠핑카 모델별 대표 업체들을 엄선해 소개한다.
일반 차량보다 사후 서비스(A/S)가 중요한 만큼 업체 선정에 신중해야 한다.

모터홈 ▶▶

Class B 캠핑카

월든 모빌 : 르노 마스터 월든 익스페디션 모델을 개발 제작하며 RVer들의 사랑을 받는 제작사이며 국내 최초로 르노 마스터의 측면 확장 공간, 승차 인원을 위한 시트 인증에 성공하였다. 가장 세련되며 실용적인 캠핑카를 제작하고 있다.

▶ **주소** 경기도 이천시 마장면 이장로 155-23 **대표번호** 010-4402-8204 **인터넷 카페** cafe.naver.com/rvequipment

Class C 캠핑카

제일 모빌 : 국내에서 가장 잘 알려진 RV 제작 업체로 캠핑카, 카라반 판매는 물론 제작을 위한 부품 공급몰을 운영하고 있다. 국내에서 가장 많은 레이아웃의 C타입 캠핑카를 제작했고 개발하는 업체 중 하나다.

▶ **주소** 경기도 안성시 서동대로 7380 **대표번호** 1566-1772(전시장) **홈페이지** www.cheilmobile.com **인터넷 카페** cafe.naver.com/teamedwin

Class C 캠핑카

다온티앤티 : 다온 캠퍼를 시작으로 포터, 스타렉스, 르노마스터 등 다양한 차량을 베이스로 캠핑카를 제작하고 있는 제작사이다. 독자적인 기술 개발로 18종의 모터홈과 7종의 차박형 캠핑카를 출시했으며 지역 네트워크를 넓히고 있다.

▶ **주소** 인천광역시 서구 북항로 177번길 116 **대표번호** 1599-6394 **홈페이지** www.daontnt.com **인터넷 카페** cafe.naver.com/daoncamper

세미 캠핑카

밴텍 : 세미 캠핑카로 잘 알려진 스타렉스 베이스의 라쿤-팝 모델로도 인기가 많은 국내 제작사이다. 세미 캠핑카의 단점을 극복하기 위해 팝업 텐트와 후면부 확장 텐트로 공간 확장성을 높이고 있다.

▶ **주소** 경기도 안성시 원고면 성주리 18 **대표번호** 1577-0552 **홈페이지** vantech-korea.co.kr **인터넷 카페** cafe.naver.com/vantech

트럭 캠퍼

우리 캠핑 : 픽업 트럭 위에 생활공간인 캠퍼를 얹고 고정해 캠핑카처럼 활용하다가 지지대를 펴면 픽업 트럭을 분리할 수 있는 것은 트럭 캠퍼만의 최대 장점이다. 전 세계에서 가장 인기 있는 랜스 트럭 캠퍼를 국내에 소개하고 판매하는 업체로 천안에 있다.

▶ **주소** 충청남도 천안시 서북구 신당새터3길 6, 2동 1층 **대표번호** 041-554-2121 **인터넷 카페** cafe.naver.com/lancecamper

루프탑 텐트

마린랜드 캠핑 : 루프탑 텐트의 절대 강자, 오토홈 루프탑 텐트를 수입, 판매하고 있는 마린랜드 캠핑은 메졸리나, 콜럼버스, 에어탑, 확장 어넥스와 함께 캠핑용품, AL-KO, 피아마, Whale 등의 브랜드도 취급하고 있다.

▶ **주소** [전시장] 경기도 가평군 청평면 경춘로 536 **대표번호** 031-585-5221 **홈페이지** www.marinelandcamping.com **인터넷 카페** cafe.naver.com/marinelandcamping

카라반〈트레일러〉 ▶▶

영국 카라반

YJRV : 경상남도 함안에 위치한 캠핑카, 카라반 판매 업체이며 영국 코치맨, 스위프트를 비롯한 다양한 브랜드의 RV를 한자리에서 만날 수 있는 전시장을 갖추고 있다. 경상남도 최대 규모의 전시장과 A/S를 받을 수 있고 다양한 용품 구매도 가능해 편리한 원스톱 쇼핑이 장점이다.

▶ **주소** 경상남도 함안군 산인면 산인로 279 **대표번호** 1577-6350 **홈페이지** yjrvkorea.com **인터넷 카페** cafe.naver.com/yjrvkorea

독일 카라반

스타 카라반 : 독일의 프리미엄 카라반 비스너의 공식 에이전시, 카베, 로드트렉, 쓰리독, 카라발에어, 스탈렛 등의 카라반과 모터홈을 수입, 판매하고 있다. 특히 폴드 다운 베드가 장점인 비스너의 매력은 가족 중심의 국내 카라반 문화와 잘 어우러져 큰 인기를 누리고 있다.

▶ **주소** 경기도 용인시 처인구 모현면 백옥대로 2072-15 **대표번호** 1661-8775 **홈페이지** starcaravan.com **인터넷 카페** cafe.naver.com›starcaravan

미국 트래블 트레일러

팀오토 알브이(주) : 2011년 미국 포레스트리버 팔로미니 브랜드로 시작해서 미국 캠핑 트레일러 업체로 굳건한 입지를 보여주고 있으며 다양한 종류의 미국 트레일러와 토이하울러, 미국 RV에 맞춘 액세서리, 정박형 모델 등을 소개하고 있는 업체이다.

▶ **주소** 경기도 광주시 곤지암읍 신만로 382-15 **대표번호** 031-764-2018 **홈페이지** www.teamautorv.com/ **인터넷 카페** cafe.naver.com/teamauto

폴딩 트레일러

오토 홈스 : 접이식 텐트 트레일러 Camp-let으로 꾸준히 인기를 끌고 있는 오토 홈스는 데스렙스 카라반 모델은 물론 하이머 브랜드의 카라반, 트렌스밴 등의 다양한 RV들을 만날 수 있다. 작고 가벼워 누구나 활용하기 좋은 캠프렛, 확장성과 운용에 있어 또 다른 세계를 만날 수 있을 것이다.

▶ **주소** 경기도 남양주시 진접읍 진벌로 52(BFL 타워) **대표번호** 1588-8327 **홈페이지** autohomes.co.kr **인터넷 카페** cafe.naver.com/autohomes

오프로드 트레일러

컴팩스 알브이 코리아 : 한국, 미국, 호주, 일본 등 세계 주요 나라에 RV를 제작, 수출하는 글로벌 기업, 연간 트레일러 2만 대, 캠핑카 2,000대의 생산 능력을 갖추었고 국내에서 제작, 판매의 기반을 마련하고 있다.

▶ **주소** 경상남도 김해시 상동면 상동로 98 **대표번호** 070-4209-1011 **홈페이지** www.compaksrv.co.kr **인터넷 카페** cafe.naver.com/ca-fe/starzkorea

국내 제작 카라반

더블유 카라반 : 'MADE IN KOREA'의 자존심, 더블유 카라반은 국내 제작 기술의 대표 주자로 심플한 디자인과 레이아웃으로 섬세한 제작 기술력이 돋보이는 제작사다. 플래닛 시리즈는 소형부터 중형 카라반, 주문 제작형 캠핑카까지 다양한 라인업을 구축하여 사랑받고 있다.

▶ **주소** 충청남도 서산시 성연면 왕정리 590 **대표번호** 010-3477-1294 **홈페이지** wcaravan.modoo.at **인터넷 카페** cafe.naver.com/wcaravan

캠핑카
보험

모터홈의 보험은 굳이 설명할 필요도 없이 일반적인 차량과 동일하게 가입하면 된다. 운전 기간, 운전자의 나이 등으로 보험료가 산정되는 일반적인 자동차 보험과 동일하니 잘 아는 보험 설계사나 인터넷 다이렉트를 통하여 가입하면 된다. 연식, 차량가 등 여러 변수가 있지만 1년에 대략 40만~70만 원 정도 들어간다. 참고로 캠핑카는 긴급 출동이 지원되지 않는다.

트레일러의 경우는 개별 보험이 따로 없고, 견인차 보험에 추가하여 적용하게 된다. 국내법상 피견인차(카라반)는 사고 시 견인차와 한 몸으로 간주하기 때문이다. 기존 견인차 보험에 '레저용 견인차 요율'을 추가로 적용해야 사고 시 보상을 받을 수 있다. 레저용 견인차 요율은 최근 캠핑 트레일러나 보트를 견인하는 경우가 급격하게 늘어남으로 인해 생겨난 요율이다. 견인차 보험금의 8~10% 정도 요금이 증가하게 되며 자차보험에 대해서만 제외하고 나머지는 모두 보험 적용을 받을 수 있다. 자차보험은 별도로 가입을 해야 한다. 피견인차의 자차보험은 차량 등록증상의 차량 가격을 기준으로 책정을 하는데, 보험사마다 차이가 있고 피견인차의 차량 가격에 따라 차이는 있지만 대략 20만~30만 원 전후의 보험료가 추가로 들어간다. 피견인차의 자차보험은 본인 과실의 파손뿐만 아니라 트레일러를 분실했을 경우도 보상이 가능하니 꼭 가입하는 것이 좋다.

알짜배기 정보가 가득한 우리나라 캠핑카쇼

전국에 흩어져 있는 캠핑카 업체를 일일이 찾아 다니는 것은 생각보다 어렵고 지치는 일이다. 한두 군데 돌다 보면 다 비슷한 것도 같고, 영업사원의 사탕발림에 생각지도 않았던 모델의 캠핑카를 덥석 계약하는 경우도 왕왕 있다. 국내에서 열리는 캠핑카쇼를 찾아가 보는 것만으로도 다양한 모델과 브랜드 속에서 확실히 나에게 맞는 차를 손쉽게 정해 볼 수 있다. 또한 쇼 기간 동안 계약자들에게는 특별한 할인이나 혜택을 주는 경우가 많아 더욱 인기가 높다.

알아두세요!

대체로 매년 캠핑쇼가 열리는 시즌과 장소가 동일하지만, 상황에 따라 개최일과 장소는 변동될 수 있으니, 반드시 인터넷을 통해 정확한 캠핑카쇼 정보를 확인한 후 방문한다.

2~3월

서울국제스포츠레저산업전(SPOEX)
국내 최대 규모의 RV 전시회. 다양한 레저 산업 전반을 한자리에 볼 수 있다.
▶ **시기** 2월 말 **장소** 서울 코엑스

캠핑&피크닉 페어(캠핑페어)
캠핑과 RV 관련 전시회.
▶ **시기** 3월 초 **장소** 일산 킨텍스

경기국제보트쇼(KIBS)
레저 산업 전시회로 아웃도어, 캠핑카쇼를 동시에 진행한다.
▶ **시기** 3월 말 **장소** 일산 킨텍스/김포 아라마리나

5~6월

코리아 캠핑카쇼(KCCS)
캠핑카 단독 전시회.
▶ **시기** 5월 말~ 6월 초 **장소** 부산 벡스코

고 카프 국제 아웃도어 캠핑&레포츠 페스티벌(GO CAF)
캠핑, 레저용 차량(RV) 관련 전시회.
▶ **시기** 5월 말 **장소** 일산 킨텍스

7~8월

서울모터쇼
다양한 자동차와 캠핑카를 동시에 볼 수 있는 모터쇼.
▶ **시기** 7월 초 **장소** 일산 킨텍스

수원 레저차량 산업전
캠핑카, 카라반, 트레일러 전시회.
▶ **시기** 8월 중순 **장소** 수원컨벤션센터

9~11월

오토살롱위크
자동차 정비, 튜닝, 부품 액세서리 등 애프터마켓 관련한 전시회.
▶ **시기** 9월 말~10월 초 **장소** 일산 킨텍스

서울 동아 스포츠 레저산업 박람회
동아전람을 통해 치러지는 다양한 종류의 전시회 중 캠핑카, 카라반 등 RV가 같이 참여하는 전시회로, 건축 산업과 레저, RV 시장의 최신 제품들을 한자리에서 만날 수 있다.
▶ **시기** 8월 말 **장소** 일산 킨텍스

경향하우징페어
서울을 시작으로 수원, 광주, 제주, 대구 등에서 열리는 국내 건축 및 인테리어 관련 전시회. 캠핑과 관련된 제품도 다양하게 소개한다.
▶ **시기** 11월 중순~11월 말 **장소** 김대중컨벤션센터(광주), 제주국제컨벤션센터(제주), 수원메쎄(수원), 엑스코(대구)

MBC건축박람회
건축, 가구, 건강, 스포츠, 인테리어가 함께 하는 RV 전시회로 서울, 일산, 수원, 인천, 부산 등에서 열린다.
▶ **시기** 1월, 3월, 5월, 7월, 8월, 9월 **장소** 수원컨벤션센터(수원), 송도컨벤시아(인천), 세텍·양재 AT센터(서울), 킨텍스(일산), 벡스코(부산) 등

캠핑카
운전하기

'캠핑카를 타고 여행 다닌다'라고 주위에 말하면 가장 먼저 물어보는 것이 '운전하기 어떠냐?'다. 차량 길이와 폭이 크기 때문에 특별한 면허가 있거나 기술이 필요한 것이 아닐까 생각하기 쉽다. 크기만 클 뿐 운전을 하는 것은 별 차이가 없으니 앞서 걱정할 필요는 없다.

모터홈 운전

모터홈을 운전할 땐 딱 두 가지만 기억하면 된다. 하나, 코너를 돌 때는 크게 돌 것! 차 길이가 길다 보니 좁은 골목이나 좁은 주차장에서 회전하다가 옆면을 긁히는 상황이 많이 발생한다. 둘, 차간 거리를 평소의 두 배로 할 것! 차의 크기뿐만 아니라 무게 또한 상당하기 때문에 제동 거리가 일반 차량보다 길다. 앞차와의 거리를 평소보다 길게 잡고 과속하지 않는다면 캠핑카 운전은 어쩌면 DSLR 카메라보다 배우기 쉬울 것이다.

카라반 견인

카라반은 모터홈과 조금 다르다. 전진은 동일하게 회전 반경만 신경을 쓰고 과속만 하지 않는다면 차이가 없다고 볼 수 있으나 후진은 견인차와 트레일러가 정반대로 움직인다. 내가 왼쪽으로 회전하면서 후진을 하면 견인차는 그 방향으로 움직이지만 트레일러는 오른쪽으로 움직이게 된다. 게다가 견인차 + 피견인차가 연결되면 최소한 9~13m의 길이가 되고 차 두 대가 연결되어 도로 위를

달리는 형태가 되기 때문에 단독 운행 시의 모습과 달라진다. 대형 차량이 뒤에서 속도를 올리며 추월하려고 다가온다면 먼저 속도를 늦추도록 한다. 캠핑카는 높이가 높고 무게 중심이 분산되어 있어서 고속버스나 화물차 등의 대형 차량이 동시에 나란히 지나치는 순간, 공기의 회전과 영향으로 캠핑카가 심하게 흔들리거나 카라반의 경우 스웨이 현상(카라반이 좌우로 심하게 흔들리는 현상)이 발생할 수도 있다. 카라반을 연결하고 견인 중 조심해야 할 상황으로는 견인차와 카라반 사이로 비집고 들어오려는 운전자를 만나는 것이다. 고속도로의 진출입 구간이 이에 해당하며 도로상 교차로와 회전이 빈번한 교통 체증 구간도 이에 해당한다. 카라반이 견인되어 간다고 생각하지 못하고 견인차가 지나갔으니 다음 차례는 나와야 한다는 생각으로 무리하게 들어오는 경우도 있으니 조심해야 한다. 모터홈이나 카라반 모두 속도를 줄이고 마음에 여유를 가지고 움직인다면 문제 될 것은 하나도 없다.

04

캠핑카 활용을 위한
기본 매뉴얼

1 연결/분리(카라반)

견인차와 카라반을 연결하기 위해서는
바닥이 수평인 곳에서 연결/분리를 하
는 것이 안전하다. 견인볼과 카라반의
커플러를 일직선으로 유지한 채 커플러
의 아래까지 견인볼이 다가오도록 맞추
면 자키 휠을 돌려 정확하게 잠금장치
가 작동할 수 있도록 결합한다. 7핀 또
는 13핀을 커넥터에 연결하고 안전고리
를 견인장치에 걸어준 후 사이드 브레
이크를 해제해 운행 준비를 마친다. 비

상등이나 방향 지시등을 켜주어 신호가 제대로 들어오는지와 창문과 도어, 물건이 떨어지지
않을지 확인 후 출발한다. 목적지에 도착해서는 분리 전 반드시 사이드 브레이크를 올리고 분
리 과정을 진행한다.

2 수평 유지 및 세팅

세팅을 시작하기 전, 카라반의 좌우, 앞
뒤 수평을 확인하고 심하게 차이가 날
경우 레벨러를 바퀴 아래에 받쳐주어
좌우의 수평을 잡아준다. 스마트폰 수
평 애플리케이션, 버블 수평계 등을 활
용하면 도움이 된다.

3 생활을 위한 준비

카라반의 기본 세팅이 끝나면 물 사용
을 위해 청수 탱크에 물을 채우고 220V
전기를 연결해주면 된다. 화장실 사용
을 위해 별도로 물을 보충해야 하는 모
델은 추가로 물을 보충하고 추운 날씨
라면 전면부의 가스통 밸브를 열고 실
내 히터를 작동시킨다.

4 화장실 사용

유럽은 외부 분리형 카세트 방식을 주로 사용한다. 카세트 방식이라고 하면 생소한데, 쉽게 설명하면 화장실 변기 아래에 외부에서 분리할 수 있는 통이 있어 용변 후 이 카세트만 탈거하여 화장실에 버리면 된다. 전용 화장실 약품을 같이 사용하기 때문에 냄새뿐만이 아니라 용변을 빨리 분해해 주어 나중에 화장실에 버릴 때 편하다. 고정식 화장실 외에도 이동식 변기도 동일하다. 화장실이 있는 것과 없는 것은 캠핑 생활에 엄청난 차이를 준다.

5 전기 사용

배터리 하나만으로 모든 전기를 활용하기에는 부족하다. 물론 220V 한전(한국전력)이 연결되어 있다면 큰 문제는 되지 않겠지만 전기 공급이 안 되는 상황에서 과도한 전열 기구, 에어컨, TV 시청, 전자레인지 등을 사용하게 되면 방전의 가능성이 커진다. 인산철 배터리 교체, 태양광 충전 시스템, 주행 충전 시스템, 발전기 사용 등 개인의 세팅, 옵

션 유무에 따라 전기 시스템을 맞추어주는 것이 바람직하다. 용량을 최대로 늘리면 사용 시간을 늘릴 수 있어 좋겠지만 무게, 비용 증가 등의 이유로 적정선을 찾아야 한다.

6 ▼ 히터 사용

'캠핑의 꽃'이라는 동계 캠핑을 더욱 여유롭게 해주는 대표적인 옵션이다. 캠핑카의 히터는 경유 방식과 가스 방식이 있다. 모터홈은 주로 자동차의 기름을 함께 쓰는 무시동 히터가 주로 사용된다. 따로 기름을 관리하지 않아도 되며 시동을 걸지 않고도 사용 가능하다. 카라반은 거의 가스 방식이 사용되며 일반적인 히터 방식과 우리나라 온돌과 유사한 간접 난방 방식이 있다.

7 ▼ 냉장고 사용

캠핑카/카라반에는 전기만으로 동작하는 일반적인 냉장고와는 다른 2way 또는 3way 방식의 냉장고가 달려 있다. 2Way는 12V 배터리 또는 220V 전기로 동작하며, 3Way는 이 두 가지 방식에 LP가스로도 동작한다. 냉장고는 사용 후 관리가 중요하다. 냉기가 남아 있는 상태에서 그냥 닫아두면 습기가 차서 안에 곰팡이가 피고 악취가 나게 된다. 캠핑을 다녀온 후에는 습기를 제거하고 문을 열어 두는 것이 좋다.

CAMPING TIP

3Way 방식 냉장고

대다수의 유럽 카라반에는 배터리, 전기, 가스의 3Way 냉장고가 달려 있다. 가열에 의한 냉매 순환과 그로 인한 냉각 효과의 방식이다. 가열 방식이어서 배터리보다는 전기가, 전기보다는 가스가 조금 더 효율이 좋고 단시간에 냉기를 돌게 한다. 12V 배터리 방식은 캠핑카에 내장된 배터리를 사용하는 것으로 장시간 사용 시 배터리 방전의 위험이 있고, 출력이 약해 냉장력이 가장 약하다. 대신 전기나 가스와 달리 움직이는 상황에도 사용할 수 있어 보통 캠핑 출발 전 냉장고에 미리 식료품을 넣고 이동 중에 조금이라도 냉기를 유지하기 위해서 많이 사용한다.

캠핑카 옵션 살펴보기

솔라 패널/태양광 패널

캠핑카 내장 배터리 충전을 위해 루프에 설치하는 태양광 패널, 배터리 방전을 막아주고 관리적인 측면에서 용이하나 메인 전원으로 활용하기에는 부족하다. 보통 100w~400w 용량을 설치한다.

무버(카라반 전용)

카라반 바퀴 옆에 달아서 리모컨으로 카라반을 움직이는 장치. 짧은 거리를 움직이는 용도로 견인차에서 분리해 자리 잡을 때 사용한다. 경사가 있는 곳이거나 양쪽에 장애물이 있을 경우 유용하다. 750kg이 넘어가는 중형 카라반부터는 무버 없이 사람의 힘으로 움직이기 힘들어 필수로 장착해야 한다.

220V 인버터

캠핑카에 내장된 12V 또는 24V 배터리를 활용하여 220V 전기를 만들어 준다. 전자레인지, 전기 포트 등을 사용할 때 편리하다. 내장 배터리가 여유롭다면 에어컨을 돌리기도 한다.

청수탱크 확장

물 사용이 많은 경우, 캠핑카 내부의 물탱크를 추가로 장착하거나 용량을 늘리기도 한다. 제한적인 공간을 나누어 설치해야 하는 만큼 실내 적재공간이 줄어들 수 있다.

전자레인지

거의 기본으로 설치할 만큼 유용하다.

어닝, 어닝레일

어닝은 캠핑카 측면 또는 천장에 설치하여 그늘을 만들어 주는 옵션이다. 어닝 레일에 타프 등을 끼워서 간단하게 설치할 수도 있으며 외부 확장 텐트를 설치할 때 활용하기도 한다.

맥스팬

카라반의 환기를 위해 추가로 설치하는 환기시스템이다. 맥스팬은 내부의 공기를 외부로 배출하거나 외부의 공기를 내부로 유입할 수 있는 스위치가 마련되어 있다.

어닝등

어닝이 설치된 경우, 외부에 LED 등을 설치해 활용도를 높일 수 있다.

스카이라이프

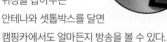

캠핑카에서 TV를 보기 위해서는 위성방송이 필요하다. 자동으로 위성을 잡아주는 안테나와 셋톱박스를 달면 캠핑카에서도 얼마든지 방송을 볼 수 있다.

외부 샤워기

내부 화장실이 아닌 캠핑카 외부에서도 물을 쓸 수 있도록 샤워기를 달면 편리하다. 캠핑 용품을 씻거나 아이들 모래 놀이 후 정리에도 도움이 된다.

CAMPING TIP

겨울철 동파 방지

캠핑카를 운용하면서 겨울에 가장 신경 써야 할 부분이 바로 동파 방지다. 집과 달리 평소에 난방을 하지 않는 이유로 외부 온도가 영하로 떨어지면 캠핑카 내부의 물도 얼게 된다. 얼음은 물보다 부피가 크므로, 수도꼭지와 연결 부위, 온수기 등이 동파 피해를 보게 된다. 부품 하나의 가격도 만만치 않지만, 동파로 물이 새면 나무 가구들이 물을 먹어 부풀어 오르는 등 문제가 심각해지기 때문에 동파는 항상 신경 써야 한다. 캠핑하는 중간에는 실내 온도가 높아서 동파되는 경우는 거의 없다. 캠핑이 모두 끝난 후 남은 물을 모두 비우고 캠핑카의 전원은 모두 내린 상태에서 각 수도꼭지도 열림 상태로 둔다. 그리고 이동을 하게 되면 차량이 전후 좌우로 기울어지면서 잔수까지 모두 빠지게 된다. 수도꼭지를 열림 상태로 두지 않으면 빨대 위를 손가락으로 막은 것처럼 호수에 물이 남게 된다.

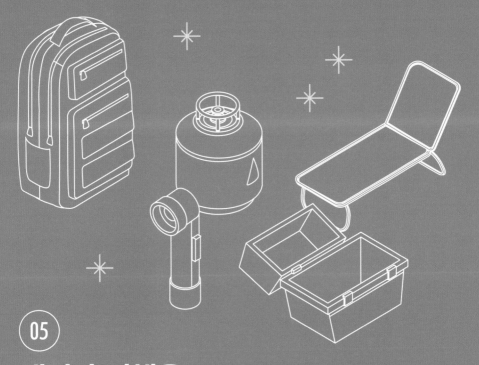

05

캠핑카 여행을
더욱 풍성하게 만들어줄
캠핑 아이템

화로대

캠핑과 마찬가지로 알빙에 있어서 불멍(화로불을 멍하게 쳐다보는)은 빼놓을 수 없다. 따뜻하게 피어오르는 불
꽃의 화염과 나무 장작이 타는 소리마저 감성적이다. 야외에서 불을 피울 경우, 반드시 화로대를 받쳐두어야 주
변을 보호할 수 있고 청소하기에 쉽다. 접어서 보관하는 화로대는 수납 공간을 줄일 수 있고 활용도가 높다.

의자

캠핑에서 의자는 필수. 사이즈, 재질, 디자인, 사용법도 제각각이다. 심플한 타입의 폴딩 타입이 수납성이 가장 좋지만 고가이고 튼튼하면서도 사용 인원수를 고려한 가볍고 아늑한 제품이 최적이다. 의자는 테이블의 높이를 고려해 로우 타입과 일반적인 타입으로 선택하면 되고 바닷가, 산, 캠핑장의 바닥에 따라, 수납 공간의 사이즈에 따라 신중하게 선택하는 것이 바람직하다.

테이블

테이블 선택은 의자의 높이와 맞추어 주는 것이 유리하다. 주로 나무와 알루미늄, 스테인리스 등의 가벼운 롤 테이블이 보관상 유리하고 사용 인원에 맞추어 상판의 사이즈를 결정하면 된다. 브랜드별, 가격대별, 높이별로 다양하게 판매하므로 세트 구성 혹은 개별 구성을 고려해보면 된다.

냉장고

여기서 말하는 제품은 외부 휴대용 냉장고로 생각하면 된다. 휴대용 냉장고는 별도의 파워팩에서 전원을 공급받거나 12V, 가스를 활용하게 되는데 장거리 여행 시에는 자동차 내부에서 음료와 음식물을 보관할 수 있고 바닷가나 캠핑장에서는 외부에 꺼내놓고 활용하면 최적의 조건을 제공한다.

발전기

외부 전기 공급이 불가능한 환경에서 발전기 하나면 전기 고민은 쉽게 해결된다. 하지만 별도의 연료를 준비해야 하고 소음을 막기 위한 별도의 장치가 필요하며 정기적인 관리가 요구된다는 단점이 있다. 이동 시 무겁고 냄새가 날 수 있지만 노지에서 지속적인 전기 공급이 필요한 경우 요긴하게 쓰인다. 주변에 다른 이용객이 있다면 최대한 사용을 자제하는 것이 바람직하다.

전기 포트

인버터 혹은 220V가 있다면 전기 포트만큼 유용한 것도 없을 것이다. 간단하게 커피를 마실 수 있고 컵라면을 먹을 수도 있다. 캠핑카 안이 좁아 불을 사용하면 금방 내부가 더워지는데 전기 포트는 그렇지 않아 편리하다.

미니 인덕션

가스 사용이 제한되는 조건이라면 인덕션을 통해 요리를 할 수 있다. 화재로부터 안전하고 온도 조절이 용이하지만 여러 개의 요리를 동시에 하기엔 무리다. 수납성이 좋고 관리 및 청소가 간단해 최근 제작되는 캠핑카에 많이 적용되고 있다.

조명

야외 활동에 있어 조명은 캠핑의 분위기 연출은 물론 늦은 밤, 활동 영역과 시간을 늘릴 수 있어 많을수록 좋다. 직접 조명보다는 은은하게 쉴 수 있는 간접 조명, 반짝이는 소품으로 활용하면 아이들이 상당히 좋아할 아이템이다. 어닝 혹은 팩을 박은 스트링, 실내 창가에 걸어두면 감성 캠핑의 멋을 만끽할 수 있다. 12V, 220V 전기, 배터리, 충전 등의 방식으로 다양한 제품들을 만날 수 있다.

해먹

아이들이 있는 가족이라면 필수품이다. 너무 어린나무에는 사용을 자제하고 나무 보호를 위한 별도의 매트리스, 방석 등을 끼운 후 사용하는 것이 좋다. 아이들이 장난치다가 떨어질 수도 있으므로 아래에 매트리스를 깔아주면 도움이 된다.

야외용 샤워 텐트

사용하는 RV(레저용 차량)에 따라 시설이 다른 만큼 화장실이 없거나 바닷가라면 샤워 텐트를 설치해 활용해보길 권한다. 야외 샤워기, 이동식 변기와 함께 활용할 수 있다.

아쿠아캠, 용변분해제, 포타팩

이름은 브랜드별로 다르고 내용량, 향기, 사용법은 다르지만 목적은 하나. 화장실 카세트 내부에 부어 두면 화장실 사용 후의 내용물을 분해하고 냄새를 제거할 수 있는 약품들이다.

이동식 변기

화장실이 별도로 없는 세미 캠핑카인 경우에도 이동식 변기를 두면 한결 편리해진다. 이동식 변기가 있으면 노지 캠핑에 대한 부담이 한결 줄어든다.

어닝룸

캠핑카 옆에 연결하여 설치하는 리빙룸이다. 단시간만 사용하기보다는 겨울 장박 캠핑 시 사용하기에 좋다.

레벨러

수평이 맞지 않으면 싱크대나 화장실에 물이 잘 내려가지 않을뿐더러 잠을 잘 때도 불편하다. 정박지에 도착하자마자 가장 먼저 할 것은 차량이 어디로 기울었는지 확인하고, 레벨러를 바퀴 아래에 고정해 수평을 맞춰준다. 레벨러 한 쌍 정도 가지고 다니면 유용하다.

일산화탄소 감지기, 연기 감지기

안전을 위해 꼭 필요한 옵션이다. 히터의 불완전 연소 등으로 인해 일산화탄소가 내부로 유입되면 두통과 어지러움을 일으키고 심하면 사망에 이르게 된다. 일산화탄소 감지기는 천장이나 벽면 상단에 부착한다. 연기에 의한 질식사와 화재의 빠른 화재 감지를 위해 연기 감지기도 함께 설치하는 것이 좋다.

지역별
여행 정보

추천! 계절별 자동차 캠핑장

봄 *spring*

황매산 오토캠핑장
황매산 철쭉축제

매년 5월이면 황매산은 철쭉으로 온통 붉게 물든다. 철쭉 시즌에는 제2 캠핑장만 이용할 수 있으니 알아두자.

청풍호 오토캠핑장
청풍호 벚꽃길

4월 중순, 청풍호반 도로 구간에 벚꽃이 만발한다. 캠핑장에 정박하고 편안하게 벚꽃 축제를 즐길 수 있다.

여름 *summer*

속초 국민여가캠핑장
속초 해수욕장

캠핑장에서 걸어서 바로 속초 해수욕장에 닿을 수 있다. 청초호 산책을 곁들여도 좋다.

송계 자동차 야영장
송계계곡 물놀이

물이 깨끗하고 깊지 않아서 아이들 놀기 좋다. 물놀이 후 먹는 고기 맛은 그 어떤 산해진미와 비교 불가다.

횡성 자연휴양림

휴양림 산책

차분하게 가을옷으로 갈아입은 원시림 산책
과 애리조나 카페에서 맥주 한잔을 즐겨보자.
더 이상 무슨 말이 필요할까.

덕유대 오토캠핑장

설천봉 눈꽃 여행

곤돌라를 타고 편안하게 덕유산 정상에 올라
눈꽃 여행을 즐길 수 있다.

계방산 오토캠핑장

계방산 산행

국내에서 다섯 번째로 높은 계방산의 단풍도
그 높이 만큼이나 곱고 아름답다.

자라섬 오토캠핑장

자라섬 겨울씽씽축제

겨울 축제의 대명사 자라섬 겨울 축제를 즐겨
보자. 얼음 송어 낚시 후 화로대에 구워먹는
송어구이는 최고의 맛을 선사한다.

추천! 여행 테마별 자동차 캠핑장

바다 sea

학암포 오토캠핑장

학암포 해변에서 물놀이는 물론, 조개와 골뱅이 잡기에도 도전해 보자.

고래불 국민야영장

푸른 동해를 마주하고 있는 캠핑장. 릴렉스 의자에 앉아 바다를 바라보는 것만으로도 힐링이 된다.

계곡(강) river

홍천강 오토캠핑장

캠핑장에서 바로 이어지는 홍천강에서 물놀이는 물론이고 어항으로 물고기 잡기도 가능하다.

소금강 오토캠핑장

넉넉한 수량에 1급수를 자랑하는 소금강계곡을 맘껏 즐겨보자.

휴양림(산) *mountain*

희리산 해송 자연휴양림

자연휴양림의 숲이 우리집 마당이 된다니!
하루쯤 숲의 품에 폭 안겨 보자.

유명산 자연휴양림

스치는 나뭇잎 소리와 온갖 종류의 새소리가
배경 음악이 되는 곳. 산책과 계곡 물놀이는
덤이다.

아이와 함께 *with children*

상족암 오토캠핑장

공룡을 좋아하는 아이들과 함께라면 필수 코
스다. 공룡 발자국도 찾아보고 공룡박물관에
서 공룡 화석도 찾아보자.

진위천유원지 오토캠핑장

아이들의 놀거리가 풍부하고 수도권에서 가
까워 언제나 인기인 캠핑장.

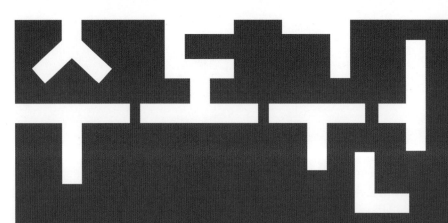

수도권

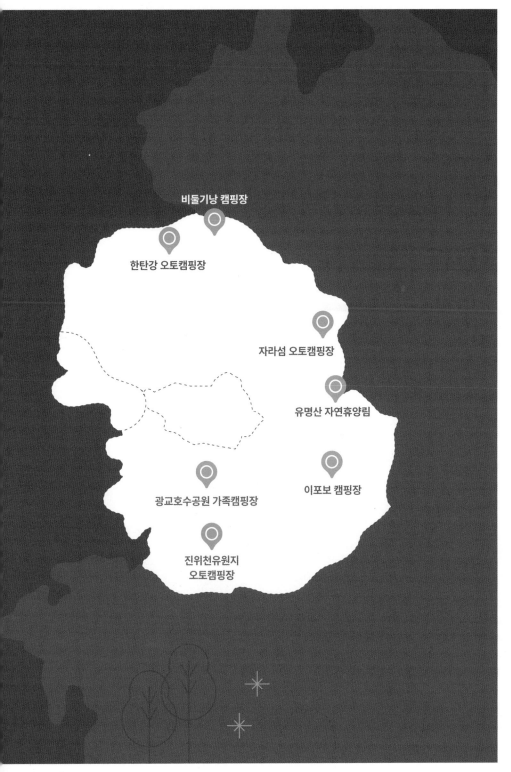

비둘기낭 캠핑장

한탄강 오토캠핑장

자라섬 오토캠핑장

유명산 자연휴양림

광교호수공원 가족캠핑장

이포보 캠핑장

진위천유원지
오토캠핑장

01

비둘기낭
캠핑장

대한민국의 그랜드캐니언이라고도 불리는 한탄강은 국내 최초로
강을 중심으로 형성된 지질공원이다. 약 50만 년 전 분출한 용암이
만들어낸 현무암 절벽과 주상절리는 한탄강을 따라 다양한
곳에 웅장한 풍경을 만들어 냈다. 한탄강이 굽이치는 협곡을
가까이에서 즐길 수 있는 곳, 비둘기낭 캠핑장으로 떠나보자.

비둘기 둥지처럼
포근한 캠핑장

비둘기낭 캠핑장은 천연기념물 제537호로 지정된 포천의 명소 한탄강 협곡과 비둘기낭 폭포 옆에 자리 잡았다. 포천의 새로운 관광지로 뜨고 있는 비둘기낭 폭포는 한때 백비둘기들의 서식지이어서 '비둘기낭'으로 불렸다. 지금은 비둘기가 살고 있진 않지만, 하식동굴과 폭포의 아름다움 때문에 많은 관광객이 다녀가는 곳이 되었다. 드라마 <선덕여왕>에서는 주인공 덕만이 피신하던 곳으로 등장했고, <괜찮아, 사랑이야>에서는 조인성과 공효진의 애틋한 키스신 배경이 되기도 했다. 이 외에도 드라마 <추노>, 영화 <최종병기 활>을 비롯해서 최근에는 넷플릭스 인기 드라마인 <킹덤>의 배경지로 알려지며 인기를 더해가고 있다. 이 핫한 관광지 바로 옆에 자리 잡은 비둘기낭 캠핑장은 높고 낮은 산들로 둘러싸여 있어 마치 캠핑장이 둥지에 들어앉은 것처럼 포근한 느낌이 든다.

비둘기낭 폭포 옆으로는 미국의 그랜드 캐니언을 연상케 하는 한탄강 협곡의 웅장한 장관이 펼쳐진다. 우리나라의 유일한 화산강인 한탄강은 화산 활동으로 만들어진 강이다. 용암이 식으면서 만들어지는 주상절리는 흔히 제주도를 떠올리는데 경기도 연천과 포천 등 한탄강 일원에서도 주상절리를 찾아볼 수 있다. 한탄강 협곡을 조금 더 자세히 보고 싶다면 캠핑장에서 이어지는 한탄강 주상절리길을 따라 '한탄강 하늘다리'까지 다녀와 보아도 좋다.

포천시에서 직접 운영하는
럭셔리 캠핑장

캠핑장은 도로를 사이에 두고 A·B사이트가 있고, 비둘기낭 폭포에 더 가까운 길 건너편 쪽에 C·D·E사이트가 있다. 관리소가 있는 A와 B사이트는 23개소로 나무 그늘이 짙게 드리우고 편의시설이 가까이 있어 좋다. 대신 사이트 간격이 좁아서 대형 캠핑카보다는 소형 캠핑카와 차박 캠퍼들에게 적당하다. C·D·E사이트는 편의시설이 조금 부족하긴 해도 널찍하면서도 비둘기낭 폭포와 한탄강 둘레길에 가깝고 한적하다는 장점이 있다. D사이트에는 한여름이면 간이 수영장도 설치되어 아이들이 있는 여행자들에게 좋다. E사이트는 사이트가 넓어 넉넉하게 구성이 가능해 RVing의 명당이기도 하다. 4개소씩 마주 보고 있는 구조라 지인들과 단체 캠핑을 즐기기에도 제격이다. 온수가 빵빵하게 나오는 샤워실과 화장실, 에어컨이 가동되어 무더위에도 편리하게 사용할 수 있는 취사장까지 전반적으로 수준급 시설을 자랑한다. 대행사를 거치지 않고 포천시 시설관리공단에서 직접 운영하기에 가능한 서비스이기도 하다. C·D·E 사이트는 겨울 시즌인 12월부터 2월까지는 운영하지 않으니 참고하자.

비둘기낭 캠핑장 이용 정보

주소 경기도 포천시 영북면 대회산리 451번지

전화 1666-9260

예약 https://camp.pcfac.or.kr ▶ 매월 첫 평일 오전 11시부터 익월 분 선착순 예약

사용료 1일 3만 원(비수기 평일은 2만5,000원) 및 전기사용료 3,000원 별도

규모 A·B사이트 23개소, C·D·E 사이트 56개소(동절기 C·D·E 사이트 휴장)

편의시설 비둘기낭 폭포, 한탄강 둘레길, 샤워실, 식수대, 한탄강 야생화 공원

주변에 가볼 만한 곳 한탄강8경, 한탄강 둘레길, 평강식물원, 은장산, 아트팜, 한탄강 하늘다리

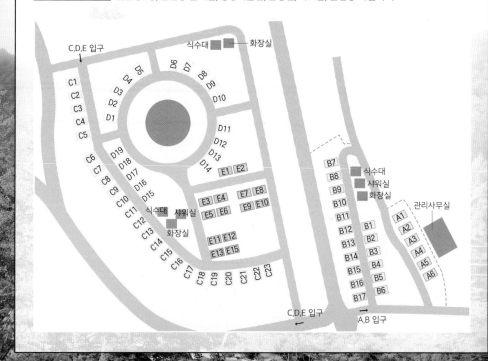

함께 가면 좋은 추천 여행지

살아 숨 쉬는 한탄강 이야기

한탄강 지질공원센터

한탄강은 우리나라 대표 주상절리 지역으로, 세계적으로 지질학적 가치를 높게 인정받은 명소 중 하나다. 2019년 한탄강 지역의 지질학적, 역사적, 문화적, 생태학적 가치를 알리기 위해 센터를 건립하였고, 이 지역을 알리는 전시 체험관의 역할을 톡톡히 해내고 있다. 외관은 흡사 한탄강 주상절리를 닮았다. 지질관, 지질 문화관, 지질 공원관 등 상설 전시관이 있고, 지질 생태체험관에서는 암석을 만지고 물고기 낚시를 하는 등 가상 체험을 즐길 수 있다. 다양한 프로그램(일부 유료)이 준비되어 있으니 시간을 넉넉히 잡고 방문하기를 추천한다. 야외 체험장에는 눈이 오나 비가 오나 꿋꿋하게 한탄강을 지켰던 암석들이 눈에 띄고, 센터 옆 카페에서는 구매 금액에 따라 허브아일랜드 무료입장권을 주니 꼼꼼히 챙기도록 하자.

주소 경기도 포천시 영북면 비둘기낭길 55 **전화** 031-538-3030
운영 09:00~18:00 **요금** 성인 5,000원, 청소년 및 어린이 4,000원

잔잔한 물빛과 드넓은 억새로 유명한

산정호수

1925년 농업용수로 이용하기 위해 축조된 저수지(수심 약 23.5m)로, 1977년 맑은 수질과 아름다운 산세를 자랑하며 국민 관광지로 지정되어 연간 150만 명의 관광객이 찾는 명소가 되었다. 주차장 입구는 상동과 하동으로 갈라지는데, 놀이동산에서 먼저 즐기려면 상동 주차장으로, 포천 갤러리와 낙천지 폭포를 먼저 관람하려면 하동 주차장으로 들어가는 것이 편리하다. 호수 주변으로는 궁예 이야기길, 조각 공원, 산책길이 이어져 있으며, 병풍처럼 에워싼 명성산은 가을 억새꽃 축제로 유명하다.

주소 경기도 포천시 영북면 산정호수로 411번길 89 **전화** 031-532-6135

슬기로운 포천 여행을 즐기려면

포천 아트밸리

1960년대부터 화강암 채석장이었지만 1990년대 이후 화강암 생산량이 감소하면서 황폐하게 방치되었다가 2004년부터 2009년까지 친환경 문화예술 공간으로 재탄생했다. 아트밸리 곳곳에서 귀엽고 깜찍한 캐릭터들(도기, 래비, 캐티)도 만날 수 있다. 돌문화 홍보전시관에서 화강암의 특성을 먼저 살펴본 후 모노레일을 타거나 산책로를 이용하면 조각공원, 하늘정원, 돌음계단, 호수공연장을 둘러볼 수 있다. 산 정상까지 힘들게 올라왔으니 천주호와 기암절벽을 배경으로 드라마 주인공처럼 사진도 찍어보자. 천문과학관은 경사진 언덕 끝에 있으니 이곳을 둘러보려면 모노레일(입장료와 별도)을 타는 것을 권한다.

주소 경기도 포천시 신북면 아트밸리로 234 **전화** 1668-1035(모노레일 031-531-2622) **운영** 09:00~ 22:00 (동계 ~21:00) **요금** 성인 5,000원, 어린이 1,500원

한과 만들기 체험이 가능한 이색적인 공간

한가원

한과의 역사와 제작 과정 등 한과에 대한 모든 것을 배우고 직접 한과 만들기 체험을 할 수 있다. 1층에는 한과의 유래부터 제작 과정을 한눈에 볼 수 있는 한과 역사관이 있고, 2층에는 한과를 비롯한 세계의 전통 과자에 대한 정보를 접할 수 있는 한과 정보관이 있다. 다양한 체험 및 교육 프로그램(추가 요금)을 운영하고 있으니 가족이나 연인, 친구와 함께 달달하고 쫄깃한 한과 만들기 세상 속으로 빠져보자.

주소 경기도 포천시 영북면 산정호수로 322번길 26-9 **전화** 031-533-8121 **운영** 10:00~17:00, 월요일 휴관 **요금** 성인 2,000원, 어린이 1,000원

02

한탄강
오토캠핑장

북한 평강에서 시작된 한탄강은 분단의 한이 서려 있는 철원과
연천을 따라 흐르며 절경을 만들어낸다. 한탄강을 따라 연천
주변을 여행하기 위한 두 번째 베이스캠프는 한탄강 관광지에
있는 한탄강 오토캠핑장이다. 수도권에서 비교적 가까운 지리적
위치와 아이들에게 역사 교육이 가능하여 많은 사랑을 받고 있다.

105개소가 모두
캠핑카 정박에 알맞은 캠핑장

철원과 포천을 지난 한탄강은 연천 전곡읍을 지나며 한 번 쉬어가듯 퇴적지를 만들며 크게 돌아 흐른다. 지도를 보면 쉼표 모양과도 닮은 듯한 지형에 한탄강 관광지가 만들어졌다. 이후 한탄강의 범람으로 유실되어 2008년 오토캠핑장을 품은 한탄강 관광지로 다시 태어났다. 캠핑장과 더불어 58개의 임대형 카라반 및 16개의 캐빈하우스는 한탄강 관광지의 인기 상품이다. 여러 지인들과 함께 캠핑할 때 같이 이용하기 좋다.

캠핑장은 자동차 야영장 86개소, 언덕 야영장 19개소 등 총 105개의 사이트로 구성되어 있다. 전체 사이트가 모두 중대형 모터홈과 500급 카라반까지 무난하게 자리 잡을 수 있는 정도의 크기다. 1번부터 31번 사이트까지는 한탄강 변에 인접해 있어 캠핑카에서 강을 바라보는 전망이 훌륭하다. 더운 계절에 캠핑장을 찾을 예정이라면 63번부터 86번까지의 관리동 방향 사이트를 추천한다. 해먹을 걸어도 될 정도의 제법 큰 나무들이 있어 한낮 더위를 좀 더 시원하게 보낼 수 있다. 관리동 양옆으로는 언덕 야영장 19개소가 자리한다. 넓게 사이트 구성이 가능하고 부대시설이 가까이 있어 500급 이상의 대형 카라반이나 단체 캠핑에 더 유리하다. 다만 사이트 바로 옆이 차도라서 소음이 있는 것을 감안해야 한다. 화장실은 캠핑장 입구와 관리사무실 각각 2곳에 있다. 샤워장은 관리사무실 옆에 내부 샤워장과 외부 샤워장(동절기 폐쇄)으로 되어 있다. 따뜻한 물은 나오지만 사이트 수에 비해서 부족한 편이라 사람들이 많이 사용하는 시간은 피하는 것이 좋다.

다양한 놀거리가 있는
한탄강 관광지

한탄강 관광지에는 캠핑장 외에도 축구장, 인라인스케이트장, 어린이 교통랜드 등 소소한 유원지 시설이 여럿 있다. 축구장, 풋살장은 유료로 운영되며 예약은 캠핑장 예약 방법과 동일하다. 이 외에도 인라인 트랙, 족구장, 배드민턴장 등은 무료로 운영되니 공이나 라켓을 준비해 가면 캠핑 외에도 다양한
야외활동을 즐길 수 있다. 한탄강은 물살이 강해서 물놀이를 하기에는 적합하지 않기 때문에 물놀이는 추천하지 않는다. 대신 7~8월에는 외부 업체를 통해 아이들을 위한 물놀이장을 별도로 운영하니 이 기간에 방문할 때는 물놀이 준비를 해가면 좋다.

캠핑장이 자리한 전곡리는 구석기 유적지가 발견된 곳으로, 캠핑장 바로 옆에 연천 전곡리 선사 유적지와 선사 박물관이 있으니 함께 둘러보자. 관광지 초입에는 한탄강 관리사무소와 공식적으로 계약되어 운영되는 자전거, 전기 스쿠터 대여소가 있다. 다인승 자전거는 가족과 함께 넓은 한탄강 관광지를 천천히 두루 관람할 수 있어 한 번쯤 경험해 보는 것도 좋다.

임대형 카라반과 캐빈하우스는 예약 페이지 시작과 동시에 예약이 끝나버리는 일이 다반사이며 오토캠핑장도 비수기를 제외하곤 자리 잡기가 쉽지 않을 정도로 인기가 높은 캠핑장이다.

한탄강 오토캠핑장 이용 정보

주소 경기도 연천군 전곡읍 선사로 76

전화 031-833-0030

예약 연천군 시설관리공단 홈페이지 yccs.or.kr ▶ 매월 초 익월 분 선착순 예약

사용료 [자동차/언덕 야영장] 주말/성수기 3만 5,000원(비수기 평일 2만 5,000원)

규모 자동차 야영장 86개소, 언덕 야영장 19개소

편의시설 물놀이장, 축구장, 풋살장, 어린이교통랜드, 샤워실, 자전거대여점, 연천세계캠핑체험존

주변에 가볼 만한 곳 재인폭포, 허브빌리지, 임진 물새롬랜드

범례
자동차 야영장
언덕 야영장
캐빈하우스
카라반 A형
캐릭터 카라반
카라반 B중형

CAMPING
PARKING
TOILET

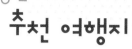

함께 가면 좋은
추천 여행지

동아시아 최초 아슐리안 석기 발견지
전곡리 선사유적지

전곡리 선사유적은 1978년 미군 병사가 처음 구석기시대 석기를 발견하면서 알려지기 시작했다. 유럽과 아프리카에서만 발견되었던 '아슐리안 석기'가 동아시아에서 처음으로 발견된 곳으로, 이는 오랜 학계의 정설로 받아들여졌던 '동아시아 찍개 문화권설'을 결정적으로 반박할 수 있는 중요한 자료로 여겨지고 있다. 전곡리 유적지에는 아슐리안형 주먹도끼를 비롯하여 여러 가지 모양의 찍개, 긁개 등 다양한 석기를 전시하고 있어 석기시대 구 인류의 생활상을 엿볼 수 있다. 선사유적지에는 과거와 현대를 시각적으로 연결하는 듯한 타임머신 콘셉트의 '전곡 선사박물관'이 있다. 전곡리 유적에서 발굴된 석기시대 석기를 비롯하여 인류의 변화, 생활 방식에 대한 다양한 전시품이 관람객의 눈을 사로 잡는다.

주소 경기도 연천군 전곡읍 평화로 443번길 2(선사박물관) **전화** 031-830-5600 **운영** 09:00~18:00(동절기 ~17:00), 월요일 휴관

자의적으로 왕위를 물려준 신라의 마지막 왕

연천 경순왕릉

경순왕(927~935년 재위)은 신라의 마지막 왕으로, 후백제, 고려, 신라로 분열된 시대적 상황 속에서 무리한 전쟁을 지속하지 않고 고려에 나라를 넘겨준 후 왕위에서 물러났다. 아들인 일(鎰)은 분함을 참지 못해 금강산으로 들어가 마의를 입고 풀뿌리와 나무껍질을 먹으면서 생을 마감했는데, 후대에 마의태자라고 불렸다. 신라 유민들은 경주에 왕의 장례를 모시려고 했으나 고려 조정에서 반대하여 연천 고랑포리 성거산에 왕의 예로 장례를 지냈다고 한다. 이러한 사연 때문에 유일하게 경주 지역을 벗어나 경기도에 있는 신라 왕릉이다. 왕릉 정면에서 우측에 경순왕릉 추정 비각이 세워져 있는데, 비의 마모 상태가 심각해서 몇 개의 문자만 판독된다.

주소 경기도 연천군 장남면 고랑포리 산 18-2번지 운영 09:00~17:00 전화 031-839-2143

조선 시대에 세운 고려 왕의 사당

숭의전(숭의전지)

이곳은 고려 시대의 영광과 왕조를 지키려고 한 충신의 혼이 깃들인 곳이다. 사당이 처음 건립되었을 때는 고려 8왕의 위패를 봉안했으나, 조선의 종묘(5왕 봉안)보다 많은 왕을 제사하는 것은 합당하지 않다고 하여 태조, 현종, 문종, 원종 4명의 왕과 16명의 충신만 봉안하였다. 조선 시대에 고려 시대 왕들의 제사를 지냈다는 것이 신기한데, 긴 역사를 이어가려는 역사적 소명보다 고려 왕족들을 회유하기 위한 방법이지 않았을까 싶다. 오늘날까지 개성왕씨 종친회와 숭의전 보존회의 주관으로 봄과 가을 두 차례 제례가 이어지고 있다. 마당에는 500년이 넘은 보호수 몇 그루가 굳건히 버티고 있다.

주소 경기도 연천군 미산면 숭의전로 382-27 전화 031-835-8428 운영 10:00~17:00

고구려 기상이 깃든 **당포성**

연천군은 고구려의 남쪽 국경선 역할을 오래 했던 곳으로, 곳곳에 고구려의 흔적과 유적이 남아 있다. 당포성은 고구려 3대성(당포성, 호로고루, 은대리성) 중 하나로 현무암 주상절리 절벽 위에 위치한다. 성의 좌우로 높이 20m의 절벽이 형성되어 있어 적의 공격에 대비할 수 있는 천혜의 방어 요새를 갖췄다. 현재는 성벽의 훼손 및 붕괴를 막기 위해 흙을 덮고 잔디를 심어 보호 중이다. 나무 계단을 걸어 꼭대기까지 올라가서 웅장했던 고구려 기상을 느껴보자.

주소 경기도 연천군 미산면 동이리

군인들의 배고픔을 달래주던 **망향비빔국수**

625전쟁 이후 연천 부대에서 잡일을 하며 연명을 하던 부부가 부대 앞에서 국수를 팔기 시작하였다. 한 그릇을 먹고 돌아서면 배고픈 군인을 위해 아낌없이 퍼주던 국수가 입소문을 타면서 유명해졌다. 군인들의 배고픔을 달래주던 국수가 면회객들의 만남의 장소로 이어져 이제는 그 맛을 찾아 멀리서도 사람들이 찾아오는 유명 맛집이 되었다. 비빔국수 맛의 핵심은 매운맛과 새콤한 맛 그리고 단맛이다. 이 맛들이 얼마나 조화롭게 어우러지는가가 중요한데 망향은 여기에 야채를 우려낸 야채수가 더해진다. 시원하면서도 깊은 맛이 있는 육수가 더해져 국수의 목 넘김이 부드럽다. 여기에 쫄깃한 식감을 가진 두꺼운 면이 급하게 넘어가는 국수의 속도 조절을 해준다. 육수는 후루룩 빨리 먹게 만들고 국수는 천천히 맛을 음미하면서 먹을 수 있도록 도와주니 그 조화가 사뭇 잘 어울린다.

주소 경기도 연천군 청산면 궁평리 231-2 **전화** 031-835-3575

영업 10:00~20:30

03

자라섬
오토캠핑장

'한 번도 안 가본 사람은 있어도 한 번만 가본 사람은 없다.' 한때
유행했던 유행어에 가장 어울리는 캠핑장을 꼽으라면 단연
자라섬 오토캠핑장일 것이다. 1943년 청평댐이 만들어지면서 생긴
자라섬에 자리한 캠핑장은 2008년 가평 세계 캠핑 카라바닝을
치러낸 국제 규격의 캠핑장으로 수도권 최대 규모를 자랑한다.

다양한 축제와 함께하는 캠핑장

자라섬은 젊음의 아련한 추억이 남아있는 강촌, 연인들의 단골 여행지 남이섬 등 가평 주변을 여행하기 좋은 베이스캠프이기도 하지만, 각종 축제를 편안하게 즐길 때도 그 진가를 발휘한다. 북한강 줄기가 꽁꽁 어는 1월 자라섬 씽씽 겨울축제를 시작으로 리듬엔 바비큐, 자라섬 불꽃 축제로 이어진다. 마치 집 앞 마당에서 대형 축제가 벌어지듯 캠핑장에서 축제장까지 편하게 다녀올 수 있다. 그 외에도 다양한 업체에서 축제를 진행하는데 10월에 시작되는 자라섬 재즈 페스티벌에서 그 절정을 이룬다. 섬 한가운데서 흘러나오는 감미로운 재즈 선율이 캠핑장까지 진하게 흘러들어 온다. 가을밤 모닥불에 모여 앉아 듣는 재즈, 어떤 설명이 필요할까.

자라섬에서 하루를 보냈다면 이른 아침 섬 주변을 산책해보기를 추천한다. 일교차가 큰 아침이면 북한강에서 물안개가 여지없이 피어난다. 산과 강을 배경으로 몽환적인 물안개가 더해져 차분하면서도 풍성한 아침을 맞이하게 해준다. 카약이나 카누가 있다면 북한강에 띄워놓고 섬 사이사이를 다녀보는 것도 좋고 낚싯대 하나 드리워 놓고 망중한을 즐겨도 좋다. 아이들과 함께라면 넓은 잔디광장과 곳곳에 있는 놀이터에서 놀아도 좋다. 4인승 자전거를 빌려 섬 전체를 둘러보는 것은 꼭 한 번 해볼 만하다.

대한민국 최대 규모의
오토캠핑장

우리나라의 캠핑 대중화와 함께한 자라섬 오토캠핑장은 자체 시설과 주변 산책로, 이화원 등 규모로 볼 때 수도권 최대는 물론 국내 최대 크기의 캠핑장이 아닐까 한다. 캠핑장은 총 295개의 사이트로 구성되어 있다. 워낙 사이트 수가 많아 예약하기가 어렵지는 않다. 가장 인기가 좋은 곳은 섬 안쪽에 있는 카라반 사이트B로 29개소가 있다. 강변과 맞닿아 있고 주변 산책로는 물론 섬 안쪽에 있어 조용한 하루를 보낼 수 있다. 사이트마다 전기 배전반과 개별 수도시설이 갖춰져 있다. 카라반 사이트A는 75개소로 되어 있다. 자연생태공원인 이화원과 어린이놀이터 등의 주변 시설이 가까이에 있기도 하다. 오토캠핑 사이트는 191개로 전기는 연결되지 않지만 RVing을 즐길 정도로 사이트 간 간격과 넓이를 가졌다. 가격도 저렴해서 굳이 전기가 필요 없다면, 카라반 사이트보다 오토캠핑 사이트를 선택하는 것도 좋다. 다만, 캠핑장 옆으로 경춘선이 간간이 지나가며 상당한 소음을 만드는데, 지나가는 동안 잠시 대화가 어려울 정도이니 참고하자.

20만 평이 넘는 섬에는 캠핑장 외에도 나비가 함께하는 식물원 이화원과 놀이터, 인라인스케이트장이 있다. 여름 시즌에는 대형 크기의 야외수영장도 운영된다. 숙박시설로 이용되는 임대형 카라반 40대도 예약이 어려울 정도로 인기가 높다. 수도권에서 가깝고 가족들과 즐길거리가 많은 자라섬에서 주말 여행을 시작해 보자.

낚시, 카약 등 다양한 액티비티가 가능하다.

자라섬 오토캠핑장 이용 정보

주소 경기도 가평군 가평읍 자라섬로 60

전화 031-8078-8029

예약 www.jaraisland.or.kr ▶ 매월 10일 오후 2시부터 익월 분 선착순 예약

사용료 카라반 사이트 4만5,000원(비수기 평일 3만5,000원), 오토캠핑장 3만 원(비수기 평일 2만5,000원, 전기 사용 불가)

규모 카라반 사이트A 75개소, 카라반 사이트B 29개소, 오토캠핑장 191개소(동절기 휴장)

편의시설 북한강변 산책로, 이화원, 취사장, 샤워장

주변에 가볼 만한 곳 쁘띠프랑스, 에델바이스 스위스 테마파크, 칼봉산 자연휴양림, 가평 용추계곡

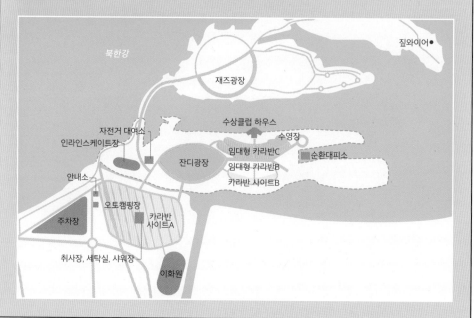

함께 가면 좋은
추천 여행지

농경문화 속으로 쓱
가평 현암농경박물관

농경문화를 보급하고 선조들의 지혜와 정신을 전수하기 위해 가평교육청에서 가평 북중학교 교내에 설립한 박물관이다. 학교 정문을 통과해서 왼쪽으로 끝까지 가면 한쪽에 자리한다. 연출관, 밭갈이관, 추수관, 가공관, 민속관 등 5개의 전시실에는 전통 방식의 농기구 2,000여 점이 전시되어 있다. 대부분의 전시물이 실제 사용하던 농기구를 수집한 것이어서 농사를 짓고 있는 현장에 와 있는 듯한 착각을 불러일으킨다. 박물관이 크지 않아 1시간 정도면 전체 공간을 둘러보기에 충분하다.

주소 경기도 가평군 북면 석장모루길 13
전화 031-581-0612 **운영** 10:00~16:00(주말 ~15:00)

언제나 음악이 흐르는 옛 가평역
음악역 1939

경춘선 열차 운행이 중단된 후 철로에 있던 옛 역사(驛舍)들은 운행을 멈추고 새로운 모습으로 탈바꿈하였다. 1939년 개장했던 옛 가평역은 가평을 찾는 사람들에게 음악과 축제, 휴식을 제공하는 음악 중심 복합문화공간인 가평 뮤직 빌리지로 재탄생했다. 지하 1층, 지상 3층 규모의 건물동은 공연장, 스튜디오, 연습동, 레지던스 등의 시설을 갖추고 있다. 폐선부지가 역사적, 문화적 상징성까지 더해져서 음악인에게는 창작 활동의 터전을, 지역 주민에게는 경제 활동의 발판을, 관람객에게는 힐링과 휴식의 장소로 그 역할을 톡톡히 해내고 있다. 음악역에서 자라섬까지 셔틀버스가 운행되고 있다.

주소 경기도 가평군 가평읍 석봉로 100 **전화** 031-580-4321

자연 생태계가 어우러져 평화롭게 사는 곳
남이섬

청평 호수 위에 살포시 내려앉은 섬. 수려한 풍경으로 수많은 드라마와 영화의 배경지로 등장한 유명한 섬, 나미나라공화국 남이섬이다. 14만 평의 섬 위에서는 다람쥐, 타조, 토끼가 뛰어놀고 땅에서 하늘까지는 메타세쿼이아, 은행나무가 뻗어 올라 장관을 이룬다. 남이 장군 묘가 있어서 남이섬으로 부르다가 1965년부터 민병도 선생의 손끝과 정성 아래 수천 그루의 나무를 심어 오늘날의 남이섬으로 변모했다. 어느 계절에 찾아가도 늘 새로운 모습을 안겨주는 섬이라서 한 번 찾으면 다시 또 찾게 되는 신비한 곳이다. 배에서 꼬르륵 소리가 나면 남이섬 명물인 눈사람 빵을 맛보자. 밤 맛은 달콤하고 유자 맛은 상큼하다. 문화체험 프로그램과 전시 및 공연이 가득하니 활기찬 축제의 섬 속으로 풍덩 빠져보는 것도 좋다.

주소 경기도 가평군 가평읍 북한강변로 1024 전화 031-580-8114 운영 07:30~21:40 요금 성인 1만 6,000원(선박 탑승료 포함)

가평역에서 경강역까지 선로 위 여행
가평 레일바이크

가평에서 출발하여 북한강을 가로질러 경강역까지 이어지는 왕복 8.6km 코스로, 회귀 지점인 경강역에서의 휴식 시간을 포함하면 약 1시간 30분 정도 걸린다. 주말에는 예약을 해야 헛걸음을 피할 수 있다. 철로 위에서 아름다운 수변 경관을 감상하고 바이크가 잠깐 멈추는 포토존에서는 다양한 포즈를 취해보자. 오르막길에서는 페달을 저어야 하니 다리 힘에 자신 있는 사람이 전동석 자리에 앉아야 한다. 나무가 우거진 터널을 통과할 때는 자연과 하나 됨을 느낄 수 있고, 북한강 위를 지날 때는 짜릿한 긴장감도 생긴다. 매표소 옆으로 가평 잣 고을 시장이 있으니 지역 특산품인 잣이나 포도 등을 사기에 좋다.

주소 경기도 가평군 가평읍 장터길 14 전화 031-582-7788 영업 09:00~17:00 요금 2인승 3만6,000원, 4인승 4만8,000원

유명산 자연휴양림

유명산 자연휴양림은 서울에서 가깝고 뛰어난 자연환경 덕분에 언제나
많은 여행객으로 북적거린다. 자연의 품에 안겨 캠핑하기 좋은 곳이지만,
차가 들어갈 수 없는 야영데크 덕분에 캠핑카 여행자들은 그림의 떡인
캠핑장이었다. 그랬던 유명산 자연휴양림에도 캠핑카 사이트가 생겼다.
숲에 파묻혀 바람에 스치는 나뭇잎 소리와 온갖 종류의 새소리가
배경음악이 되어주는 곳. 숲속 나만의 집을 만들어 보자.

피톤치드 가득한 숲속에서의 하룻밤

카라반이나 모터홈을 가지고 있으면 어디든 갈 수 있을 것 같지만 오히려 못 가는 곳도 제법 있다. 뛰어난 자연환경으로 캠퍼들에게 많은 사랑을 받는 자연휴양림이 대표적이다. 상당수의 자연휴양림 캠핑장이 야영데크와 주차장이 따로 있는 형태라 캠핑카 사용자들이 접근하기 어려웠다. 서울에서 가까워 언제나 사람들로 북적대는 유명산 자연휴양림도 마찬가지였지만, 2015년 제3 야영장의 낡은 데크를 걷어내고 캠핑카 전용 야영장으로 거듭나면서 새롭게 떠올랐다.

보통 캠핑장에 정박하면 주변 관광을 다니는 편인데 유명산 깊이 자리 잡은 자연휴양림 근처에는 딱히 관광을 다닐 만한 곳이 없다. 대신 자연휴양림의 산책로를 걷고 유명산의 등산 코스를 도는 것만으로도 충분한 힐링이 된다. 무료 숲 해설과 산림 치유프로그램과 함께 한다면 더 풍성한 휴양림 여행이 될 것이다. 더운 계절에는 휴양림 계곡 물놀이는 덤이다. 당일치기 행락객과 야영장 이용객들로 계곡이 복잡한 편이긴 해도 더울 때 물놀이만 한 것이 또 있을까. 튜브 하나 띄워 놓고 누워 있으면 천국이 따로 없다.

유명산 자연휴양림은 캠핑카 전용 야영장이 있고 너무나 좋은 자연환경으로 자주 활용하고 싶지만, 중대형 카라반, 트레일러 유저들은 여름 한철과 가을 단풍철을 피하는 것이 좋다. 휴양림 초입에서 캠핑카 야영장까지는 좁은 순환 임도를 따라 제법 멀리 들어가야 한다. 차박차나 중형급까지의 모터홈은 크게 문제없지만 대형 카라반을 달고 올라가는 경우 교행이 거의 불가하다.

대형 RV에게는
부담스러울 수 있는 구조

유명산 자연휴양림의 캠핑카 야영장은 301~320번까지 총 19개의 사이트로 만들어졌다. '잔디블록'으로 만들어진 사이트는 상당히 넓은 편으로 대형 RV도 자유롭게 사이트 구성이 가능하다. 각 사이트에 소화기와 배전반이 설치되어 있고 314~320번 사이트가 울창한 숲과 마주하고 있어서 캠핑카 야영장의 최고 명당이다. 특히 야영장 입구에서 314번 사이트 쪽 출입로는 급경사에 휘어진 도로라 직접 들어오기보다는 위쪽으로 돌아 내려오는 것이 좋다.

캠핑카 야영장으로 거듭났지만 시설 부분에서는 아쉬운 점도 있다. 개수대와 화장실은 온수 시설이 없는 야영장 시설 그대로인 데다가 샤워장도 없어서 입구 쪽 다른 야영장의 시설을 이용해야 한다. 게다가 울창했던 나무를 모두 베어내 한동안은 한여름의 뙤약볕을 고스란히 견뎌야 한다. 그래도 자연휴양림이라 그런지 숲이 울창하여 크게 덥거나 습하지 않고, 샤워는 RV에서 해결한다면 크게 불편한 점은 아닐 수도 있다. 휴양림에서 캠핑카로 하루를 묵을 수 있다는 걸 감안하면 감수할 수 있을 정도의 불편함이다.

예약은 국립자연휴양림 통합 사이트에서 하며 주말과 공휴일은 추첨제로 변경되었다. 매월 4일부터 9일까지 다음 달 금·토요일과 공휴일 추첨 예약을 하고 10일에 발표를 한다. 미당첨된 자리는 15일부터 선착순으로 예약을 할 수 있다. 평일은 기존 휴양림 예약 방식인 매주 수요일 오전 9시에 6주 뒤까지 예약하면 된다. 예전 선착순으로 예약할 때는 광속으로 예약이 마감되는 경우가 많아 예약이 정말 가능하긴 한 것인지에 대한 의문도 있었다. 추첨은 운에 맡겨야 하는 상황이긴 해도 꾸준히 추첨 신청을 하다 보면 차라리 선착순보다 기회가 많이 돌아오기도 한다.

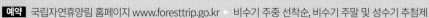

유명산 자연휴양림 이용 정보

주소 경기도 가평군 설악면 유명산길 79-53

전화 031-589-5487

예약 국립자연휴양림 홈페이지 www.foresttrip.go.kr ▶ 비수기 주중 선착순, 비수기 주말 및 성수기 추첨제

사용료 주말/성수기 1일 3만5,000원, 비수기 평일 2만2,000원

규모 캠핑카 야영장 19개소

편의시설 취사장, 샤워실, 화장실, 음수대

주변에 가볼 만한 곳 중미산 자연휴양림, 용문산, 청계산, 양평 들꽃수목원, 양평 세미원

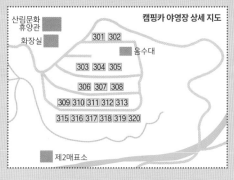

캠핑카 야영장 상세 지도

산림문화휴양관
화장실
301 302
음수대
303 304 305
306 307 308
309 310 311 312 313
315 316 317 318 319 320
제2매표소

가족들의 아이디를 동원해서 추첨제 당첨 확률을 높여 보자.

함께 가면 좋은
추천 여행지

가평 문화 발전에 열정을 쏟는 허수아비 작가
남송미술관

남송은 서양화가 남궁원의 아호로, 남송미술관은 작가의 개인 작품을 비롯해 미적 가치가 뛰어난 국내유수 작가들의 예술품을 기획·전시하는 문화예술 전시공간이자 체험학습 공간이다. 300평 규모의 미술관에 체험학습실, 전시실, 한옥 누각 등이 마련되어있어 형식과 장르를 아우르는 다양한 작품들을 감상할 수 있다. 근처에 예술인 쉼터 공간으로 허수아비마을(에코뮤지엄)이 있다. 유명산 자연휴양림에서는 조금 떨어진 거리에 위치하니 시간 여유가 있다면 한번쯤 찾아가 보자.

주소 경기도 가평군 북면 백둔로 322 **전화** 031-581-0772 **운영** 10:00~17:00, 월요일 휴관 **요금** 성인 6,000원

건강해지는 청국장 밥상 **시골밥상**

25년 동안 이어져 온 음식점으로 소박하면서도 부담스럽지 않은 한 상 차림 밥집이다. 입구에 들어서면 손으로 꾹꾹 눌러쓴 메뉴판이 눈에 띄고, 한쪽 벽면으로 담근 술과 말린 나물, 각종 장류를 판매하는 진열대가 보인다. 세련된 내부 장식에 익숙한 사람이라면 입구에서부터 멈칫할 수 있지만, 구수한 손맛이 느껴지는 음식을 한입 먹어보면 그런 생각이 금세 달아난다. 청국장과 나물을 밥에 넣고 쓱쓱 비벼서 한입 먹는 순간 건강해지는 느낌이 확 몰려온다. 지친 여행길에 집밥이 먹고 싶다면 꼭 한 번 방문해 보자.

주소 경기도 가평군 가평읍 경춘로 1793 **전화** 031-582-9809 **영업** 07:00~22:00

어린 왕자의 놀이터, 프랑스 문화마을

쁘띠프랑스

이름에서 풍겨 나오듯 프랑스 문화를 체험할 수 있는 마을로, '어린 왕자'를 콘셉트로 귀엽고 아기자기하게 만들어졌다. 낭만적이고 예술적인 유럽 마을을 연상시키는 산책로와 곳곳에 포진한 어린 왕자 속 캐릭터 등이 어우러져 이국적인 풍경을 자아낸다. 생텍쥐페리의 일생과 작품 세계를 볼 수 있고, 기뇰 인형극과 마리오네트 공연 등 모든 공연은 무료로 진행된다. 울창한 숲에 파묻힌 봉주르 산책길을 걸으면 서로에게 길들여진다는 소설 속 문장이 가슴에 와닿을지도 모른다.

주소 경기도 가평군 청평면 호반로 1063 **전화** 031-584-8200 **영업** 09:00~18:00 **요금** 성인 1만2,000원, 어린이 1만 원

물안개가 운치 있게 피어나는 곳
두물머리

북한강과 남한강의 두 물줄기가 만나 합쳐지는 곳이라고 하여 두물머리라고 부른다. 강가 쪽으로 수령 400년의 느티나무가 세월을 잊은 채 버티고 있고, 강 위로 나룻배가 유유자적 흐른다. 봄과 가을 새벽 물안개가 피어오를 때는 이곳을 배경으로 전국에서 사진을 찍기 위해 사람들이 모여드는 명소 중 하나다. 느티나무 아래에 앉아 유유히 흘러가는 물을 따라가 보거나 사각 프레임 속으로 들어가 풍경 속에 빠져보자. 자연과 사람이 만나 운치를 더해 매혹적인 공간으로 바뀔 것이다. 출출하다면 연잎을 섞어 만든 연핫도그를 먹어보아도 좋다.

주소 경기도 양평군 양서면 양수리 779-1

황순원의 삶과 문학이 깃든 문학촌
소나기마을

작가 황순원의 소설 <소나기>의 배경이었던 양평군 서종면에 건립된 문학촌으로, 문학관이 지닌 외형적 모습에 머물지 않고 소설의 의미를 곱씹을 수 있도록 교육과 체험 장소로 꾸며진 테마 문학공원이다. 수숫단을 형상화한 전시관 로비에는 작가의 친필 이미지 조형물들이 매달려 있고, 전시실에는 작가의 친필 원고와 선글라스 등 유품이 전시되어 있다. 오디오북 코너가 마련되어 있으니 아직 소설을 읽지 못했다면 짧게라도 체험해보자. 매시 정각마다 쏟아지는 소나기는 방문객을 소설 속으로 흠뻑 젖게 만든다.

주소 경기도 양평군 서종면 소나기마을길 24 전화 031-773-2299 운영 09:30~18:00(동절기 ~17:00), 월요일 휴관 요금 성인 2,000원, 어린이 1,000원

이포보 캠핑장

이포(梨浦)는 '배가 닿는 터'라는 뜻으로 마포나루, 광나루, 조포나루(현 여주
신륵사 앞)와 함께 조선 시대 4대 나루였다. 이포 지역의 사람들이 서울로
가기 위해서 이포나루는 없어서는 안 될 중요한 거점이었다. 최근까지도
나루로 이용되었다가 1991년 이포대교가 생기면서 역사 속으로 사라졌다.
이곳에 이포보가 생기면서 수변 환경 활용 차원에서 캠핑장이 만들어졌다.

남한강의 물안개가 인상적인 곳

여주는 남한강을 빼고 이야기할 수 없다. 여주(驪州)에서 '여'는 검은 말이라는 뜻으로 여주를 관통하는 약 40km 구간의 남한강을 여기 사람들은 여강(驪江)이라고도 부른다. 여강을 즐기는 대표적인 방법은 자전거 타기와 걷기다. 이포보 캠핑장을 가면 자전거 타는 사람들을 자주 볼 수 있다. 남한강 변을 따라 조성된 자전거길이 끝도 없이 이어져 있다.

캠핑장에서 남한강을 따라 북쪽으로 가면 세미원, 두물머리, 팔당댐을 지나 한강까지 이어진다. 반대로 남쪽으로 향하면 여주를 지나 강천섬, 단양쑥부쟁이 자생지를 지나 충주까지 연결된다. 자전거를 즐기는 편이라면 캠핑장을 베이스캠프 삼아 4대강 자전거길 종주에 도전해 보는 것도 좋을 것 같다. 굳이 자전거를 가져가지 않아도 캠핑장 근처 자전거 대여소를 이용하면 된다.

동그란 두 바퀴에 여유를 담아 가을 강변을 달리고 있노라면 힘들다는 생각은 전혀 들지 않을 정도. 페달을 밟는 발이 가볍게 느껴져 순간 뒤돌아보면 나도 모르게 멀리 와 있게 된다. 다만 그늘이 부족하니 한여름만 피한다면 이천, 여주 여행과 남한강 자전거 여행의 베이스캠프로 제격이다.

강가에 조성된 이포보 캠핑장은 새벽 녘이면 물안개가 많이 피어오른다. 특히 일교차가 큰 봄·가을에는 여지없이 물안개가 피어올라 몽환적인 분위기를 연출하기도 한다. 아침에 일어나 남한강 주변을 걷는 것만으로도 일주일간의 스트레스가 모두 날아가는 것 같은 기분이 든다. 이처럼 아름다운 자연경관과 뛰어난 접근성 때문에 많은 인기를 누리고 있다.

180여 개의 사이트를 가진 대형 캠핑장

이포보 캠핑장은 오토캠핑장 85개소와 웰빙캠핑장 95개소를 가지고 있는 대형급 캠핑장이다. 웰빙캠핑장은 아쉽게도 차량이 사이트에 들어갈 수 없는 구조로 캠핑카에게는 허락되지 않는다. 대신 오토캠핑장은 사이트가 상당히 넓어 대형 RV도 얼마든지 정박이 가능하고 사이트 간의 간격이 넓어 프라이버시도 보장된다. 화장실, 샤워실, 개수대 등의 편의시설은 입구 쪽 관리실에 함께 있다. 넓은 부지와 85개소에 비해서 편의시설이 부족한 편이다. 관리센터와 멀리 있는 사이트 같은 경우는 300m를 걸어야 화장실이나 샤워실을 이용할 수 있다. 한 번 움직이려면 귀찮기는 해도 그 대신 얻어지는 한적함을 누릴 수 있다.

사이트 수가 적은 편은 아니지만, 수도권에서의 접근성이 좋고 여주시민 우선 예약제(30%)를 운영하는 곳으로 생각보다 예약이 빠르게 마감되는 편이다.

사이트 간 간격이 넓어서 답답하지 않으면서도 프라이버시가 보장된다.

이포보 캠핑장 이용 정보

주소 경기도 여주시 대신면 여양로 1935-177

전화 031-881-6384

예약 camp.yjcmc.or.kr ▶ 매월 20일 오전 10시 익월 분 선착순 예약 가능

사용료 1일 3만 원

규모 오토캠핑장 85개소, 웰빙캠핑장 95개소

편의시설 전기 배전함, 축구장, 음수대, 샤워시설, 화장실, 자전거 대여소

주변에 가볼 만한 곳 천서리 막국수촌, 여주온천, 세종대왕릉, 황학산수목원, 여주파사성

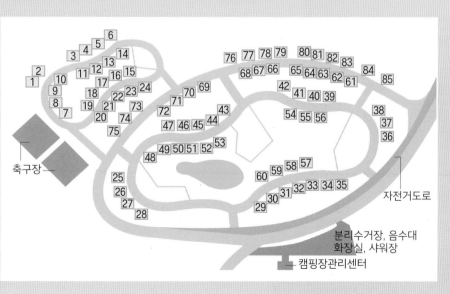

축구장

분리수거장, 음수대
화장실, 샤워장

캠핑장관리센터

자전거도로

나만의 도자기를 만들어봐요
사기막골 도예촌

이천 하면 가장 먼저 떠오르는 것이 '이천쌀'과 '도자기'일 것이다. 이포보 캠핑장에서 차로 30분 정도 떨어진 거리에 '사기막골 도예촌'이 있다. 도예가들이 직접 만든 작품을 전시하고 판매도 하며, 화병이나 접시 등 나만의 도자기를 만들 수 있는 곳이다. 청자, 백자 등의 옛 도자기와 현대식 도자기가 가득하다. '예(藝)'적 자질이 뛰어나신 분들이어서 그런지 아기자기 꾸며놓은 매장을 둘러보기만 해도 눈이 즐겁다. 밥공기, 접시 정도의 생활자기는 1만~2만 원 선으로 구매할 수 있고, 일부 공방에서는 물레를 이용한 도자기 만들기 체험도 가능하다. 나이가 5살 이상이면 신청할 수 있고, 만들어진 작품은 1달 이후 택배로 받을 수 있다.

주소 경기도 이천시 경충대로 2993번길 56 요금 도자기 만들기 체험 1인 2만 원(택배 비용 별도)

임금님 상에 올라가던 이천쌀로 만든 밥상을!
도예촌 쌀밥거리

도예촌에서 서이천TG 방향으로 좌회전하여 500m 정도 가면 이천쌀밥 식당들이 줄지어 있는 도예촌 쌀밥거리가 나온다. 어느 집에 가더라도 임금님께 진상하던 품질 좋은 이천쌀밥을 맛볼 수 있다. 이천쌀이 유명한 것은 '자채쌀'이라는 순수 토종품종 때문이다. '진상미'라고도 불린 자채쌀은 오직 이천과 여주 일대에서만 재배되었다. 기름기가 많아 밥맛이 좋고 윤기가 나는 것이 특징인데, 많이 먹으면 배탈이 날 정도였다고 한다. 다른 품종보다 수확이 빨라 추석 전에 수확하여 명절상에 올라가던 쌀이기도 하다. 1970년대 이후 생산량이 높은 '통일벼'에 밀려 일부 농가에서만 명맥을 이어왔다가 최근 특산품으로 재조명 받고 있다.

주소 경기도 이천시 경충대로 3052 전화 031-636-9900

단양쑥부쟁이 자생지 **강천섬**

강천섬은 멸종위기 야생식물인 단양쑥부쟁이 자생
지로 유명해진 섬이다. 섬 전체에 산책로가 잘 만들
어져 있어 걷기에도 자전거를 타기에도 좋다. 특히
요즘 캠핑과 피크닉을 즐기는 사람들이 많이 찾고
있다. 강천섬은 사계절 언제 와도 좋지만, 노랗게 물
든 은행나무길을 따라 걸을 수 있는 가을에 가야 으
뜸이다. 시원하게 뻗은 잔디에 털썩 주저앉아 반짝
이는 남한강을 바라보면 잊고 있던 여유를 다시 찾
을 수 있다. 섬 내부에 화장실을 제외한 매점과 같은
편의시설이 부족한 편이니 물이나 피크닉 준비를 미
리 하는 것이 좋다.

주소 경기도 여주시 강천면 굴암리 316 **요금** 주차비 4,000원

사찰음식 전문점 **걸구쟁이네**

걸구쟁이네는 100% 국내에서 채취한 나물에 파, 마
늘을 사용하지 않는 사찰음식 전문점이다. 조미료를
비롯하여 육류, 어류, 젓갈류를 사용하지 않는 순수
한 채식을 고집하고 있다. 직접 담근 된장과 고추장은
말할 것도 없고, 짠맛을 줄이기 위해 3년 이상 묵은
간장만 사용하여 맛을 낸다. 20여 가지의 나물은 대
부분을 직접 채취하거나 나물 할머니들에게 직접 공
수한다니 그 정성만으로도 맛이 보장되는 것 같다.

주소 경기도 여주시 강천면 강문로 707 **전화** 031-885-9875 **영
업** 09:00~21:00

광교호수공원 가족캠핑장

도심 안에 유독 저수지와 호수가 많은 수원이지만 그중에서도 가장
큰 사랑을 받는 곳이 광교호수공원이다. 용인서울고속도로를 사이에
두고 원천호와 신대호를 묶어 호수공원으로 꾸며 놓았다. 2014년
원천호수를 지척에 두고 광교호수공원 가족캠핑장이 들어섰다.

낮보다 밤이
더 아름다운 캠핑장

캠핑장이라고 하면 산과 들을 한참 달려야 나올 것만 같은데 여기 캠핑장은 그렇지 않다. 수도권의 중심인 서울에 노을캠핑장, 강동그린웨이, 중랑캠핑숲이 있지만, RV 사용자에게는 허락되지 않았다. 그런 점에서 광교호수공원 가족캠핑장은 모터홈과 카라반이 하루 들살이를 할 수 있는 서울에서 가장 가까운 도심 속 캠핑장이다.

캠핑장에 밤이 내리면 호숫가에 북적거리던 사람들도 하나둘 집으로 돌아가고 바쁘게 오가던 차들도 조용해진다. 텐트와 RV에 켜진 따스한 불빛과 캠핑장 옆 빌딩의 하얀 불빛이 묘하게 어우러진다. 주변에 보이는 아파트와 빌딩에 갇혀 있는 사람들과 달리 우리만 여유롭게 자연으로 나와 있다는 우쭐한 느낌이 든다. 여기에 모닥불 하나면 모든 것이 완벽할 텐데 아쉽게도 숯과 화로대는 허락되지 않는다. 아무래도 도심 한가운데 있다 보니 다른 캠핑장들에 비해 허락되지 않는 것들이 많은 편인데, 한편으로는 도심 속에서 캠핑을 즐길 수 있다는 점을 고려하면 이해해줘야 할 것 같다.

밤이면 캠핑장뿐만 아니라 바로 옆 호수공원에도 아름다움이 드리운다. 밤과 함께 호숫가를 따라 따스한 느낌의 가로등이 켜지고, 캄캄한 수면에 가로등 불빛과 인근 건물들의 불빛이 아른거리면서 호수공원의 야경은 점점 절정에 다다른다. 여기에 거리 공연을 나온 아마추어 버스커(Busker)들의 혼이 담긴 노래 선율이 더해지면, 나도 모르게 숨어 있던 감성들이 비집고 나와 기분을 달뜨게 만들어 준다. 이것만 즐기고 가도 광교호수공원 가족캠핑장을 찾는 수고는 모두 보상받는 것 같다.

화려한 도심 속에서
느끼는 여유

캠핑장은 총 26개의 사이트가 있다. 1~10번 사이트는 텐트를 대여하는 사이트로 운영하고 있고 11번부터 26번까지는 오토캠핑 사이트로 운영하고 있다. 각 사이트는 돔텐트 하나 올라갈 정도의 조그마한 데크와 피크닉 테이블이 설치되어 있다. 사이트 간의 간격이 국공립 캠핑장치고는 좁은 편이라 RV를 정박하고는 견인차 주차가 조금 빡빡한 편이다. 그렇다 하더라도 500급까지 RV가 정박하는 데 크게 무리가 있는 것은 아니다. 수도권에서 이렇게 가까운 곳에 RV가 정박할 수 있는 캠핑장이 있다는 것만으로도 감사할 일이다. 딱 하나 캠핑장 내 차로가 좁고 회전 반경이 급해서 대형 카라반의 경우는 입구 쪽 12~14번 사이트를 이용하고 나갈 때 입구 방향으로 거꾸로 진행하는 것이 좋다. 텐트 대여 사이트도 별도 주차 공간이 있어 차박이나 소형 캠핑카 사용자도 사용 가능하다. 대신 텐트 대여비가 포함되어 오토캠핑 사이트보다는 가격이 비싸다.

오토캠핑장 외에 7대의 임대형 카라반도 있다. 가격도 저렴한 편이라 색다른 캠핑을 하고 싶다면 좋은 선택이 될 수 있다. 다만 도심과 가깝고 적절한 가격 덕분에 캠핑장보다 예약이 치열한 것은 어쩔 수 없다. 예약은 수원시 시설관리공단에서 운영하는 캠핑장 홈페이지에서 추첨제로 운영하고 있다. 접수 기간 이후 남는 사이트가 있을 경우 선착순 예약을 받기도 하니 참고하자. 손이 느려 선착순 예약에 어려움을 느낀 적이 있다 해도 복불복이어서 나쁘지 않은 선택이 될 것이다.

광교호수공원 가족캠핑장 이용 정보

주소 경기도 수원시 영통구 광교호수로 57

전화 031-548-0075

예약 www.suwonudc.co.kr 매월 1일부터 15일까지 접수 후 추첨, 이후 잔여 사이트 선착순 예약 진행

사용료 [오토캠핑 사이트] 주말/성수기 2만5,000원(비수기 평일 2만 원), [텐트 대여 사이트] 주말/성수기 5만 원(비수기 평일 4만 원)

규모 오토캠핑 사이트, 텐트 대여 사이트까지 총 26개소

편의시설 광교호수공원, 임대형 카라반, 식기세척장, 샤워실, 화장실

주변에 가볼 만한 곳 화성행궁, 만석공원, 방화수류정, 수원화성, 해우재, 수원화성박물관

함께 가면 좋은 추천 여행지

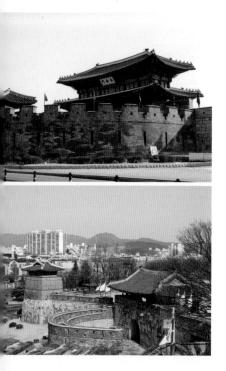

우아하고 장엄한 세계문화유산

수원 화성

장헌세자(사도세자)를 향한 효심과 정치적 개혁을 목적으로 축조된 수원 화성은 정조의 철학이 녹아든 건축물이자, 유네스코 세계문화유산에 등재된 성곽 문화의 정점이다. 실학자인 정약용은 정조의 명을 받아 전통적 기법과 중국에서 들여온 서양 기법을 동원하여 화성을 설계, 축조했다. 동쪽으로 창룡문, 서쪽으로 화서문, 남쪽으로 팔달문, 북쪽으로 장안문을 통하면 웅장한 정조 시대의 문화를 오롯이 체험할 수 있다. 수원 화성을 둘러볼 때 놓치지 말아야 할 명소는 4대문을 포함하여 수문인 화홍문, 동장대(연무대)와 서장대(화성장대), 공심돈 등이다. 공심돈은 적을 살필 수 있게 만든 건축물로 우리나라에서 유일하게 수원 화성에서만 볼 수 있다. 수원 화성을 마음 놓고 즐기려면 한나절이 걸리니 시간 계획을 잘 세워서 성곽길을 걸어보자.

주소 경기도 수원시 팔달구 행궁길 185 **전화** 031-290-3600 **운영** 09:00~18:00(3~10월)/ 09:00~17:00(11~2월) **요금** 성인 1,000원, 청소년 700원, 어린이 500원(한복 착용 시 수원화성·화성행궁 무료 입장 가능), ※통합관람권 이용 시, 성인 3,500원, 청소년 2,000원, 어린이 800원

사도세자를 향한 정조의 효심이 묻어나는

화성행궁

평소에는 수원부 관아로 사용되다가 정조가 수원으로 행차할 때 임시로 머물던 처소로, 우리나라 행궁 중 으뜸으로 손꼽힌다. 신풍루는 화성 행궁의 정문에 해당하고, 낙남헌은 일제강점기에도 훼손되지 않고 원형 그대로 보존된 유일한 건축물이다. 지금의 화성행궁은 1996년 <화성성역의궤>에 따라 복원되었다. 화성행궁 주차장에는 수원화성 순환 열차인 화성어차 매표소가 있으니, 편하고 다채롭게 화성을 여행해 보자. 그 외 국궁체험, 무예24기 상설공연 등 다양한 전통문화 체험을 할 수 있다.

주소 경기도 수원시 팔달구 정조로 825 **전화** 031-290-3600 **요금** 성인 1,500원, 청소년 1,000원, 어린이 700원, ※통합관람권 이용 시 성인 3,500원, 청소년 2,000원, 어린이 800원

다채로운 행사와 축제로 활기찬
나혜석 거리

수원 출신으로 한국 최초의 여성 서양화가이며 소설가이자 시인인 나혜석을 기리기 위해 만든 보행자 전용 거리다. 약 300m의 거리를 따라 분수대, 음악이 흐르는 화장실, 나혜석 기념비 등 볼거리가 풍성하고, 주변에 식당가도 즐비해서 문화 공간이자 만남의 공간으로 자주 이용된다.

주소 경기도 수원시 팔달구 인계동 1140

효원 공원 내에 자리한 아름다운 정원
월화원

경기도와 중국 광동 지역의 우호 교류를 위해 만든 정원으로, 중국 전통 건축양식을 살려 만들었다. 광동의 영남 정원과 같이 건물 창문으로 밖의 풍경을 감상할 수 있도록 조성했다. 검은 벽돌, 둥근 문, 뾰족하게 솟은 처마 등에서 중국 전통 건축 양식을 느낄 수 있다. 벽면 사이로 뚫린 구멍으로 겹겹이 쌓인 계절을 느끼는 것도 쏠쏠한 재미다.

주소 경기도 수원시 팔달구 인계동 일대 **전화** 031-228-4183 **운영** 09:00~22:00

쫀득한 옛날 통닭 맛
수원 통닭거리

팔달문 부근에서 고소한 기름 냄새를 따라가면 통닭거리에 다다른다. 커다란 가마솥에서 튀겨내는 고소하고 바삭한 식감에 전국에서 모여든 사람들로 늘 북적이는 곳이다. 부담 없는 가격에 추억의 맛은 덤이다. 1970년대부터 하나둘 모여든 가게들이 지금은 일대 거리를 이루었으니, 세대를 넘어 현재까지 사랑받는 수원의 명물이다.

주소 경기도 수원시 팔달구 정조로 800번길 일대

수도권

07

진위천유원지 오토캠핑장

경기도 평택 진위천유원지 내에 자리한 오토캠핑장이다.
진위천유원지는 1999년 문을 연 자연발생적 유원지로
여름에는 풀장, 겨울에는 눈썰매 등 가족 단위 놀이시설이 잘
갖춰져 있어 지역 주민들에게 많은 사랑을 받아 왔다.
이후 캠핑 붐이 일면서 일부를 오토캠핑장으로 개발하여
수도권 근교 캠퍼들도 자주 이용하는 곳이 되었다.

수도권에서 가까워 더욱 인기인 곳

진위천유원지 오토캠핑장의 최대 장점은 지리적 위치다. 대한민국 인구의 절반이 살고 있는 서울과 경기도 어느 곳에서든 막히지만 않는다면 1시간 이내에 갈 수 있는 곳에 있다. 한 번 캠핑을 떠나면 한 달씩 한 곳에서 머물며 캠핑을 즐기는 외국과는 달리 주말을 이용해 1박 2일 정도의 캠핑을 주로 다닐 수밖에 없는 우리에겐 캠핑 장소 선정에서 위치가 그 무엇보다 중요한 선택 요소다. 짧은 기간의 캠핑인데 이동 시간이 3~4시간 이상 걸린다면 아마도 캠핑은 '이동→세팅→저녁/음주→취침→철수→이동'의 패턴을 벗어나기 힘들 것이다. 그런 점에서 진위천유원지 오토캠핑장은 수도권과 충청북도 지역의 캠퍼들에게 많은 사랑을 받을 수밖에 없는 캠핑장이다.

캠핑장은 예약을 따로 받지 않고 선착순으로 운영한다. 예약과 선착순 둘 다 장단점이 있다. 가족이나 지인과의 여행, 멀리 떠나는 여행 등 예약을 해야 마음이 편한 여행이 있는 반면, 계획 없이, 예약 없이 훌쩍 떠나는 것도 나름의 설렘이 있다. 금요일 퇴근길, 한 주간의 지친 일상을 떨쳐버리고 냉장고에 있는 음식만 챙겨서 계획 없이 무작정 떠나는 여행은 캠핑카이기에 가능하다. 다만, 최근 언택트 여행의 하나로 캠핑이 뜨면서 금요일 오전이면 이미 자리가 없을 정도로 찾는 사람이 많아져서 아무 때나 찾을 수는 없는 곳이 되기도 했다.

여름보다는 겨울이
어울리는 캠핑장

캠핑장 사용료는 1박에 3만 원이며 유원지 입장료를 별도로 받는다. 요즘 천정부지로 오르고 있는 서울 근교 캠핑장의 1박 가격이 4만~5만 원인 것에 비하면 저렴한 편이다. 사이트의 간격도 널찍하거니와 구획이 나뉘어 있어서 캠핑카 정박에도 불편함이 없다. 특히 48번부터 64번까지의 자리는 진위천 바로 옆에 있어 일명 '뷰 맛집'이다. 카라반 안에서 따뜻한 차 한잔을 즐기며 바라보는 일몰이 일품이다.

좋은 입지와 미리 예약하지 않고도 언제나 찾을 수 있다는 장점이 있지만, 진위천유원지 오토캠핑장도 몇 가지 단점이 있다. 64개의 정규 사이트 외에 인근 주차장까지 이용할 경우 많을 때는 80팀 이상의 캠퍼들이 모이는 곳인데 비해 개수대와 화장실이 각각 1곳으로 턱없이 부족하다. 그리고 캠핑장 건너편 멀리 있는 축사에서 풍기는 자연의 냄새(?)도 아쉬운 부분 중 하나. 봄, 가을에는 그나마 간간이 나지만, 여름에는 심한 냄새에 머리가 아플 정도다.

비록 축사 냄새가 좀 나고 나무 그늘이 없긴 하지만 늦가을부터 초봄까지는 크게 문제될 것이 없다. 오히려 행락객이 줄어드는 겨울 동계 캠핑에서는 치열한 자리 선점도 필요 없이 한적하고, 유원지의 많은 놀거리로 가족 단위 캠퍼들에게 더없이 좋은 캠핑장이다. 이번 주 떠나고는 싶지만 마땅히 예약해 놓은 곳이 없다면, 진위천유원지 오토캠핑장으로 떠나 보자.

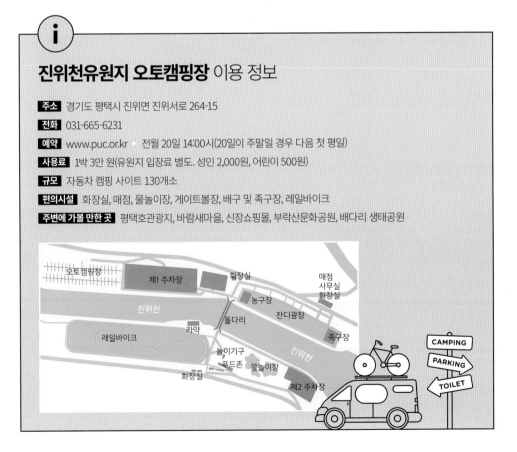

진위천유원지 오토캠핑장 이용 정보

주소 경기도 평택시 진위면 진위서로 264-15

전화 031-665-6231

예약 www.puc.or.kr ▶ 전월 20일 14:00시(20일이 주말일 경우 다음 첫 평일)

사용료 1박 3만 원(유원지 입장료 별도. 성인 2,000원, 어린이 500원)

규모 자동차 캠핑 사이트 130개소

편의시설 화장실, 매점, 물놀이장, 게이트볼장, 배구 및 족구장, 레일바이크

주변에 가볼 만한 곳 평택호관광지, 바람새마을, 신장쇼핑몰, 부락산문화공원, 배다리 생태공원

함께 가면 좋은 추천 여행지

뭐 하고 놀지 고민 해결 **진위천유원지**

진위천은 유원지답게 아기자기한 놀거리, 볼거리가 많다. 대표적으로 여름에는 대형 물놀이장을 운영하고 겨울에는 눈썰매장이 아이들을 유혹한다. 이외에 레일바이크, 카약 등 다양한 놀이시설이 있어 아이들에게 자칫 지루해질 수 있는 캠핑을 풍성하게 만들어 준다. 캠핑을 여러 번 다니다 보면 '이번 캠핑에서는 무엇을 하지?' 라는 고민을 종종 하게 되는데, 진위천유원지 오토캠핑장이라면 그런 고민은 출발 전에 덜어 놓고 와도 좋을 것 같다.

요금 (1인당) 카약 1만 원, 레일바이크 2,000원, 눈썰매장 7,000원

폐교의 변신 **웃다리문화촌**

1945년 문을 열었던 금각국민학교(이후 서탄초등학교 금각분교로 변경)의 폐교장을 평택시와 평택문화원에서 현재의 서울·경기 시민을 위한 문화예술 체험 공간으로 만든 곳이다. 문화촌이라는 이름에 걸맞게 각 교실에는 오래된 골동품이 시대와 테마별로 전시되어 있고 천연염색, 한지공예, 도자기 체험 등 장기/단기의 다양한 체험 프로그램이 운영되고 있다. 아이와 함께하는 여행이라면 도자기 만들기 체험을 추천한다. 나만의 머그잔이나 접시를 만들어 볼 수 있고, 제작 완료된 제품은 1달 이내 집으로 받아 볼 수 있다.

주소 경기도 평택시 서탄면 용소금각로 438-14 **전화** 031-667-0011 **운영** 09:00~18:00 **요금** 도자기 체험 1만 원~

송탄식 부대찌개의 명가

김네집

국민 메뉴라 할 만한 김
치찌개와 쌍벽을 이룰
만큼 많은 사랑을 받는
메뉴인 부대찌개. 직장인
들 단골 점심 메뉴 중에 아마
도 다섯 손가락에 들지 않을까 싶
다. 부대찌개는 크게 의정부식과 송탄식
으로 나뉜다. 의정부식은 맑은 육수를 사용해 시원한
반면에 뼈를 곤 육수를 사용한 송탄식은 느끼하면서
도 걸쭉한 맛이 특징이다. 평택 인근의 부대찌개는
송탄식이라고 볼 수 있는데, 김네집이 그중에서도 깊
은 맛이 으뜸이다. 우리가 흔히 먹는 프랜차이즈 부
대찌개는 탕이 끓기 시작하면 라면 같은 사리를 넣고
익혀서 같이 먹는 것으로 알고 있다. 하지만 김네집
부대찌개는 먼저 주재료를 다 먹고 나중에 육수와
라면 사리를 넣어 끓여 먹는 것이 특징이다.

주소 경기도 평택시 중앙시장로25번길 15 **전화** 031-666-3648 ·
영업 09:30~21:00

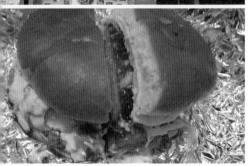

한 번 맛보면 자꾸 생각나는 **미스진햄버거**

평택 미군 부대와 함께 생겨난 '평택국제중앙시장'에
있는 수제버거집. 평택국제중앙시장은 일반 재래시
장과는 사뭇 다른 분위기가 느껴진다. 미군 부대 앞
이라 그런지 각종 외국 음식을 전문으로 하는 식당들
이 많이 있고, 길거리 음식마저 양꼬치, 케밥 등의 외
국 음식이 주를 이룬다.
소문난 맛집인 미스진햄버거의 버거는 '이곳이 미군
부대 앞 맛집이 맞나?' 싶을 정도로 꽤 한국적인 맛이
다. 일반적으로 버거에 양상추, 토마토, 피클에 고기
패티가 더해진다면, 미스진햄버거는 달걀프라이에
양배추, 약간 과한 듯한 소스를 넣어 한국적인 맛이
특징이다. 흔한 재료라 생각할 수 있지만 그 맛은 고
급 수제버거와 비교해도 손색없을 정도다. 배가 많이
고프다면 패티, 달걀프라이, 양배추가 2배로 들어간
스페셜버거에 도전해 보자.

주소 경기도 평택시 쇼핑로 3-1 **전화** 031-667-0656 **영업**
11:00~02:00

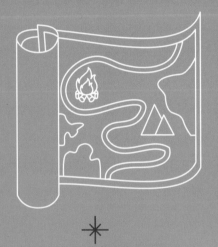

강원도

속초
국민여가캠핑장

홍천강
오토캠핑장

소금강
오토캠핑장

횡성 자연휴양림

계방산 오토캠핑장

소도 야영장

01

홍천강
오토캠핑장

강원도 홍천 하면 가장 먼저 떠오르는 것이 '산'이다. 경기도 양평과 가평이 끝나는 곳에서 시작한 홍천군은 동해와 맞닿은 오대산까지 길게 이어진다. 강원도로 접어드는 관문과 같은 홍천은 전체의 87%가 산지다. 홍천강 오토캠핑장으로 향하는 길목마다 넘쳐나는 푸르름을 보고 있노라면, '청정 홍천'이라는 수식어가 붙은 이유를 단번에 깨닫게 된다. 바쁜 일상에서 잠시 벗어나 삶의 쉼표를 찍고 가기에 홍천만 한 곳이 또 있을까 하는 생각이 든다.

홍천강변에
둥지를 튼 캠핑장

홍천의 젖줄이자 상징인 홍천강. 홍천군 서석면 생곡리에서 발원한 홍천강은 청평에서 북한 강으로 이어져 수도권의 식수원이 된다. 수심이 얕고 맑아서 오래전부터 물놀이터와 야영지로 유명했다. 굽이굽이 강변을 따라 마곡유원지, 모곡유원지, 팔봉산유원지에 이어 홍천강 오토캠핑장이 강 허리춤에 자리 잡고 있다. 서울양양고속도로와 중앙고속도로가 만나는 곳에 있어 중부 지역 어디서나 차로 2시간 이내면 도착한다.

캠핑장에 자리를 잡고 나면 가장 먼저 홍천강이 반겨 준다. 관리동 옆을 보면 홍천강 변으로 바로 이어지는 데크 계단이 있다. 높다란 계단을 내려가면 동글동글한 자갈과 홍천강이 손을 흔들어 준다. 햇빛에 비친 강물은 반짝임으로 인사를 하듯 캠핑장이 있는 장항(獐項)리를 휘감아 돌아 흘러간다. '장항'은 노루목이라는 뜻으로 강이 돌아 흐르는 지형이 노루의 목을 닮았다 하여 붙여진 이름이다. 노루 목처럼 부드럽게 휘어지는 강물은 유속이 느려지고 얕아져 아이들과 물놀이 하기에도 좋다. 족대나 어항도 좋고 간단하게 견지낚싯대 하나만 있어도 시간 가는 줄 모른다.

수도권에서 1시간 이내 도달하는 가까운 위치와 계곡만큼 맑고 깨끗한 홍천강, 깨끗하게 정돈된 캠핑장 등 홍천강 오토캠핑장은 수많은 캠퍼들의 사랑을 독차지할 만한 이유가 충분하다. 여기에 시원한 강바람까지 더해지면 진정한 '쉼표 여행'을 만끽할 수 있다.

홍천 여행의
오성급 베이스캠프

캠핑장 규모를 보면 카라반 사이트 6개소, 오토캠핑 사이트 12개소, 텐트 사이트 32개소(캠핑카 진입 불가)가 있다. 카라반 사이트에는 개별 수도가 있고 카라반을 정박하고도 차량을 주차할 수 있을 정도의 넉넉함이 마음에 든다. 생긴 지 그리 오래되지 않은 캠핑장으로 나무 그늘이 부족하긴 하지만 홍천강변을 따라 시원스레 불어오는 바람이 뽀송뽀송한 시원함을 선사한다. 오토캠핑 사이트는 앞뒤 길이가 조금 좁은 편이지만, 중소형 캠핑카가 정박하기에는 부족함이 없다. 화장실, 샤워실 등 각종 편의시설이 항시 깨끗하게 유지되고 있고 외부 개수대는 냉수지만 관리동 내부에 있는 개수대에서 온수 사용도 가능하다. 샤워실은 오전 9시부터 12시까지, 오후 3시부터 10시까지 이용 가능하며 온수는 충분히 나오는 편이다. 관리동 옆에 홍천군에서 운영하는 매점이 있다. 작아 보이는 외부 모습과는 달리 제법 다양한 물품을 구비하고 있어 요긴하다. 기본적인 장작이나 주류, 생필품을 비롯하여 홍천강에서 아이들과 즐길 만한 어항이나 견지낚싯대도 구비하고 있다.

이용객이 많은 성수기에는 이용하려는 날짜의 하루 정도 앞에서부터 이어서 예약하는 것도 방법이다.

홍천강 오토캠핑장 이용 정보

주소 강원도 홍천군 북방면 굴지강변로 322

전화 033-430-2498

예약 www.hongcheon.go.kr ▸ 예약일 기준으로 최대 31일까지만 예약 가능

사용료 카라반 사이트 3만5,000원, 오토캠핑 사이트 3만 원, 텐트 사이트 2만5,000원 (평일/주말 차이 없음)

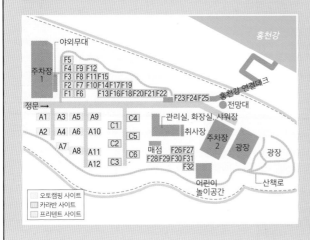

규모 카라반 사이트 6개소, 오토캠핑 사이트 12개소, 프리텐트 사이트 32개소(텐트 전용)

편의시설 매점, 온수샤워실, 실내온수개수대, 놀이터, 운동시설, 무료 와이파이

주변에 가볼 만한 곳

가리산자연휴양림, 오션월드, 홍천은행나무숲, 마곡유원지, 삼봉자연휴양림

함께 가면 좋은
추천 여행지

수타계곡을 따라 걷는 호젓한 산책
공작산생태숲

홍천의 대표적인 명산인 공작산은 해발 고도 약 900m로 산세가 공작이 날개를 펼친 모습 같다 하여 붙여진 이름이다. 공작의 날개 품속에 해당하는 명당에 천년 고찰 수타사와 공작산생태숲이 있다. 수타사는 보물 '월인석보'가 나온 곳으로 708년 원효대사가 창건한 것으로 유명하다. 평소 보기 어려웠던 식물과 생물들을 직접 만지고 체험할 수 있도록 조성되어 있다. 조금은 인공의 맛이 느껴지긴 하지만 수타사 입구에서 수타계곡을 따라 산책하듯 걷는 숲길은 호젓한 행복을 느끼게 해준다.

주소 강원도 홍천군 동면 수타사로 473 전화 033-430-2796 운영 09:00~18:00 요금 무료

55년 전통의 막국수
영변면옥

홍천 시내에서 공작산 수타사로 접어드는 초입에 아는 사람들만 꼭꼭 숨겨놓고 먹는 막국숫집이다. 50여 년 전 625때 피란 내려온 평안도 영변 사람이 자리 잡고 시작한 막국숫집을 지금의 주인이 인수하여 막국수 전문점을 이어가고 있는 곳이다. 여기 육수는 고기나 뼈를 고아 만들지 않고 야채 육수를 사용하여 깔끔한 것이 특징이다. 또한 막국수 면은 미리 뽑아 놓지 않고 주문이 들어오면 그때그때 필요한 수량만큼 바로 만들어 나온다. 그래서 퍼지지 않은 탱탱한 메밀 면발을 그대로 느낄 수 있다. 대신 타이밍이 맞지 않으면 먼저 들어간 주문이 모두 끝나고 다시 반죽하게 되어 상당한 시간을 기다려야 한다. 사전에 주문하는 것이 좋다.

주소 강원도 홍천군 홍천읍 공작산로3 전화 033-434-3592 영업 11:00~21:00, 월요일 휴무

작가의 혼이 서린 실레마을 **김유정문학촌**

금병산에 둘러싸여 떡시루 같은 마을이라 '실레'라는 이름이 붙여진 실레마을. 1908년 춘천 실레마을에서 태어난 작가 김유정은 말더듬이 증상을 숨기기 위해 말이 적은 과묵한 성격으로 자랐다. 그가 그려낸 소설 속 장소는 소박하고 생동감 있는 고향과 연관되어 있는데, 그래서인지 <봄·봄>, <동백꽃>, <산골나그네> 등에는 실레마을 이야기가 곳곳에 담겨 있다. 문학촌 뜰 내에는 외양간, 디딜방아, 연못, 정자, 김유정 생가 등이 복원되어 있어, 둘러보면서 사진 찍기에도 좋다.

주소 강원도 춘천시 신동면 김유정로 1430-14 **전화** 033-261-4650 **운영** 09:30~18:00(~17:00 동절기), 월요일 휴무 **요금** 2,000원

숯불로 먹을까 철판으로 먹을까

금병산 숯불철판닭갈비

참숯의 연기 향이 진하게 올라오는 숯불닭갈비와 야채와 양념된 닭갈비를 버무려 철판에 구워낸 철판닭갈비로 유명한 맛집이다. 볶음밥은 철판닭갈비에만 제공되니 치즈 듬뿍 볶음밥을 먹고 싶다면 철판닭갈비를 주문하자. 매운맛이 느껴지면 시원한 동치미를 들이켜거나 양배추 소스에 닭갈비를 한 번 찍어서 먹으면 좋다. 숯불닭갈비를 태우지 않고 적절한 속도로 잘라주는 주인장의 화려한 가위질은 덤이다.

주소 강원도 춘천시 신동면 금병의숙길 6 **영업** 09:00~20:00
전화 033-262-4220

깻잎과 상추 위에 닭갈비를 얹어 먹으면 상큼 폴깃한 맛까지 느낄 수 있다.

횡성
자연휴양림

갑천면 포동리 저고리골에 자리 잡은 횡성 자연휴양림은
총 60개의 캠핑 사이트와 통나무 펜션을 가지고 있다.
저고리골에는 19세기 초반까지 호랑이가 살았다고 하는데,
호랑이가 사람을 잡아먹고 저고리만 남기고 간다고 해서
'저고리골'이라 불리었다. 그만큼 산세가 깊고 인적이
드물었던 곳에서 조용한 하루를 보낼 수 있는 휴양림이다.

한적하고 조용한 분위기가
매력적인 캠핑장

자연휴양림은 흔히 국가나 지방자치단체가 운영하는 것으로 알지만 횡성 자연휴양림은 일반 사업자가 직접 운영하는 곳이다. 그러다 보니 세금으로 운영되는 국립휴양림에 비해서 이용료가 다소 높은 편인 것은 어쩔 수 없을 터. 대신 개별적인 입장객을 받지 않고 통나무집 투숙객이나 캠퍼들만 휴양림을 이용하게 하므로 한적하고 조용하게 숲을 즐길 수 있다는 장점이 있다. 심지어 숙박시설과 캠핑장도 서로 상당한 간격을 두고 띄엄띄엄 자리를 잡고 있어 어떨 때는 적막하다는 느낌을 받을 정도의 한산한 분위기가 요즘 유행하는 언택트 여행에 제격이라는 생각이 든다. 실제 저고리골 산책로를 걸어보면 사람의 발길이 거의 닿지 않은 원시 숲의 모습을 느낄 수 있다.

색색의 들꽃이 꽃망울을 틔우는 봄, 계곡과 수영장을 오가며 나무 그늘 아래 쉴 수 있는 여름은 단연, 휴양림 전체가 붉게 물드는 가을에 캠핑장을 찾으면 최고의 풍경이 펼쳐진다. 눈 쌓인 겨울도 세 계절 못지 않을 정도로 사계절 언제 찾아도 좋은 횡성의 베이스캠프다.

캠핑카 유저를 위한 최고의 배려

캠핑장은 A존부터 E존까지 총 59개의 사이트로 구성돼 있다. D존의 14개소가 캠핑카 전용으로 운영되고, 캠핑카 크기에 따라 B존과 C존도 사용 가능하다. 다른 캠핑장과는 달리 D존의 캠핑카 전용 사이트에는 넉넉하게 전기가 공급되고 오물을 바로 버릴 수 있는 '덤프 스테이션'까지 만들어 놓았다.

캠핑장 가운데 위치한 샤워실은 이 캠핑장의 최고 자랑. 엄청난 크기의 온수 탱크를 설치해서 한겨울에도 쉼 없이 온수를 제공해 준다. 겨울이 유난히 추운 강원도이지만 여기에서만큼은 겨울 캠핑도 어렵지 않다. 매주 주말에 여는 '애리조나 카페'도 인기. 서부시대를 재현해 놓은 정통 웨스턴 스타일의 카페로 마치 미 서부시대를 연상케 하는 분위기다. 카페 곳곳에 피워놓은 모닥불을 보며 생맥주 한잔을 즐기고 있노라면 해외여행이 부럽지 않다. 캠핑장 옆으로 흐르는 계곡은 얼핏 봐도 버들치와 다슬기가 보이는 것이 족히 1급수는 되어 보인다. 지금은 수년간의 가뭄에 수량이 줄긴 했지만, 아이들이 놀기에는 나쁘지 않다. 물놀이하기에 넉넉한 수량은 아니지만 대신 여름에는 별도 수영장을 무료로 운영해 주어 가족 여행자들에겐 제격이다.

횡성 자연휴양림 이용 정보

주소 강원도 횡성군 갑천면 정포로430번길 113

전화 1588-3250

예약 www.foresttrip.go.kr

사용료 D존 5만 원, A/B/C/E존 4만 원

규모 A존 18개소, B존 8개소, C존 9개소, D존 14개소, E존 10개소

편의시설 펜션, 수영장, 샤워장, 세면실, 매점, 애리조나 카페

주변에 가볼 만한 곳 태기산, 병지방계곡, 미술관 자작나무숲, 국립횡성숲체원, 청태산 자연휴양림, 횡성루지

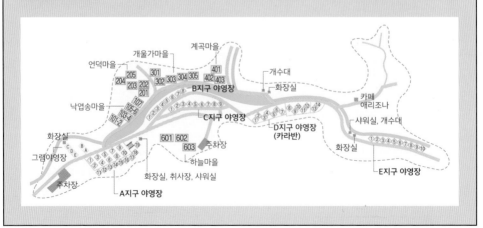

함께 가면 좋은 추천 여행지

명품이라 칭할 만한 **횡성한우**

횡성에 가면 횡성한우를 안 먹어 보고 가는 실수는 범하지 말자. 횡성은 중부 지역의 최대 한우 거래 지역이다. 강원도 산간 지역이면서도 벼농사를 많이 지어 소의 먹이(볏짚)가 풍부하고 청정 환경으로 한우의 품질이 좋았다. 이후 1995년부터 '횡성한우'를 명품 브랜드화하여 종자 관리와 전용 사료 개발 등을 통해 지속해서 품질을 관리하고 있다. 한우는 암소와 거세우로 나눠진다. 암소는 새끼 출산을 주목적으로 키워지다가 40개월 정도에 도축한다. 거세우는 철저히 식용을 위해 키워지다가 30개월쯤 도축된다. 고기 공급을 위해서 관리되었기 때문에 암소 한우보다 마블링 형성이 뛰어나다. 그렇다고 암소보다 거세우가 맛이 더 뛰어나다는 것은 아니다. 암소는 오래 구우면 질겨지지만 씹을수록 고소함이 더해진다. 거세우는 고소한 맛은 덜하지만, 식감이 부드럽고 지방이 많아 오래 구워도 질겨지지 않는다. 1+, 1++ 등급보다는 지방이 적은 1등급을 냉장고에서 2~3일 숙성해서 먹거나 숙성된 1등급을 구매하는 것이 맛도 좋고 건강에도 좋다.

거울 같은 호수를 따라 걷는 **횡성호숫길**

태기산에서 발원한 섬강에 2000년 초 횡성댐을 건설하여 횡성호가 생겨났다. 횡성호를 따라 6개의 호숫길이 조성되어 있다. 가을도 좋고 겨울내 움츠려진 기지개를 켜고 봄맞이 산책을 하기에도 좋다. 총 6개의 구간으로 호수 전체를 둘러볼 수 있는데 그중에서도 5구간이 인기가 높다. 다른 구간과 다르게 출발점으로 되돌아올 수 있고 호수를 가까이서 편안하게 둘러볼 수 있기 때문. 4.5km의 거리로 천천히 걸어도 2시간이면 충분하다. 아직까지 방문자가 많지 않아 조용하게 사색하며 걷기에도 최적인 곳이다.

주소 강원도 횡성군 태기로 구방리 512(주차 가능)

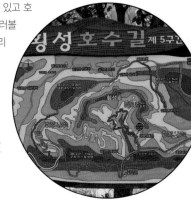

지친 몸을 달래주는 **강원참숯영농조합**

횡성 자연휴양림 입구에 위치한 참숯가마로 전통 방식 그대로 가마를 활용한 참숯을 만드는 곳이다. 숯을 만들기 위해선 약 일주일간 불을 지피는데 숯을 완성하고 나면 숯가마 찜질을 즐길 수 있다. 가마에서 나오는 원적외선은 일반 열보다 피부 깊숙이 침투한다. 그래서 노폐물 배출을 도와주고 신진대사를 촉진시켜 준다. 가마 온도에 따라 다르지만 땀을 많이 내려고 오래 들어가 있기보다는 5분 간격으로 들어갔다 나오기를 반복해야 효과적이라고 한다. 보통 땀이 나면 찝찝하기 마련인데 이곳에서는 땀이 마른 후에도 뽀송뽀송해 상쾌한 점이 특징이다. 찜질을 하고 나면 바로 씻지 말고 3시간 정도 지나 목욕을 하는 것이 좋다고 한다. 찜질하는 곳에 샤워실이 없다는 것이 쉬이 이해되지 않을 수도 있는데 직접 체험을 해보면 이해가 된다. 영업시간은 저녁 6시까지, 토요일은 10시까지 야간 개장을 한다. 횡성한우 정육식당도 함께 운영하고 있다.

주소 강원도 횡성군 갑천면 정포로 333-6 **전화** 033-342-4508 **운영** 금~일요일 09:00~17:00, 월~목요일 휴무

국내 최대 천주교 성지 순례지

풍수원성당

19세기 '신유박해'로 40여 명의 신자들이 박해를 피해 정착한 풍수원 마을에 1907년 한국인 신부가 지금의 풍수원 성당을 지었다. 100여 년 전 신도들이 벽돌을 굽고 나무를 해서 직접 지은 성당이 지금까지 옛 모습 그대로 남아 국내 최대 성지 순례지로서 많은 사람이 찾는 명소가 됐다. 유럽의 화려한 성당과는 달리 내부는 소박하고 단아하다. 천주교 신자가 아니어도 성당에 잠시 들르는 것만으로도 마음이 차분해진다. 성당 주변으로 산책길과 함께 예수의 고난을 그림으로 표현한 '십자가의 길'이 있다.

주소 강원도 횡성군 서원면 경강로유현1길 30 **전화** 033-342-0035

또 하나의 횡성 명품 더덕정식

박현자네더덕밥

횡성에는 한우만 있는 것이 아니다. 횡성 한우만큼이나 인기 있는 것이 바로 '횡성 더덕'이다. 횡성은 전국 더덕 생산량의 26%를 생산하고 있는데 그 약효와 향이 뛰어나다. 사포닌이 많아 오래 묵은 더덕은 산삼보다 낫다고 하니 웰빙 여행에서 빠질 수 없겠다. 원주공항 근처 횡성 먹거리단지에 가면 더덕 맛집들이 한데 모여 있다. 더덕정식은 1인에 1만3,000원 정도로 더덕구이는 물론 더덕 무침, 더덕 샐러드, 더덕 장조림 등 더덕으로 만든 다양한 음식을 맛볼 수 있다.

주소 강원도 횡성군 횡성읍 횡성로 59 **전화** 033-344-1116 **영업** 10:30~20:00

03 강원도

계방산 오토캠핑장

한라산, 지리산, 설악산, 덕유산까지는 흔히 들어서 알지만,
계방산은 모르는 경우가 많다. 해발 고도 1,577m의 계방산은
앞선 4개의 산에 이어 대한민국에서 다섯 번째로 높은 산으로
같은 태백산맥 줄기인 오대산(1,563m)보다도 높다. 계방산
오토캠핑장은 계방산 중턱 해발 700m 부근에 자리를 잡고 있다.

하늘 가까이 자리 잡은 캠핑장

계방산 오토캠핑장은 사계절 중 특히 여름에 그 진가가 발휘된다. 해발 고도가 700m 이상에 위치해서 한여름에도 선풍기 없이 지낼 수 있을 정도로 시원하다. 덕분에 모기가 별로 없고, 밤에는 모닥불과 함께하지 않으면 서늘할 정도다. 모기만 없

는 것이 아니라 계방산을 찾는 이도, 캠핑장을 찾는 캠퍼들도 많지 않아 항상 자리에 여유가 있는 편이다. 가족이나 친구들을 동반한 '접대' 캠핑에도 좋은 점이 하나 있다. 입구 쪽 카라반 사이트에서 계곡을 건너면 4동의 '숲속의 집'이 있어 동반 캠핑을 즐기기에 좋다. 캠핑장과 약간 거리가 떨어져 있어 조용하고 계곡과 울창한 숲으로 둘러싸여 호젓함이 최고다. 숲속의 집은 모두 복층 구조로 1~2인 가족이 이용하기에 부족함이 없다. 가격은 1박에 통나무집이 12만 원, 캐빈하우스는 14만 원으로 펜션보다 저렴하게 이용할 수 있다.

캠핑장과 숲속의 집 사이에는 노동계곡이라는 자그마한 계곡이 흐른다. 수량이 풍부하지는 않지만, 해발 고도 때문인지 한여름이 아니고는 1분 이상 발을 담글 수 없을 정도로 물이 차다. 캠핑장 안에는 이승복 생가가 있고 캠핑장 초입에는 이승복 기념관이 있다. 볼거리가 많지는 않지만 자라는 아이들에게 과거 아픈 우리나라 역사의 한 단편을 보여줄 수 있는 기회로, 잠시 들러볼 만하다.

캠핑카 유저를 우선으로 하는
전용 사이트

캠핑장에 들어서면 가장 먼저 카라반 전용 사이트가 보이고 그 뒤편에 관리실과 화장실, 샤
워시설이 있다. 관리실을 기준으로 아래쪽에 8개(제1 사이트), 위쪽으로 7개(제2 사이트)의
카라반 사이트가 있다. 입구 쪽의 카라반 사이트(제1 사이트)는 전기시설뿐만 아니라 개별 수
도시설까지 있어 모터홈과 카라반을 정박하기에 좋다. 캠핑카 전용이라고 해도 보통은 대형
거실형 텐트 유저들도 사용할 수 있도록 하는 경우가 많아 유명무실한 경우도 많지만 여기는
캠핑카 전용으로만 운영된다. 15개의 캠핑카 전용 사이트를 보유한 곳은 전국에도 손꼽을 만
큼 많이 있지 않다. 다만, 관리실 뒤편으로 있는 제2 사이트는 카라반 사이트라고는 하나 앞
뒤 사이트 간의 거리가 좁아서 중소형 캠핑카 정도가 적합하다. 제2 사이트를 지나 위쪽으로
계속 올라가면서 일반 오토캠핑 사이트가 64개소 있다. 사이트별로 크기가 작고 전기가 공급
이 안 되기도 하며, 경사가 심한 편이라 RV 정박은 어렵다. 해발 고도가 높고 겨울에는 한파
에 눈이 많이 오는 경우가 많아 1~2월 극동계 기간에는 장박(캠핑카로 1달 이상 장기 거주하
는 캠핑)을 제외하고는 운영하지 않는다.

계방산 오토캠핑장 이용 정보

주소 강원도 평창군 용평면 이승복생가길160

전화 033-339-9016

예약 포털사이트 네이버에서 '계방산 오토캠핑장 예약' 검색 후 객실 예약

사용료 카라반 사이트 1박 3만5,000원

규모 카라반 사이트 15개소(제1 사이트 8개소, 제2 사이트 7개소), 오토캠핑 사이트 64개소

편의시설 샤워실(09:00~12:00, 16:00~19:00 사용 가능)

주변에 가볼 만한 곳 이효석 생가, 이승복 기념관, 평창 허브나라, 휘닉스 평창, 계방산 등반

제1 사이트

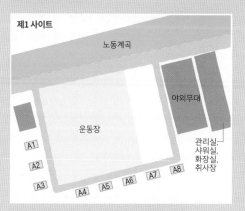

제2 사이트

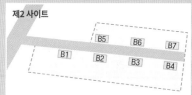

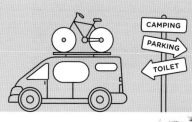

함께 가면 좋은
추천 여행지

건강한 발걸음에 약수 한잔 더하기
방아다리약수

속사 IC에서 계방산 오토캠핑장으로 가는 길목에 방아다리약수 안내판이 보인다. 전국에서도 약성이 좋기로 소문난 약수다. 방아다리약수터 주변으로 수령이 500년도 넘어 보이는 전나무가 빽빽이 들어서 있다. 전나무 숲길로 유명한 오대산 월정사 전나무길보다 길이는 짧지만 가벼운 산책과 몸에 좋은 약수를 같이 즐길 수 있기에 찾는 사람이 많은 편이다. 방아다리약수는 철분과 탄산이 주성분으로 물맛은 약간 톡 쏘는 느낌이 있고, 위장병이나 빈혈에 좋다고 전해진다. 약수 안을 들여다보면 탄산에 의한 공기 방울이 보이고 주변 돌들이 철분에 의해서 벌겋게 보인다. 전나무 숲길이 만들어주는 시원한 그늘에서 피톤치드를 온몸으로 느끼며 몸에 좋은 약수 한잔을 더하면 저절로 건강해진 것 같은 가벼움이 느껴진다.

주소 강원도 평창군 진부면 척천리 65

부드럽고 고소한 평창 송어회
남우수산

평창은 전국 양식 송어의 70%를 공급하는 우리나라 최고의 산지다. 캠핑장 바로 아래에 30년 전통의 남우수산이 있다. 식당 바로 옆에서 양식을 하므로 바로 잡은 송어회를 신선하게 즐길 수 있다. 송어는 수온이 7~14도의 1급수에서만 자라는 고급 어종이다. 송어의 부드러운 식감과 씹을수록 느껴지는 고소함은 바로 연어의 맛을 닮았다. 참고로 바다회를 즐기거나 연어를 좋아하지 않는 분들은 입에 맞지 않을 수 있다. 송어회는 바로 먹어도 좋지만 비빔 그릇에 각종 야채와 회, 초고추장 그리고 콩가루를 넣어 비벼 먹는 것을 추천한다. 콩가루와 초고추장이 송어회를 만나 매콤하면서도 고소한 쫄깃함이 일품이다.

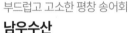

주소 강원도 평창군 용평면 운두령로 714-52
전화 033-332-4521 영업 11:00~19:00

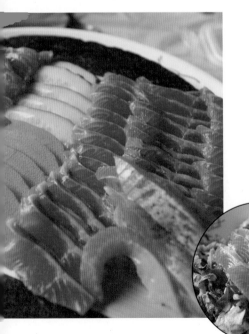

목가적 풍경이 펼쳐지는
대관령 양떼목장

'한국의 알프스'로도 불리는 곳으로, 넓은 초원에 방목된 양떼를 따라다니며 먹이 주기 체험을 할 수 있는 이색적인 공간이다. 풀을 뜯어 먹는 양들 옆으로 다가가 대나무 바구니에 담은 건초를 주면 넙죽넙죽 잘도 받아먹는다. 배가 고픈 양은 건초 쪽으로 몰려오고 배가 부른 양은 꾸벅꾸벅 조는 등 자연 그대로의 모습을 볼 수 있다. 초원을 따라 펼쳐진 넓은 오름길을 한 바퀴 돌면 일상에서 받은 스트레스까지 날려버릴 수 있어 일석이조의 효과를 톡톡히 누릴 수 있다. 목장으로 들어서면 딱히 그늘진 곳을 찾기 어려우니 여름철 한낮은 피하는 것이 좋고, 양들에게 건초 이외의 음식물을 주면 병을 일으킬 수 있으니 주의하자.

주소 강원도 평창군 대관령면 대관령마루길 483-32 전화 033-335-1966 영업 09:00~17:00

오삼불고기의 원조
납작식당

1970년대 '오삼불고기'라는 음식을 처음 개발하여 판매한 곳이 있으니 바로 이곳 '납작식당'이다. 벌써 40년을 한자리에서 오삼불고기를 고집스럽게 팔고 있다. 다른 지역에서도 오삼불고기는 흔히 볼 수 있는 대중적인 음식이지만 동해에서 바로 잡은 오징어에 대관령 청정 지역에서 키워진 돼지고기로 만든 오삼불고기는 오직 여기서만 맛볼 수 있다. 양념이 제법 매운 편이지만 같이 나온 콩나물을 비벼서 먹으면 아삭하면서도 맛있게 칼칼한 매운맛을 느낄 수 있다.

주소 강원도 평창군 대관령면 올림픽로 35 전화 033-335-5477 영업 10:30~21:00(브레이크타임 15:00~17:00)

소금강 오토캠핑장

캠핑장에서 차로 10분 정도만 달리면 만날 수 있는 동해 바다,
캠핑장 뒤로는 오대산이 펼쳐지고 앞으로는 맑은 계곡이
펼쳐지는 그야말로 최고 입지의 캠핑장이라 할 수 있다. 낮에는
계곡과 바다에서 힐링하고, 밤에는 캠핑장에서 모닥불을 피우며
바라보는 별은 감성을 자극하기에 부족함이 없어 보인다.

계곡 물소리가 아름다운 캠핑장

오대산 소금강 지구에 위치한 소금강 오토캠핑장은 오대산의 서쪽에서 가는 경우, 내비게이션이 보통 영동고속도로 진부 IC로 나가서 월정사 지구를 통해 가는 길을 안내한다. 거리상으로는 가깝지만, 경사와 굴곡이 심해 일반 차량이라면 모르겠지만 캠핑카처럼 큰 차나 카라반과 같은 견인을 한 차량이 지나기에는 여간 어려운 것이 아니다. 조금 멀더라도 강릉을 지나 북강릉 IC를 통해 조금 돌아가는 것이 좋다.

북강릉 IC를 나와 연곡면에서 6번 국도를 타면 소금강 입구 안내가 보이고 이어서 꼬불꼬불한 산길을 지나면 소금강 매표소가 나오기 전에 캠핑장을 만날 수 있다. 소금강계곡의 작은 돌다리를 건넌 후 나오는 입구에서 오른쪽으로 끝까지 들어가면 카라반 사이트(캠핑카 영지)가 나온다.

캠핑장에 자리 잡고 앉아 있으면 가까이 들려오는 소금강계곡의 물소리만 들어도 절로 힐링이 되는 느낌이다.

CAMPING TIP

국립공원 예약은 매월 1일, 15일경 오후 2시부터 2주 뒤 2주간의 예약을 받는 방식이다. 만약 1일이 일요일이라면 2일 월요일에 예약이 개시된다. 언택트 여행으로 캠핑이 인기라 주말 예약은 금방 끝나기도 한다.

C1번 사이트 옆으로는 소금강계곡으로 바로 내려갈 수 있는 샛길이 있다.

숲속 오두막에 머무는 듯한
조용한 캠핑장

캠핑장은 자동차 야영장 75개소, 일반 야영장 84개소, 카라반 전용 사이트(캠핑카) 9개소로 국립공원에서 운영하는 캠핑장 중에서도 큰 편에 속하는 규모다. 소금강 오토캠핑장은 RV 유저에게 조금 더 특별한 배려를 제공한다. 카라반 전용 사이트를 예약하면 일일이 전화로 캠핑카 소유 여부를 확인해서 일반 텐트 유저들은 취소하도록 유도한다. 전국에 국공립 캠핑장이 많이 있고 카라반/캠핑카 사이트가 별도로 있지만 실제 전용으로 운영되지는 못하는 상황에서 이렇게 전용 사이트로 철저하게 관리해 주는 곳은 드물다.

C1~C9번까지의 총 9개소의 카라반 전용 사이트는 캠핑장에서도 가장 안쪽에 위치해서 항시 시원한 그늘이 있고 한적하고 조용한 것이 특징이다. 아름드리나무들이 온종일 그늘을 내어 주고, 사이트별 전기 배전함은 물론이고 2개소마다 수도시설이 되어 있어 물 공급 또한 편리하다. 다만, 경사가 좀 있어 편안한 잠자리와 캠핑카 수명 유지를 위해 레벨러는 필수로 준비하는 것이 좋다.

공용시설은 화장실 3개소, 개수대 4개소로 부족함이 없는데, 샤워장이 사이트 수 대비 1개소로 부족한 것이 유일한 단점이다. 게다가 태양열을 이용하여 온수를 제공하는 방식이라 날씨가 흐린 날에는 온수가 충분치 않은 불편함이 있다.

소금강 오토캠핑장 이용 정보

주소 강원도 강릉시 연곡면 소금강길 449(삼산리 51-5)

전화 033-661-4161

예약 reservation.knps.or.kr

사용료 성수기(5/1~11/30) 기준 1박 1만9,000원(전기 4,000원 별도)

규모 자동차 야영장 75개소, 일반 야영장 84개소, 카라반 전용 사이트(캠핑카) 9개소

편의시설 카라반 전용 사이트에는 개별 전기 배전함, 수도시설 배치

주변에 가볼 만한 곳 주문진항, 경포해변, 오죽헌, 안목해변, 대관령 자연휴양림

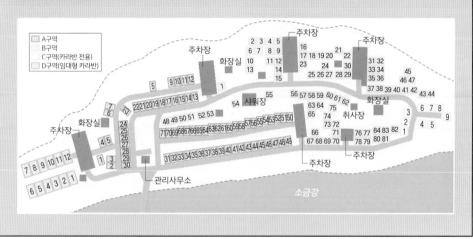

소형 캠핑카까지는 자동차 야영장에서도 캠핑이 가능하다.

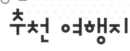

함께 가면 좋은
추천 여행지

금강산을 닮은 **오대산 소금강지구**

오대산의 동쪽 기슭에 위치한 소금강지구는 율곡 이이 선생이 금강산을 닮았다고 하여 작은 금강, 즉 소금강(小金剛)이라 불렀다 한다. 구룡폭포, 연주암, 귀면암 등이 금강산의 그것과 닮았다 하는데, 직접 금강산을 눈에 담지 못하여서 어느 정도 비슷한지는 모르겠으나 굳이 금강산과 비교하지 않아도 기암괴석과 더불어 주변 풍광이 뛰어나다. 캠핑장에서 계곡을 건너면 바로 오대산 등산로로 이어진다. 십자소 연화담을 지나 구룡폭포까지는 왕복 3~4시간 정도 걸리는 코스로 중급 정도의 난이도다. 캠핑장에서 바로 오대산으로 오를 수 있다.

사색과 치유를 찾아 떠나는 **오대산 월정사**

월정사는 강원도 오대산에 자리한 사찰로, 삼국시대 신라의 승려 자장 대사가 세운 절로 알려져 있다. 상원사는 월정사의 말사에 해당하는데, 월정사에서 상원사까지 걷는 9km 선재길은 많은 이들에게 사색과 치유의 숲길로 알려져 있다. 월정사 앞마당에는 석가의 사리를 봉안하기 위해 세운 팔각 구층 석탑과 보물 제139호인 석조 보살 좌상이 있다. 팔각 모양의 기단 위에 구층 탑을 올린 팔각 구층 석탑은 고려 초기 석탑 양식을 대표한다. 월정사 주차장 부근(금강교)에서 일주문까지 이어지는 1km 정도 길이의 전나무 숲길은 부드러운 흙으로 되어 있어 가벼운 운동화를 신고 사부작거리며 걷기에 좋다.

주소 강원도 평창군 진부면 오대산로 374-8 **전화** 033-339-6800

귀여운 아기 동물 먹이주기 체험

대관령 아기동물농장

아이들과 함께 여행하는 가족 단위라면 대관령 아기동물농장을 추천한다. 대관령 아기동물농장은 이름 그대로 어린 동물을 모아 놓고 입장객이 직접 만져보고 먹이도 주는 체험형 농장이다. 농장에 입장료를 내고 입장하면 여러 동물들에게 줄 수 있는 먹이통을 준다. 농장에는 송아지, 오리, 토끼, 병아리 등 비교적 접하기 쉬운 동물도 있고 망아지, 조랑말, 미니돼지, 사슴, 염소 등의 아기 동물도 같이 볼 수 있다. 동물들은 사람들에게 길들여져서 그런지 모두 온순하고 잘 따르는 편이다. 아이들도 평소에 TV, 동물원에서 보던 동물들을 가까이서 볼 뿐만 아니라 먹이까지 줄 수 있어서 신기해 한다.

주소 강원도 강릉시 사천면 송암골길 197-13 **전화** 033-641-0232 **영업** 09:30~ 17:00(동절기 ~16:00) **예산** 목장체험비 1만 원

동해 바다를 가득 담은 물회

장안횟집

소금강 오토캠핑장에서 20km 정도 이동하면 동해 바다에 닿을 수 있다. 동해 바다에 왔으니 오징어회가 생각나는 것은 어찌 보면 당연할 터. 오징어회를 시원하게 담은 물회로 동해 바다를 느껴보자. 캠핑장에서 가까운 항구인 사천진항에 가면 신선한 오징어로 만든 물회를 맛볼 수 있다. 얇게 썰었어도 쫄깃한 오징어와 매콤하면서도 시원한 국물의 조화가 예술이다. 아무리 매운 것을 좋아해도 계속 먹다 보면 혀가 무뎌지기 마련. 이때 같이 나온 걸쭉한 우럭미역국 한 모금이면 속까지 개운해지고 다시 물회의 맛을 살려준다.

주소 강원도 강릉시 사천면 진리항구길 51 **전화** 033-644-1136 **영업** 09:00~ 20:00

사람이 적어 더욱 좋은

사천진 해변

사천진항에서 해안을 따라 조금만 올라가면 사천진 해수욕장이 보인다. 모래사장이 좁고 모래가 좀 굵어서 그런지 많이 알려지지 않은 편이다. 한적한 해안을 거닐거나 카페에 앉아 차 한잔 하기 좋다. 물이 맑아 스노클링을 하는 사람들도 제법 보인다. 해변에 있는 조그만 돌섬은 수심이 얕고 물이 잔잔해 아이들의 천혜의 물놀이장으로 제격이다.

주소 강원도 강릉시 사천면 사천진리 226-2

05

속초 국민여가 캠핑장

산, 바다, 호수를 모두 가진 도시 속초. 봄에는 영랑호
주변으로는 벚꽃이 흐드러지게 피고 여름의 동해는 말하면
입 아플 정도로 많은 사랑을 받는 바다다. 가을에는 곱게
단풍 옷을 갈아입은 설악산이 관광객의 발걸음을 끌어들인다.
식도락 여행으로도 손색없다. 닭강정 하면 속초가 떠오를 만큼
유명해졌고 대포항의 횟감들과 함경도식 순대와 냉면까지.
사시사철 언제 찾아도 100% 만족하는 여행지가 아닐까 한다.

사계절 언제나 만족하는 여행지

속초는 3가지 대표 자연경관인 산, 바다, 호수를 모두 가졌다. 봄에는 봄꽃 만발한 청초호와 영랑호가 있다. 특히 영랑호 주변으로는 벚꽃이 흐드러지게 핀다. 남녀 친구 사이라 할지라도 영랑호 주변을 도보나 자전거로 호숫가를 돌고 나면 연인이 된다고 할 정도로 아름다운 정취를 자랑한다. 여름의 바다는 또 어떤가. 끝없이 펼쳐지는 수평선과 그 수평선 너머로 떠오르는 해, 흰 파도가 끝없이 바위를 향해 부딪치는 강원도의 바다는 이미 많은 사랑을 받고 있다. 가을이면 강원도의 대표 관광지인 설악산이 색색의 단풍 옷으로 갈아입고 관광객들을 맞이한다. 이뿐만이 아니다. 속초에서 빠질 수 없는 것이 바로 다양한 먹거리다. 닭강정 하면 속초가 떠오를 만큼 유명해진 만석닭강정을 시작으로 대포항의 신선한 회와 튀김들, 아바이마을에서 맛볼 수 있는 함경도식 순대와 냉면까지. 보고 즐기는 여행부터 씹고 뜯는 여행까지 가능한 곳이 속초가 아닐까 한다.

속초 국민여가캠핑장은 속초의 심장격인 청초호와 속초해수욕장의 번화가 중심에 위치하고 있다. 그러다 보니 조용한 분위기이기 보다는 전체적으로 활기가 넘치는 편이다. 낮에는 주변에 자리한 간이 놀이시설과 차량 때문에 소음도 조금 있는 편이고, 밤에는 연신 폭죽 소리가 이어진다. 그렇다고 엄청 거슬리거나 불편할 정도는 아니다. 오히려 활기 넘치고 여행의 흥이 넘쳐나는 것이 나쁘지 않은 정도다. 캠핑장 입구에서 2차선 도로만 건너면 바로 속초해수욕장으로 이어진다. 여행에서 바다는 진리다. 캠핑장에 정박을 하고 눈앞에 펼쳐지는 바다를 마주하는 순간 마음 속 모든 근심과 걱정이 단숨에 날아간다.

속초 여행의 출발은
바로 여기서

캠핑장은 제1 캠핑장과 제2 캠핑장으로 나뉜다. 제1 캠핑장은 1번부터 7번까지 구역이 나뉘어 있고 4번 구역부터 차량 진입이 가능하다. 데크가 있는 사이트가 있고 없는 사이트가 있으니 참고해야 한다. 데크 크기가 크지 않고 사이트 뒤편에 있어 카라반 정박에는 오히려 불편함이 있을 수도 있다. 5번 구역에서 5-1~5-4, 6번 구역에서 6-1~6-4, 7번 구역에서 7-1은 카라반 전용 구역으로 운영 중이다. 카라반 전용 구역이긴 하지만 텐트 사용자도 예약이 가능해 경쟁이 치열하니 서둘러 예약하는 것이 좋다. 제2 캠핑장은 7월~8월에만 운영하는 임시 캠핑장으로 캠핑카 진입이 불가하다.

화장실, 샤워실, 취사장은 각 한 동씩 있고 규모가 커서 이용에 불편함은 없다. 샤워장은 온수 사용이 가능하지만, 동전을 사용하는 코인 샤워시설이다 보니, 별도 추가 요금이 발생한다. 성수기 기준 1박에 4만 원이라는 이용료 외에 추가로 샤워비가 들어간다는 것이 조금은 아깝게 느껴지기도 한다.

속초 명물 닭강정

CAMPING TIP

캠핑장의 운영 기간은 4월 1일~10월 31일까지다. 캠핑장이 자리한 곳이 전형적인 해안 기후 지역이라 연평균 기온이 낮지 않은 지역치고는 동계 폐장 기간이 좀 긴 편이다. 많은 세금으로 조성된 시설이니만큼 이용 기간이 좀 길었으면 하는 아쉬움도 있다. 예약은 다음 달 말일까지 가능하다. 인기 높은 7월~8월 성수기 캠핑을 위해서는 6월부터 미리 일정을 챙겨보도록 하자.

카라반 전용 구역이 따로 있으니 예약할 때 확인이 필요하다.

속초 국민여가캠핑장 이용 정보

주소 강원도 속초시 동해대로 3950번길 15

전화 033-638-6231

예약 reserve.sokchosiseol.or.kr ▶ 다음 달 말일까지

사용료 비수기 3만 5,000원, 성수기 4만 5,000원(7·8·10월)

규모 [제1 캠핑장] 데크 1~3번 25개소(사이트 옆 주차 불가), 데크 4~7번 31개소,

[카라반 사이트] 5-1, 5-2, 5-3, 5-4, 6-1, 6-2, 6-3, 6-4, 6-5, 6-6, 7-1

편의시설 화장실, 코인 샤워실(추가 비용 발생), 취사장

주변에 가볼 만한 곳 영랑호, 설악워터피아, 속초 순두부촌, 신흥사, 척산온천, 석봉미술관

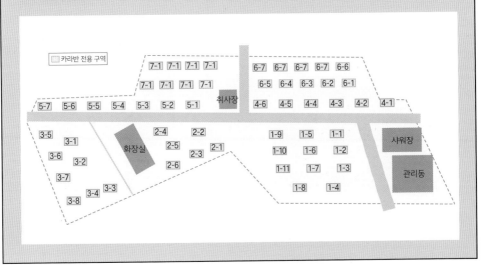

함께 가면 좋은
추천 여행지

파도 소리가 일품인 **영금정**

영금정(靈琴亭)은 동명항 동쪽에 있는 넓은 암반을 일컫는 이름이다. 파도가 바위에 부딪히는 소리가 마치 가야금 소리와 같다 하여 붙여진 이름이라 한다. 현재는 영금정을 한눈에 조망할 수 있도록 작은 정자가 있는데 사람들은 이를 영금정이라고 잘못 알고 있다. 영금정은 넓은 암반을 전체를 부르는 명칭이다. 속초에서 영롱한 일출을 가장 아름답게 볼 수 있는 곳이 바로 영금정이다. 기암괴석에 부딪히는 포말 소리와 어슴푸레 떠오르는 해의 조화가 장관이다. 과거 일제강점기 때 속초항 개발을 위해 상당히 파괴되어 예전의 신비로운 모습을 온전히 보지 못하는 것이 아쉬울 따름이다.

주소 강원도 속초시 영금정로 43

파도가 만들어낸 작품 **청초호**

파도가 빚어낸 예술 작품인 청초호는 사주로 바다가 막혀 만들어진 석호(潟湖)다. 바다와 민물의 묘한 어울림처럼, 지금의 호수도 현대적이면서도 자연 그대로를 간직하고 있다. 호수 주변으로 즐길거리가 많지만 5km 정도의 호수 둘레를 산책하는 것만으로도 절로 힐링이 되는 것 같다. 속초의 심장이라 할 수 있는 청초호를 한눈에 보고 싶다면 엑스포타워에 올라보자. 서쪽으로는 설악산 울산바위와 그 아래 청초호 그리고 속초 바다까지 한눈에 보인다.

주소 강원도 속초시 조양동 1544-3

속초 명물 아바이순대 **단천식당**

드라마 '가을동화'의 배경지로 유명해진 아바이마을은 함경도 피난민들이 서울 수복 이후 휴전이 되자 갈 곳을 잃고 정착을 하게 된 마을이다. '아바이'는 함경도 방언으로 아버지라는 뜻이다. 아바이마을의 명물은 단연 아바이순대와 오징어순대. 당면만으로 만들어진 일반 순대와는 달리 찹쌀과 숙주가 들어간 함경도식 정통 순대다. 아삭하면서도 쫄깃한 식감이 일품이다. 오징어 배 속에 소를 넣어 만든 오징어순대는 순대를 좋아하지 않는 남녀노소 모두에게 인기 만점이다. 아바이마을에서 갯배를 타고 건너면 바로 속초 관광수산시장과 이어진다. 갯배가 아니었다면 청초호를 따라 먼 길을 돌았어야 할 거리를 단돈 500원만 내면 5분도 채 안 걸리는 시간에 건널 수 있다.

주소 강원도 속초시 아바이마을길 17 전화 033-632-7828 영업 08:30~20:30

족발과 막국수의 만남 **속초 까막골막국수**

현지인들 사이에서 소문난 맛집. 심심하기도 하면서 자극적이지 않은 맛이 일품이다. 기본 메뉴인 시원한 막국수도 좋지만 이 집의 숨은 별미는 양념족발. 약간은 과한 듯한 양념으로 버무린 족발 한 입에 시원한 막국수 한 젓가락이 마치 천생연분처럼 잘 어울린다. 따로 먹었으면 무난할 뻔한 두 음식이 만나 서로의 부족함을 채워준다. 안 어울릴 듯 어울리는 두 맛은 묘한 끌림이 있어 시간이 지나 문득 떠오르기도 한다.

주소 강원도 속초시 조양동 1556-1 전화 033-638-7170 영업 10:30~20:00

06

강원도

소도 야영장

'산소 도시'라 불릴 만큼 태백은 높은 곳에 위치하고, 도심과는 멀리 떨어져 있어서 언제나 맑은 공기를 선물한다. 자연을 찾아 떠나는 캠핑에서 태백만큼이나 청량감과 시원함을 주는 곳도 별로 없다. 태백 여행을 위한 베이스캠프로 얼마 전 문을 연 소도 야영장을 추천하고 싶다. 해발고도 9백 미터 높이에 위치한 덕분에 한여름에도 에어컨이 필요 없을 만큼 시원함을 자랑한다.

캠핑용 자동차 전용 야영지가
따로 있는 신생 캠핑장

소도 야영장은 임대형 카라반이 설치된 A 사이트 18개와 48개의 자동차 야영지(C 사이트), 그리고 14개의 카라반이나 캠핑카만 예약 가능한 Rving(캠핑용 자동차) 전용 영지를 운영하고 있다. 국립공원 야영장이 추첨제로 바뀌어서 예약이 쉬워진 만큼 원하는 날짜에 예약을 못 할 수도 있지만, 여기는 관리실 바로 뒤에 있는 B1~B14번 사이트가 Rving 전용으로 운영되어 여름 성수기를 제외하고는 주말에도 자리에 여유가 있다. 캠핑 차량 전용 영지인 만큼 사이트 하나의 크기가 상당히 넓은 편이고, 사이트마다 개별 전기와 수도, 오수 시설이 되어 있다. 사이트 배치가 계단식으로 되어 있어 B1~B7번까지는 가리는 부분 없이 태백산 전경 뷰를 만끽할 수 있다. 전용 야영지가 아닌 C 사이트도 소형 모터홈이나 차박은 얼마든지 가능하다. 다만, 야영장 들어오는 입구 경사가 심하고, 짧지만 급격한 커브 길이 있어 대형 카라반은 진입에 어려움이 있을 수 있다.

국립공원 야영장 중에서 최근에 오픈한 만큼 모든 시설들이 깔끔해서 좋다. 화장실, 개수대와 샤워실이 함께 있는 편의동도 3곳으로 나뉘어 있어 붐비지 않는 편이다. 다만, 샤워실이 코인 샤워장으로 운영되는 것은 아쉬운 부분이다. 500원짜리 동전으로만 운영되는데, 처음 1천원을 넣으면 6분간 샤워가 가능하고 이후에 500원 당 3분씩 시간이 늘어난다. 입구에 동전 교환기가 있긴 하지만 아이들이 혼자 사용하기에는 다소 불편함이 있고 은근히 시간의 압박에 따른 비용 부담도 적지 않다. 청소와 동전 교환을 위해 운영시간도 정해져 있으니 확인하고 사용해야 한다.

석탄 산업의 중심, 태백

야영장 입구에서 태백 석탄박물관이 바로 이어진다. 석탄은 한 때 대한민국의 기간 산업 발전에 크게 기여하였고, 국민 생활에서도 없어서는 안 될 연료 공급원이었다. 나이가 어느 정도 있는 캠퍼라면, 학창 시절 아침마다 조개탄을 타와서 교실 난로를 지피던 기억이 있을 것이다. 달궈진 난로에 도시락을 줄 세워 놓던 생각, 새벽마다 꺼지기 직전의 연탄을 갈던 그 매캐한 향, 그리고 누레진 연탄재를 굴려 눈사람을 만들던 추억까지.

일제 강점기부터 시작된 태백지역의 석탄 개발은 문명의 발달로 수요가 급격히 줄면서 대부분의 탄광이 문을 닫았다. 1980년 만해도 인구 증가로 장성읍과 황지읍이 합쳐지며 시로 승격될 만큼 사람들이 모여들었지만, 이후 태백시의 중심이었던 탄광 산업이 저물면서 이제는 인구가 4만 명도 안될 만큼 줄어들었다.

전기 코드에 꽂기만 하면 바로바로 전기가 나오는 시대에 사는 우리이지만, 한때 인류문명 발전에 바탕이 되었던 석탄의 생성 과정과 탄광 개발 역사를 여기서 접할 수 있다. 특히나 지질관에서 만나게 되는 다양한 광물 자원 전시와 지하 갱도 체험관이 볼 만하다.

소도야영장 이용 정보

주소 강원도 태백시 소도동 천제단길 181

전화 033-553-7441

예약 https://reservation.knps.or.kr

사용료 캠핑용 자동차 전용 야영지 33,000원, 자동차 야영지 19,000원(전기료 별도)

규모 캠핑용자동차 전용야영지 14개소, 자동차야영지 48개소, 임대형 카라반 18개소

편의시설 유료샤워실, 화장실, 개수대 각 3곳. 개별 전기/수도 시설(전용 영지 기준)

주변에 가볼 만한 곳 석탄박물관, 태백산 등산로, 용연동굴, 상장동 벽화마을

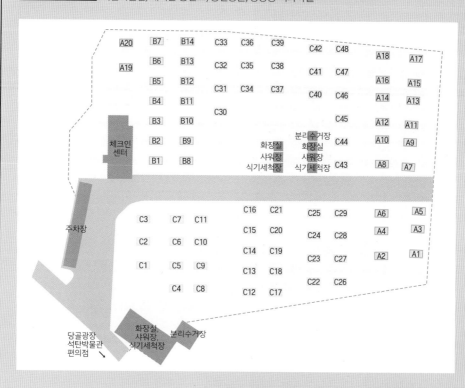

RV전용 사이트로
운영되어서 예약이 편리

함께 가면 좋은
추천 여행지

낙동강의 발원지 **황지연못**

태백 시내에 있는 황지공원에 가면 에메랄드빛 영롱한 색의 연못이 있고 입구에는 '예서부터 시작되다'라고 적힌 큰 비석이 있다. 경상도를 지나 남해로 흘러들어가는 낙동강이 바로 여기 황지연못에서 출발한다는 뜻이다. 보통 강의 발원은 산에서 내려오는 계곡이 시작점이 되기 마련인데 낙동강은 황지(黃池)연못에서 솟아나는 하루 5,000t의 물이 그 출발이 된다.

황지연못에는 황부자 전설이 전해진다. 어느 날 '황(黃)' 씨 성을 가진 인색한 황부자가 시주를 받으러 온 노승에게 쇠똥을 퍼주었고 하늘의 노여움을 사 집터가 꺼지면서 지금의 황지연못이 되었다는 전설이다. 연못에서 시작하는 물은 영하 30℃ 이하로 떨어져도 얼지 않으며 아무리 가물어도 수량이 줄지 않는다고 한다.

주소 강원도 태백시 오투로1길 1-8

고생대의 신비 **구문소**

황지에서 시작된 황지천이 낙동강이 되기 전 여기서 암반을 뚫고 석문과 소(沼)를 만들었다 해서 구문소(구멍소)라 불리는 곳이다. 구문소는 한반도 고생대의 지질 역사를 알 수 있는 곳으로 천연기념물 제417호로 지정 관리되고 있다. 철암천과 황지천이 만나는 곳에 있는 구문소 안내소에서 구문소를 바라보면 기암절벽 사이를 힘차게 뚫고 나오는 황지천을 볼 수 있다. 구문소를 지나며 물길이 내는 소리가 요란하고 우렁차다. 구문소 옆 돌 터널을 지나 황지천 상류로 올라가면 태백고생대자연사박물관에 다다른다. 박물관에 주차하고 다시 구문소 방향으로 가면 구문소 단층과 구문소의 반대편까지 볼 수 있다.

주소 강원도 태백시 동태백로 11

화석 전문 박물관

태백고생대자연사박물관

구문소와 그 주변의 화석과 지층을 보며 현장 체험을
했다면 태백고생대자연사박물관으로 들어가서 조금
더 깊이 있게 고생대에 대해서 눈을 넓혀 보자. 태백
고생대자연사박물관은 구문소 일원의 고생대 지층
위에 건립된 화석 전문 박물관이다. 태백 지역에서 발
견된 화석을 비롯하여 각종 고생대 지층에 대해 알기
쉽게 설명되어 있다.

주소 강원도 태백시 태백로 2249 **전화** 033-581-3003 **운영**
09:00~18:00 **요금** 성인 2,000원, 어린이 1,000원

매콤하고 뜨끈한 국물이 일품인

태백닭갈비

닭갈비 하면 춘천이 생각나는데 태백에도 유명한 '태
백닭갈비'가 있다. 그 옛날 탄광업이 활황이던 시절,
탄광에서 일이 끝나고 소주 한잔에 술술 넘어가도록
국물이 많은 닭갈비를 만들었던 것이 지금의 태백의
명물이 되었다. 국물이 넉넉하다고 해서 닭볶음탕과
비슷한 맛일 것으로 생각하겠지만 출발부터가 다른
음식이다.

닭볶음탕에서 국물은 양념이 닭고기에 배도록 하는
조연이라면 태백닭갈비에서의 국물은 주연급이라 할
수 있다. 얼큰하면서도 진하지 않은 국물은 소주 한
잔을 부르는 맛이다. 국물은 묽은 편이어도 닭살에는
골고루 양념이 배어 텁텁하지 않고 감칠맛이 난다. 넉
넉한 국물에 라면 사리는 물론이고 쫄면이 특히 잘
어울린다. 계절에 따라 올라가는 미나리, 냉이, 깻잎
등의 야채와 면을 같이 먹으면 그 맛이 일품이다.

주소 강원도 태백시 중앙남1길 10 **전화** 033-553-8119 **영업**
11:00~22:00(비정기 휴무)

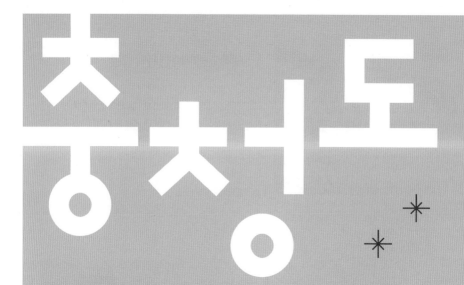

충청도

청풍호
오토캠핑장

소선암
오토캠핑장

학암포 오토캠핑장

예당관광지
국민여가캠핑장

칠갑산 오토캠핑장

괴강
국민여가캠핑장

송계
자동차 야영장

대강 오토캠핑장

상황 오토캠핑장

청양 동강리
오토캠핑장

상소 오토캠핑장

금산 국민여가 오토캠핑장

희리산
해송 자연휴양림

인삼골 오토캠핑장

01

괴강 국민여가캠핑장

괴산을 대표하는 괴강 줄기에 자리 잡은 괴강관광지를
활성화하고자 조성된 캠핑장으로, 2013년 시범 운영을 시작으로
2014년 1월 정식으로 문을 열었다. 전체 55개의 사이트 중에서
5개를 제외하고는 모두 캠핑카 정박이 가능하다. 수도권에서
가까우면서도 RV에 대한 배려가 좋아서 인기를 더해가고 있다.

느티나무가 지켜주는
괴강관광지

괴강은 괴산군을 가로지르는 괴산군 최대의 하천으로 원래 이름은 '달천'이다. 달천을 두고 충주에서는 달래강으로, 괴산에서는 괴강으로, 속리산 근처에서는 속리천으로 부르기도 한다. 괴산과 괴강에서의 '괴(槐)'는 느티나무라는 뜻이다. 느티나무는 수령이 길고 잎이 많아 예부터 악귀를 쫓는 것으로 알려져 있다. 덕분에 마을 입구를 지키는 '당산나무'의 역할을 담당해 왔다. 괴산에는 특히 오래된 느티나무가 많다. 100년 이상 된 나무가 100여 그루가 넘는다고 한다. 괴산(槐山)이라는 지명의 유래도 느티나무가 많은 것과 무관하지 않다. 캠핑장이 속해 있는 괴강관광지에도 270년이 넘은 느티나무를 시작으로 100년 이상 된 나무가 여럿 있다.

관광지 입구에는 1614년에 지어진 '애한정'이 있다. 조선 유학자 박지겸이 광해군 6년에 지은 정자로 자신의 호를 담아 애한정으로 이름 지었다. 여러 차례 중수를 거치긴 하였으나 400년 전 팔작지붕 형태를 그대로 보전해 두었다. 200년이 넘은 느티나무와 어울려 옛 선인의 삶을 잠시나마 엿볼 수 있다.

충청도를 대표하는
RV 전용 캠핑장

캠핑장에는 카라반과 모터홈 전용으로 운영되는 오토 사이트 5개소, 그리고 겸용으로 운영되는 일반 사이트 47개소와 텐트 전용으로 사용되는 대형 사이트 5개소가 있다. RV 전용인 오토 사이트에는 개별 수도가 있어 캠핑카로 바로 연결이 가능하고 오폐수를 버리는 곳도 매립되어 있다. 오수를 비울 때 다른 캠퍼들의 시선이 불편하게 느껴지기도 하는데, 사이트에서 바로 비울 수 있어 매우 편리하다. 47개의 일반 사이트에도 캠핑카 정박이 가능하다. 대신 앞뒤 간격이 넉넉하지 않아서 500급 이상 카라반은 어려울 수도 있다.

기본적인 캠핑장 편의시설은 수준급이다. 캠핑장 곳곳에 개수대가 있고 화장실 옆에는 실내 개수대가 있다. 널찍한 샤워실에서는 동시에 여러 명이 샤워가 가능할 정도다. 다만 온수는 3곳에서만 나온다. 온수 수량이 넉넉한 편은 아니어서 번잡한 시간대는 피하는 것이 좋다. 캠핑장에서 가장 인기가 높은 시설은 정가운데 위치한 놀이터다. 푹신한 바닥 덕분에 다칠 걱정없이 아이들이 뛰놀 수 있고, 여름에는 바닥에 물을 채워 간이 물놀이장으로도 운영된다. 캠핑장 옆에 있는 인조 잔디구장과 족구장, 배드민턴장도 함께 이용할 수 있다.

캠핑장 한가운데 자리한
놀이터는 여름이면
물놀이장으로 변신한다.

ⓘ

괴강 국민여가캠핑장 이용 정보

주소 충청북도 괴산군 괴산읍 충민로검승3길 10

전화 010-8648-2901

예약 jwyccamp.kr ▶ 실시간 예약 가능

사용료 (주말 기준) 오토 사이트 4만 원, 일반 사이트 3만5,000원

규모 오토 사이트 5개소, 일반 사이트 47개소, 대형 사이트 5개소(텐트 전용 사이트)

편의시설 개별 수도시설(카라반 사이트), 어린이 놀이터, 온수 샤워실, 족구장, 배구장, 인조 잔디구장

주변에 가볼 만한 곳 괴강관광지, 쌍곡계곡, 갈론계곡, 수옥폭포, 조령산 자연휴양림, 괴산전통시장

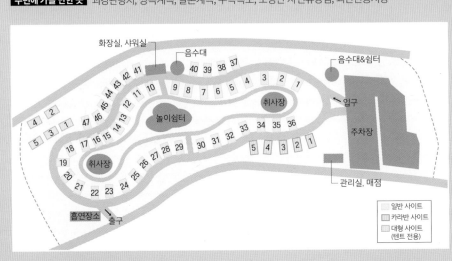

함께 가면 좋은
추천 여행지

괴산 여행의 백미 **산막이옛길**

괴산수력발전소가 있는 외사리 사오랑 마을에서 산막이 마을까지 이어진 4km 정도의 산길을 복원한 산책로. 산막이는 깊은 산이 장막처럼 둘러쳐져 있다고 해서 붙여진 이름이다. 옛길을 따라 이어지는 산책로는 정비가 잘 되어 있어 산책하기 좋다. 길 옆으로 산과 괴산호가 어우러지는 풍경이 시원스레 시선을 이끈다. 산책로를 따라 출렁다리, 연리지, 호수 전망대 등 아기자기한 볼거리를 군데군데 두어 심심치 않게 산책할 수 있도록 만들어 놓았다.

주소 충청북도 괴산군 칠성면 사은리 549-4

괴산의 대표적인 언택트 관광지 **갈은구곡**

괴산에는 아홉 곳의 절경이 있다는 구곡(九曲)이 특히 많다. 선유구곡, 쌍곡구곡, 화양구곡 등이 유명한데, 산막이옛길에서 이어지는 '갈은구곡'은 아직 많이 알려지지 않아 한적하게 걷기 좋은 코스다. 한국관광공사에서 뽑은 비대면 여행지 100선에도 뽑혔다. 괴산호를 끼고 한적한 비포장도로를 따라 4km 정도 가면 갈론마을이 나온다. 이런 곳에 마을이 있을까 싶을 정도로 굽이굽이 오지로 들어가는 느낌이다. 갈론마을에서 2~3km 정도 계곡을 따라 오르면 집채만 한 바위의 '갈은동문'을 시작으로 갈은구곡의 절경들이 시작된다. 소담스럽게 흐르는 갈은계곡의 물소리를 들으며 유유자적 걸으면 저절로 힐링 되는 느낌을 가질 수 있다.

주소 충청북도 괴산군 칠성면 사은리 97-1

은행나무 길을 따라 걷기 좋은
문광저수지

저수지 주변으로 펼쳐진 은행나무 길로 유명해 가을
철 주말이면 관광객으로 북적이는 곳이다. 은행잎이
떨어진 겨울철에는 산책과 명상을 즐기기 좋은 휴식
공간이기도 하다. 탁 트인 길을 걷는 데는 40분 정도
걸린다. 은행나무 길 한쪽으로는 체험 공간인 괴산소
금랜드가 있다. 이곳에서는 소금의 유래부터 생산 과
정, 생활에서의 쓰임새는 물론, 천연 조미료 만들기와
맷돌 체험까지 가능하다. 김장철에는 절임 배추 소금
물을 이용한 염전 체험도 가능하다. 체험을 위해서는
사전 예약이 필수고, 다양한 소금 판매도 이루어진다.
주소 충청북도 괴산군 문광면 양곡리 16 **전화** 043-833-0022 **요
금** 염전 체험 5,000원, 천연 조미료 만들기 1만~2만 원

세계 최고이자 유일한

한지체험박물관

한지와 관련한 변천사와 제작 과정 등을 한눈에 체험할 수 있는 문화공간이다. 전시실에는 한지의 기원에서부터 현재까지 한지의 역사가 전시되어 있고, 전통 한지 제조 과정을 장인이 직접 시연하면서 알려준다. 한지 소원 등 만들기, 한지 인형 만들기, 한지 보석함 만들기, 가훈 쓰기 등 추가 체험료를 내면 재미있고 다양한 한지 체험을 즐길 수 있다. 한지를 직접 만지고 공예품을 만들 수 있는 체험이니 놓치지 말자. 체험비 안에 입장료가 포함되어 있어 체험 방문객에게는 따로 관람료를 받지 않는다.

주소 충청북도 괴산군 연풍면 원풍로 233 **전화** 043-832-3223 **영업** 09:00~18:00, 월요일 휴무 **요금** 성인 4,000원, 학생 3,000원

올갱이해장국과 감자전이 맛있는

괴강올갱이전문점

괴산에 가면 한 번쯤 먹어봐야 하는 음식이 올갱이해장국이다. 다슬기를 충청도에서는 올갱이라고 부른다. 대한민국 어디를 가든지 쉽게 접할 수 있는 것이 다슬기인데 괴강 줄기는 유속이 느리고 큰 자갈이 많아 다른 지역보다 올갱이가 많이 잡힌다. 예전에는 동네 할머니들이 부업으로 올갱이를 잡아 시장에 내다 팔았다고 하는데, 요즘은 얕은 곳에서는 올갱이를 찾아보기 힘들어 잠수부가 주로 잡는다. 올갱이해장국을 하는 식당이 많지만 그중에서도 캠핑장 입구에 있는 '괴강올갱이전문점'을 조금 더 알아준다. 아욱과 부추에 된장을 풀고 올갱이를 듬뿍 넣어 깔끔하면서도 시원한 맛이 일품이다. 맛도 중요하지만 해감을 충분히 시켜서 모래가 거의 씹히지 않아서 더욱 좋다. 올갱이가 들어간 감자전에 막걸리 한잔을 더하면 최고의 한 상이 완성된다. 감자전의 부드러움과 올갱이의 쫄깃한 식감이 만나 제법 잘 어울린다.

주소 충청북도 괴산군 괴산읍 충민로1 **전화** 043-832-1144 **영업** 08:00~21:00

청풍호 오토캠핑장

봄, 여름, 가을 어느 때 찾아도 좋은 곳이지만 청풍호
오토캠핑장은 4월 벚꽃 피는 시절에는 꼭 다녀와야 하는 곳이다.
전국에 벚꽃 명소가 많이 있지만, 청풍호반을 따라 굽이굽이
피어나는 벚꽃은 꼭 챙겨봐야 하는 대한민국 대표 꽃길이다.
캠핑장에 정박하고 여유롭게 청풍호를 산책하기에 더없이 좋다.

충주호의 또 다른 이름 '청풍호'

충주댐 건설로 만들어진 충주호는 들어봤어도 청풍호는 모르는 경우가 많다. 사실 충주호와 청풍호는 같은 호수를 지칭하는 말이다. 충주 지역에서는 충주호라고 부르는데 제천 지역에서는 충주호라 부르지 않고 청풍호라 부른다. 원래 제천에는 '청풍'이라는 호수가 있었다. 1985년 충주댐의 건설로 충주호가 생기면서 청풍호는 지형에서 사라지게

되었다. 하지만 이후에도 제천지역 사람들은 충주호라 부르지 않고 청풍호로 부르고 있다. 청풍호(충주호)는 국내에서 두 번째로 큰 담수호답게 주변에 청풍 문화재단지, 단양팔경, 월악산국립공원 등 많은 관광자원을 가지고 있다.

청풍호 오토캠핑장은 개장한 지 얼마 되지 않아 시설들이 깨끗하고 주변 환경이 뛰어나다. 총 34개의 사이트가 운영되고 있는데 전 사이트에서 캠핑카 정박이 가능하다. 샤워장과 화장실이 각각 2곳이고 취사장도 3곳으로 넉넉한 편이다. 굳이 주변 관광을 나가지 않아도 어른들은 캠핑장 아래 무암저수지에서 낚시를, 그리고 아이들은 무암계곡에서 물놀이를 할 수 있으니 가족 모두를 만족시키는 캠핑장인 셈이다. 캠핑장에는 정박식 카라반도 3곳 운영하고 있어 캠핑카가 없는 지인과 함께 해도 좋다.

배산임수의 명당에서의 하루

캠핑장으로 들어오기 위해서는 청풍호로를 따라가다가 700m 정도를 남기고 좁은 골목길로 접어든다. 차 한 대가 겨우 지나갈 정도로 좁은 길을 따라 한참을 올라가야 해서 운전에 부담이 좀 있다. 게다가 캠핑장 입구는 동산과 작성산 등산로의 입구이기도 해서 주말이면 많은 등산객이 좁은 길을 따라 걸어가기에 더욱 운전에 신경을 써야 한다.

덕분에 좋은 점도 있다. 캠핑장에서 마치 집 뒷산으로 편하게 올라가듯이 동산이나 적성산으로 등산이 가능하다. 뒤로는 산이 펼쳐지고 앞으로는 무암저수지와 계곡이 있는 곳. 이런 환경을 가진 캠핑장이 또 있을까 하는 생각이 든다. 등산객들도 같이 이용하는 입구 매점에는 다양한 물품 외 백숙과 파전, 동동주 등 간단한 식사류도 판매한다. 숯불구이에 질린 캠퍼들에게 캠핑장에서 먹는 파전과 동동주는 색다른 즐거움이 되어 줄 것이다.

예약은 특별한 제한 없이 5~6개월 뒤까지 가능하다. 당장 이번 주 주말도 어떻게 될지 모르는 요즘, 5개월 뒤 예약이 가능한게 뭐가 중요하느냐고 하겠지만 5월이나 여름 성수기, 그리고 명절 등 3박 이상이 가능한 연휴는 2~3개월 전에 예약을 하지 못하면 자칫 자리를 못 잡는 무능력한 캠퍼가 될 수도 있다. 지금 바로 달력을 꺼내어 올해 연휴들을 확인해 보자. 4~5개월 내 긴 연휴가 있다면 청풍호 오토캠핑장을 미리 예약해보는 것도 좋다.

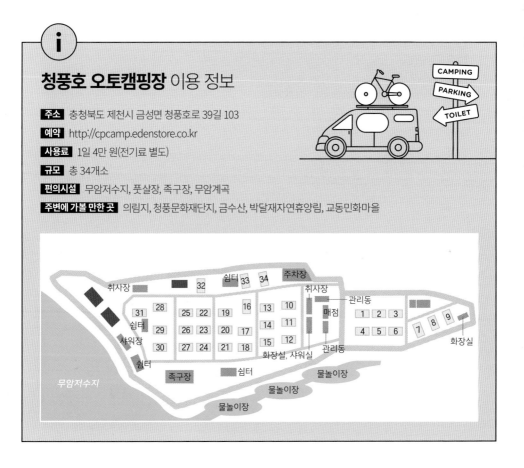

청풍호 오토캠핑장 이용 정보

주소 충청북도 제천시 금성면 청풍호로 39길 103

예약 http://cpcamp.edenstore.co.kr

사용료 1일 4만 원(전기료 별도)

규모 총 34개소

편의시설 무암저수지, 풋살장, 족구장, 무암계곡

주변에 가볼 만한 곳 의림지, 청풍문화재단지, 금수산, 박달재자연휴양림, 교동민화마을

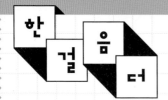

중원(中原)에서 즐기는 들살이

송계 자동차 야영장

충주를 여행하기 위한 두 번째 베이스캠프로 추천하는 야영장이다. 충주와 제천 사이에 있는 충주호와 어깨를 나란히 하고 있으면서 월악산 자락에 자리한다. 과거에는 충주를 중원(中原)이라 불렀다. 이름 그대로 대한민국 중앙에 있어 어디에서나 접근하기 좋다. 중부내륙고속도로를 타고 왔다면 괴산 IC에서 36번 국도를 따라 야영장으로 향한다. 시원스럽게 충주호를 끼고 달리는 드라이브 코스는 월악산국립공원에 다가왔음을 알려준다.

월악산은 주봉인 영봉(1,097m)이 높아 달(月)도 걸린다 하여 월악(月: 달 월, 岳: 큰산악)이라는 이름이 붙은 산이다. 야영장이 있는 송계2리 마을은 송계계곡과 월악산의 품에 안겨있는 듯 너무나 조용하고 한적한 모습이다. 마을과 마주하고 있는 야영장에서 하루 머무는 것이 혹여 민폐가 되지 않  을까 걱정될 정도다. 마을에 가면 들살이에 필요한 대부분의 물품을 판매하고 있으니 식자재 정도는 마을에서 구매해서 '공정 캠핑'을 실행하는 것으로 미안한 마음을 표현해 보자.

월악산에는 송계 자동차 야영장과 함께 닷돈재 자동차 야영장, 용하 야영장, 덕주 야영장도 캠핑하기 좋은 환경을 가지고 있다. 다만, 차량이 사이트 바로 옆에 정박하는 것이 불가하여 송계 자동차 야영장에서만 자동차 캠핑이 가능하다. 야영장에는 카라반 겸용 사이트가 6개소 있고, 일반 자동차 야영장이 61개소가 있다. 캠핑카를 정박할 수 있는 곳이 6개뿐이긴 해도 소형 캠핑카나 차박은 B-4에서 B-22까지는 가능하다.

캠핑장 옆으로는 송계계곡이 흐른다. 물이 맑고 깨끗해서 여름에 물놀이를 즐길 수 있는 캠핑장으로 인기가 높다. 자연적인 형태는 아니고 캠핑장을 조성하면서 같이 정비를 하며 만들어졌다. 물살이 약하고 깊이가 일정해 아이들과 물놀이 하기에 좋다.

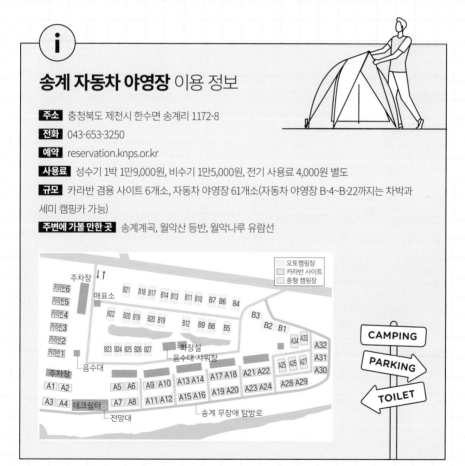

ℹ 송계 자동차 야영장 이용 정보

주소 충청북도 제천시 한수면 송계리 1172-8

전화 043-653-3250

예약 reservation.knps.or.kr

사용료 성수기 1박 1만9,000원, 비수기 1만5,000원, 전기 사용료 4,000원 별도

규모 카라반 겸용 사이트 6개소, 자동차 야영장 61개소(자동차 야영장 B-4~B-22까지는 차박과 세미 캠핑카 가능)

주변에 가볼 만한 곳 송계계곡, 월악산 등반, 월악나루 유람선

달도 걸릴 정도로 높고 아름답다는

월악산

월악산의 영봉까지는 송계 자동차 야영장 입구를 포함해서 4곳에서 오를 수 있는데, 그중 덕주골에서 출발하는 코스를 추천한다. 영봉을 오르는 여러 등산로 중에서도 어려운 코스이긴 하지만 덕주자연관찰로를 시작으로 학소대, 덕주산성 동문, 덕주사, 마애불로 이어지는 구간은 월악산 산행의 백미라 할 수 있다. 영봉까지 오르지 않더라도 덕주골에서 마애불까지의 왕복 5km 정도는 가벼운 차림으로도 오를 수 있는 트레킹 코스로 인기. 덕주사까지는 차로 오를 수도 있으니 조금 더 쉽게 월악산에 다가갈 수도 있겠다.

주소 충청북도 제천시 한수면 송계리 99(덕주골 입구)

가족과 함께 걷기 좋은

만수계곡 자연관찰로

월악산국립공원에서 아이들과 함께 산책하기 최고의 장소다. 계절별로 다른 모습을 보여주는 야생화단지, 마음껏 뛰어놀 수 있는 잔디 광장 그리고 유리처럼 맑고 투명한 계곡은 아이들의 산 교육장이다. 만수교에서 마의태자교까지 돌아오는 코스는 쉬엄쉬엄 가도 2시간이 채 걸리지 않는다. 계곡을 따라 오르다 보면 하트 모양의 상처를 품은 소나무가 보인다. 이는 일제강점기 때 항공기 연료로 사용하기 위해 송진을 수탈한 흔적이다. 탐방로를 오르다 보면 송유를 정제하는 가마도 볼 수가 있다. 오랜 시간이 지났지만, 아직 아물지 않은 소나무의 상처가 우리의 아픈 역사를 간직하고 있다.

주소 충청북도 충주시 수안보면 미륵리 141-1(만수휴게소에 주차 가능)

하늘재 길이 시작되는
충주 미륵대원지

고려 초기의 석굴을 주불전으로 하는 사원터로, 해발 378m의 고지대에 있다. 가로 9.8m, 세로 10.75m, 높이 6m의 석굴식 법당의 중앙(주실)에 석조여래입상을 봉안하고, 멀리 월악산을 바라보게 배치했다. 석조여래입상, 석등, 오층석탑이 일직선 위에 놓여 있는 구조인데, 2014년 이후 석굴 복원 공사가 진행 중이다. 주불상이 특이하게 북쪽을 바라보고 있는데, 여기에는 전설이 있다. 신라의 마의태자와 누이였던 덕주공주는 망한 나라에 머물 수 없어 금강산으로 입산하러 가던 길에 공주는 월악산 덕주사를 창건하여 남향한 암벽에 마애불을 조성하였고, 태자는 미륵리에 석굴을 창건하고 불상을 북쪽으로 두어 덕주사를 바라보게 하였다고 한다.

주소 충청북도 충주시 수안보면 미륵리 58 **전화** 033-332-6666 **요금** 무료

길 위의 문화
옛길박물관

문경새재 도립공원에 있는 박물관으로 3개의 전시실(주흘실, 조곡실, 조령실)과 수장고, 영상실, 야외전시장을 갖추고 있다. 옛길박물관은 이름 그대로 길 위의 역사를 고스란히 담은 곳으로, 우리나라 최고의 고갯길인 '하늘재'와 한국의 차마고도로 불리는 '토끼비리'에 대해 자세히 알 수 있다. 옛 지도를 읽다 보면 문경새재를 넘어 한양(서울)까지 가야 했던 사람들의 길 위의 이야기를 간접적으로 체험할 수 있다. 도립공원 내에는 드라마 오픈세트장과 문경생태 미로공원도 있으니 함께 찾아봐도 좋다.

주소 경상북도 문경시 문경읍 새재로 944 **전화** 054-550-8365 **운영** 09:00~17:00(동절기 ~18:00) **요금** 무료

단양 팔경을 새로운 시점에서 관람하는
충주호유람선

충주호는 소양호와 어깨를 겨룰 만큼 우리나라 최대 규모의 다목적댐으로 1985년 건설되었다. 충주, 제천, 단양을 잇는 인공호수로 단양팔경으로 잘 아려진 옥순봉, 구담봉을 비롯한 천혜의 절경과 월악산을 한눈에 볼 수 있다. 충주호 유람선은 충주나루, 월악나루, 장회나루, 청풍나루에서 탈 수 있다. 청풍나루 유람선이 캠핑장에서 가깝고 가장 규모가 크다.

주소 충청북도 제천시 청풍면 문화재길 54 **전화** 043-647-4566 **운영** 09:00~17:00(하절기) **요금** 성인 1만5,000원, 어린이 1만 원

충청도

03

대강
오토
캠핑장

역사와 문화가 공존하는 단양. 단양을 구석구석 여행하기 위한 베이스캠프로 대강 오토캠핑장을 추천한다. 단양은 80% 이상이 산으로 이뤄진 산악지형으로 소백산을 중심으로 강원도 영월에서 흘러 들어온 남한강이 굽이굽이 어우러진다. 실로 '산수(山水)'의 고장이라 할 만하다.

산수(山水)의 고장 단양

단양은 산으로 둘러싸여 있다. 산악지형이 전체 80%를 넘게 차지한다. 그 한가운데로 남한 강이 굽이굽이 이어지며 단양 팔경을 만들어 낸다. 단양 제1경 도담삼봉에서 제8경 상선암에 이르기까지 어느 하나 빼고 지나칠 만한 곳이 없다. 보통 캠핑을 가면 주변 관광에 어느 정도 시간을 보내고 나머지는 캠핑장에서 여유로운 시간을 가지는 편인데, 단양은 너무나도 볼 곳, 가볼 곳이 많아 캠핑장에서 보낼 시간이 부족할 정도다.

단양 여행의 베이스캠프로 가장 먼저 대강 오토캠핑장을 추천한다. 중앙고속도로 단양 IC 나들목에서 채 5분도 안 되어 캠핑장 입구에 다다른다. 입구인 두음리 앞에서 조그만 다리를 건너 오른쪽으로 진입하는데 회전 반경이 좁아 주의를 기울여야 한다. 먼지가 폴폴 나는 외길을 좀 달리면 캠핑장 입구가 나온다.

대강 오토캠핑장은 국공립 캠핑장 중에서 사이트 크기가 큰 축에 속한다. 각 사이트는 10m ×10m 이상의 넓이로 대형 RV까지 무난하게 정박이 가능한 수준이다. 전체 41번까지의 사이트 중에서 1~25번까지의 강변 쪽 사이트가 죽령천으로 바로 내려갈 수도 있고 운치가 있어 좋다. 게다가 대강 오토캠핑장의 최대 단점인 고속도로 소음이 그나마 28~41번 사이트에 비해 나은 편이다. 캠핑장 뒤편으로 중앙고속도로가 지나가는데 소음이 제법 심한 편이다. 고속도로 때문에 접근이 쉽기도 하지만 그 때문에 불편함도 있다.

완벽하진 않지만
단양 여행의 출발지로는 나쁘지 않아

대형 RV가 들어가고 나감에 불편함이 있고 중앙고속도로의 소음이 있긴 하지만 단양을 구석구석 여행하기에 나쁘지 않은 선택이다. 화장실, 개수대는 각 2개소가 있고 샤워장은 입구 쪽으로 1개소가 있다. 샤워장은 깨끗한 편이지만 41개소의 규모에 비해 좁고 온수가 넉넉하지 않아 아쉽다. 캠핑장에는 별도 매점은 없고 입구 쪽 돌다리를 따라 죽령천을 건너면 하나로마트가 있다. 예약은 주말이라도 연휴가 아니면 그리 어렵진 않다.

여름이면 죽령천에서 아이들과 함께 물놀이와 고기잡이를 즐길 수도 있다. 캠핑장 뒤편 중앙고속도로 말고도 앞쪽에도 도로가 있어 차 소음이 조금 있는 편인데, 그나마 계곡의 물소리가 소음을 상쇄시켜 주면서 눈과 귀가 시원해지는 것만 같다. 아이들과 함께라면 물고기 채집 어항을 준비해 보자. 소백산이 만들어낸 깨끗한 계곡을 만끽할 수 있을 것이다.

대강 오토캠핑장 이용 정보

주소 충청북도 단양군 대강면 두음리 560-1번지

전화 043-421-7880

예약 https://camp.dytc.or.kr ▶ 매월 1일부터 다음 달 분까지 가능, 동절기 휴장

사용료 성수기 및 주말 1일 3만 원(비수기 평일은 2만 원)

규모 총 41개소(데크 사이트15개소, 파쇄석 26개소)

편의시설 야외 수영장, 죽령천

주변에 가볼 만한 곳 고수동굴, 만천하스카이워크, 소백산, 선암계곡, 천동동굴, 온달국민관광지

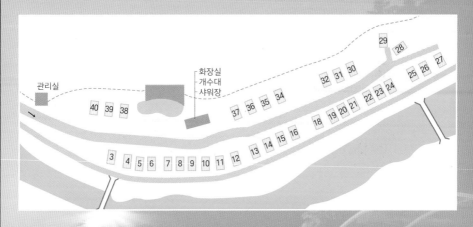

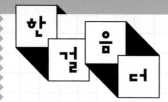

산과 계곡으로 둘러싸인 캠핑장

소선암 오토캠핑장

역사와 문화의 도시 단양을 여행하기 위한 두 번째 베이스캠프로 소선암 오토캠핑장이 빠지면 서운하다. 소선암 오토캠핑장은 도로 쪽에서 선암계곡 건너편에 있다. 산과 계곡으로 둘러싸인 캠핑장은 흡사 새 둥지의 모습 같다. 총 71개의 캠핑 사이트를 가지고 있고 D존 7개소와 언덕 위 사이트를 제외하고는 대부분의 사이트에 모터홈이나 카라반 정박이 가능할 정도로 규모가 큰 캠핑장이다.

캠핑장 바로 앞에는 선암계곡이 흐른다. 캠핑장에 정박하고 릴렉스 의자에 앉아 귀를 기울이면 물소리가 은은하게 들린다. 여름이면 계곡 물놀이를 하기 위해 캠핑장은 언제나 만석을 이어간다. 여름이 아니어도 아이들과 함께라면 어항(작은 물고기를 잡기 위한 채집 어항)을 준비해 보자. 미끼를 넣고 1시간 정도만 어항을 넣어두어도 꺽지나 피라미가 금세 잡힌다. 단, 수량이 많은 계절이나 비가 내린 직후에는 물살이 센 편이니 주의가 필요하다.

캠핑장 입구에는 상당히 넓은 주차장이 있다. 예약일 이전이나 퇴실 후에 잠시 카라반을 주차해두고 주변 여행을 하기에도 편리하다. 아쉽게 소선암 오토캠핑장 예약을 놓쳤다면 근처 소선암유원지(자연 발생 유원지)에서도 무료 캠핑이 가능하다.

소선암 오토캠핑장 이용 정보

주소 충청북도 단양군 단양면 선암계곡로 1656

전화 043-423-0599

예약 https://camp.dytc.or.kr 동절기(11월 말~3월 말) 휴장

사용료 성수기/주말 3만 원, 평일 2만 원

규모 총 71개소(동절기 휴장)

편의시설 매점, 취사장 4곳, 온수 샤워장, 음수대, 선암계곡, 대형 주차장

함께 가면 좋은
추천 여행지

재미있는 전설이 전해지는

도담삼봉

단양 하면 누구나 처음 떠오르는 단어가 단연 '단양팔경'일 것이다. 그 단양팔경 중에서도 풍경이 아름다워 제1경으로 불리는 것이 바로 도담삼봉이다. 푸른 물이 유유히 흐르는 남한강 한가운데 우뚝 서 있는 도담삼봉은 재미있는 전설을 가지고 있다. 가운데가 남편봉우리, 북쪽이 처봉 그리고 남쪽이 첩봉이라고 불리는데, 전설에 따르면 '남편이 아들을 낳기 위해서 첩을 들이자 심통이 난 아내가 새침하게 돌아앉은 모습'이라는 것이다. 그 이야기를 알고 처봉을 보면 마치 남편봉을 등지고 앉은 모습처럼 보이기도 한다. 처음 전설을 만들어낸 사람의 상상력에 절로 웃음 짓게 된다.

주소 충청북도 단양군 매포읍 삼봉로 644

단양팔경의 일등 풍경

사인암

단양팔경의 제5경 사인암을 보면 남한강 줄기와 그 옆 하늘을 찌를 것 같은 기암괴석이 보는 이로 하여금 자신도 모르게 탄성이 절로 나오게 만든다. 사인암은 고려 후기 유학자 역동 우탁이 지냈던 사인(舍人)이라는 벼슬에서 유래하였다고 한다. 단양이 고향인 그가 유난히 사랑했던 이 바위를 후대에 와서 그를 기리기 위해 사인암이라고 불렀다고 한다. 사인암에 좀 더 가까이 다가가면 사인암 바로 아래 누가 언제 그려 놓은 것인지 알 수 없는 장기판이 커다란 돌 위에 그려져 있다. 그 옛날 빼어난 풍광 아래 장기 한판을 두며 풍류를 즐겼을 옛 성인들을 상상해 본다. 지금처럼 차도 휴대폰도 없는 그 시절, 오히려 지금보다 더 여유롭고 행복하지 않았을까?

주소 충청북도 단양군 대강면 사인암길 37

단양 마늘 구매는 여기서
단양구경시장

단양엔 단양팔경 말고
도 유명한 것이 있었으
니 바로 '단양 육쪽마
늘'이다. 단양 시내에 들
어서면 곳곳에서 마늘을
형상화한 캐릭터들도 볼 수 있
고, 식당들의 메뉴에서도 쉽게 마늘
을 볼 수 있다. 현지에 왔으니 전통 시장에 가보지 않
을 수 없다. 시내 한가운데 있는 단양구경시장으로 가
보면 곳곳에서 품질 좋은 단양 마늘을 살 수 있다. 단
양 마늘은 저장성이 좋고 톡 쏘는 맛이 일품으로 보통
6월 중순 이후에 수확한다.

주소 충청북도 단양군 단양읍 도전5길 31

마늘정식 맛집 **장다리식당**

단양구경시장에서 도담삼봉 방향으로 조금 가다 보
면 마늘 요리로 유명한 장다리식당이 있다. 주메뉴는
마늘정식으로 1만3,000원의 평강마늘정식부터 1인
분에 3만 원인 흑마늘정식까지 있는데, 1만7,000원의
온달정식을 보통 많이 추천한다. 마늘정식답게 모든
반찬이 마늘을 주재료로 만들어 나온다. 마늘돌솥밥,
마늘장아찌, 마늘튀김, 마늘무침, 심지어 샐러드까지
마늘로 만든다. 보기에는 매울 것 같지만 마늘 특유의
매운맛보다는 마늘이 익혀지면서 오히려 단맛이 강
해져서 어린아이도 잘 먹을 정도다.

주소 충청북도 단양군 단양읍 삼봉로 370 **전화** 043-423-3960
영업 10:00~21:00, 첫째·셋째 주 월요일 휴무

04 충청도

학암포 오토캠핑장

두 바다와 맞대고 있는 자리에 우두커니 자리 잡은 캠핑장은
북쪽으로 포구와 작은 해변이 있고, 서쪽으로는 학암포 해수욕장과
이어진다. 해변에서 소분점도 뒤로 넘어가는 일몰은 해외 유명
휴양지의 일몰에 비해 절대 빠지지 않는 아름다움을 가지고 있다.

태안의 낙조와 함께하는 캠핑장

학암포 오토캠핑장은 두 면을 바다와 맞대고 있다. 캠핑장에서 바로 이어져 있는 북쪽 방면에 포구와 작은 해변이 있고, 서쪽으로 5분 정도 걸으면 학암포 해수욕장이 있다. 여기서 소분점도 뒤로 넘어가는 아름다운 일몰을 볼 수 있으니 낙조 시간을 맞춰서 가면 된다. 간조가 되면 해수욕장과 연결되는 소분점도는 낚시와 해루질의 포인트이기도 하다. 밤 간조에 밝은 전등 하나에 고둥, 해삼이 심심치 않게 잡힌다. 시간 가는 줄 모르고 해루질에 몰두하다 보면 밀물 때 소분점도에 갇힐 수 있으니 조심해야 한다.

학암포 해변은 서해답게 물이 들어오고 나감의 차이가 크다. 썰물 때 모래 해변을 파면 바지락이 잡히기도 하고, 야심한 밤에 물 빠진 갯벌에 나가보면 골뱅이가 잡히기도 한다. 골뱅이가 움직이면서 갯벌에 길을 만들며 이동하는데, 밤에는 이 흔적이 쉽게 눈에 띈다. 골뱅이는 서해와 동해의 것이 서로 다르다. 동해 골뱅이는 백고둥이라고도 불리는데, 수심 70m 이상에서 서식한다. 일반적으로 우리가 알고 즐겨 먹는 통조림 골뱅이가 바로 동해 골뱅이다. 서해 골뱅이는 구슬처럼 생겨 구슬골뱅이라고도 불린다. 동해 골뱅이는 주로 골뱅이무침으로 좋고, 서해 골뱅이는 해물탕이나 조개와 같이 맑게 끓이는 탕 요리에 어울린다.

태안해안 여행의 출발점

전체 사이트는 총 78개소이고 A~F 사이트로 구분된다. A~I까지는 자동차 야영장으로 운영되고 E, F 사이트 16개소는 캠핑카 전용 사이트로 사용된다. 트레일러, 카라반, 대형 캠핑카는 전용 사이트를 사용하는 편이 좋고, 소형 캠핑카나 차박 유저는 전체 사이트에서 모두 정박이 가능하다. 전 사이트에서 전기를 쓸 수 있고 비용은 추가로 4,000원을 내야 한다. 자동차 사이트는 600W로 제한되지만 캠핑카 전용 사이트는 전기 용량 제한이 없다.

캠핑장 사용료는 비수기 1만5,000원, 성수기(5~11월)는 1만9,000원으로 사설 캠핑장에 비해서 매우 저렴한 편이다. 샤워실은 코인 샤워실로 운영되며 정해진 시간에만 사용할 수 있다. 사용 시간은 3차례(9시 30분, 2시, 5시부터 2시간가량)로 정해져 있다. 예약은 국립공원 관리공단 홈페이지에서 매월 1일과 15일(주말일 경우 평일로 미뤄진다)경에 2주 뒤 사용분을 예약할 수 있다. 보통 오후 2시 예약 화면을 오픈하면 주말 예약의 경우 5분이면 모두 예약이 완료되니 서두르는 것이 좋다.

샤워실은 하루 3번 사용 가능한 시간대가 정해져 있다.

학암포 오토캠핑장 이용 정보

주소 충청남도 태안군 원북면 방갈리 515-79

전화 070-7601-4033

예약 reservation.knps.or.kr

사용료 성수기(5~11월) 1박 기준 1만9,000원(비수기 1만5,000원), 전기료 4,000원 별도

규모 캠핑카 전용 사이트 16개소, 자동차 야영장 오토캠핑 사이트 78개소

편의시설 코인 샤워장, 취사장 4개소, 화장실 3개소, 족구장

주변에 가볼 만한 곳 태안성당, 태을암, 안면암, 모항항, 만리포 해수욕장, 파도리 해수욕장

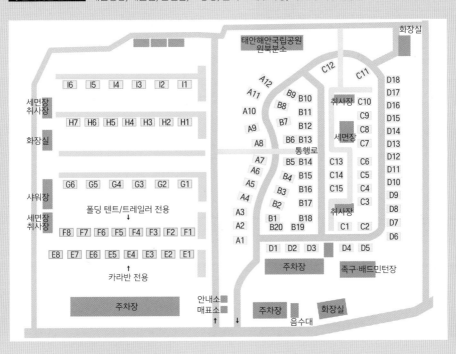

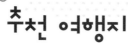

함께 가면 좋은 추천 여행지

해안과 내륙의 완충지 **신두리 사구 해안**

신두리 사구 해안은 이름 그대로 해안에 있는 모래 언덕이다. 약 3km가 넘는 길이로 2001년에 천연기념물로 지정된 최초의 사구다. 바람으로 모인 모래가 언덕을 이루고 다시 폭풍우에 해변으로 돌아가기를 반복하면서 사구가 만들어진다. 이렇게 만들어진 사구는 해안과 내륙의 완충지로 다양한 동식물이 살아간다. 국내 해안사구에서 볼 수 있는 대부분의 동식물이 신두리 사구에서 볼 수 있다고 한다. 상당한 높이의 모래 언덕이 사막 한가운데 와 있는 듯한 느낌을 준다. 소금기가 빠져 끈적하지 않고 부드러운 느낌이 바닷가 모래사장과는 또 다른 느낌이다. 사구 해안으로 가기 전에 신두리 사구센터에 먼저 들러 사구에 대해서 공부를 하고 가는 것도 좋다. 사구의 발달 과정과 생태학적 의미에 대해서 사전 지식을 쌓는 데 도움이 된다. 센터에서 출발하여 사구를 돌아보는 데는 짧은 코스는 30분, 전체 코스는 약 2시간 가까이 소요된다.

주소 [신두리 사구센터] 충청남도 태안군 원북면 신두해변길 201-54
전화 041-672-0499 **운영** 09:00~18:00, 월요일 휴관

바다 옆 수목원 **천리포 수목원**

'푸른 눈의 한국인'이라 불리는 민병갈 선생이 1962년 사재를 털어 수목원 땅을 매입하여 설립한 사설 수목원이다. 화학 비료와 농약의 사용을 최소화하여 자연 그대로의 생물이 자랄 수 있게 만든 밀러 가든은 계절에 따라, 주제에 따라 서로 다른 아름다움을 뽐낸다. 수국원, 어린이정원, 노루오줌원 등 전체 수목원을 둘러보는 데는 약 1시간 30분 정도 소요되는데, 탁 트인 바다를 바라보면서 여유롭게 둘러보는 것을 권한다. 곳곳에 사진 찍기 좋은 장소들이 마련되어 있어 가족이나 연인들의 데이트 장소로 인기가 높다. 가든하우스나 에코힐링센터를 예약하면 밀러 가든 입장이 무료다.

주소 충청남도 태안군 소원면 천리포1길 187 **전화** 041-672-9982 **운영** 09:00~17:00 **요금** 성인 1만1,000원, 어린이 8,000원(6~3월 까지)

아늑한 분위기의 해변 **천리포 해수욕장**

천리포 수목원 바로 옆에 붙어 있는 바다. 여기를 기준으로 남쪽으로는 일몰로 유명한 만리포 해수욕장이 있고, 북쪽으로는 해안선 길이가 짧다고 해서 이름 붙여진 백리포 해수욕장(방주골 해수욕장)이 있다. 만리포 해수욕장 뒤쪽으로는 소나무 숲이 넓게 펼쳐져 있어 야영이 가능하지만, 천리포 해수욕장은 딱히 관광 시설이라고 할 만한 것이 없다. 해수욕과 산림욕을 같이 즐기고 싶으면 만리포로, 조용한 산책을 원한다면 천리포로 가보자. 파도가 세지 않고 물결이 잔잔하니 부드러운 백사장을 맨발로 걸어볼 만하다.

주소 충청남도 태안군 소원면 천리포1길 265-3

이색 캠핑을 이색 숙소에서 **스쿨버스 캠핑펜션**

미국 학생들이 사용하던 스쿨버스를 리빌딩한 캠핑 카라반이 특징인 곳이다. 줄지어 선 노란색 버스를 직접 운행하고 싶은 마음이 생길지도 모른다. 스쿨버스 캠핑카를 예약하면 지정된 공간에 텐트까지 설치할 수 있으므로 가족 단위 이용객에게 적당하다. 안면 해수욕장까지는 걸어서 10분 정도, 차량으로 1분 정도 걸리는 가까운 거리에 있어 낮에는 해수욕을, 밤에는 캠핑을 즐기기에 좋다.

주소 충청남도 태안군 안면읍 갯개길 39 **전화** 010-4607-8283

박속밀국낙지탕 맛집 **원풍식당**

태안에 가면 낙지 요리 전문점이 많이 있다. 낙지요리 하면 흔히 낙지볶음이나 연포탕을 떠올리는데, 태안에 왔다면 박속밀국낙지탕을 꼭 먹어봐야 한다. 조롱박의 하얀 박속으로 육수를 내어 낙지를 익혀 먹고, 남은 육수에 칼국수와 수제비를 넣어주어 이름 붙여진 태안만의 토속음식이다. 태안에서는 칼국수를 밀국이라고도 부른다. 낙지는 오래 익히면 질겨지기에 육수가 끓을 때 낙지를 넣어 살짝 익혀 먹는 것이 방법. 낙지를 먹고 나면 쫄깃한 수제비와 칼국수를 넣어준다. 심심하면서도 시원한 맛이 일품이다. 낙지는 '갯벌의 인삼'이라고 불릴 만큼 대표적인 스태미나 식품으로 꼽힌다. 낙지는 저칼로리이면서 원기 회복에 좋은 타우린이 많이 들어 있다.

주소 충청남도 태안군 원북면 원이로 841-1 **전화** 041-672-5057 **영업** 09:00~20:30

05 충청도

상황 오토캠핑장

천수만은 순천만과 함께 우리나라 대표적인 철새 도래지로
손꼽히기도 하며, 안면도와 충남으로 둘러싸인 만으로 다양한
동식물이 자라는 생태의 보고다. 갯벌이었던 곳에 1980년대
간척사업으로 부남호와 간월호가 생겼고, 농경지로 활용이 되면서
철새도 덩달아 쉬어가는 곳이 되었다.

천수만 주변을 여행하기 위한
최선의 선택

상황 오토캠핑장은 천수만과 홍성을 여행하
기 위한 좋은 위치에 있다. 총 41개의 사이트
를 가지고 있는 캠핑장은 2017년 천수만을
지근거리에 두고 오픈했다. 전체 사이트 모두
잔디와 파쇄석으로 자리 구분이 되어 있고
카라반과 모터홈 정박이 가능하다. 다만, 경
사로에 자리 잡은 바람에 2단과 3단 높이의
자리에는 대형 카라반 같은 경우 올라가다가

차량이 바닥에 긁힐 수가 있어 A-01~A-08, B-01~B-12 자리가 있는 아래쪽 사이트를 이용하
는 것이 좋다. 예약은 홈페이지를 통해 가능하며 예약일을 기준으로 최대 1개월 후까지 선택
할 수 있다.

조용하고 한적한 곳에 있고 전 사이트에 캠핑카가 편안하게 머무를 수 있는 장점이 있는 대신 상황 오토캠핑장에는 딱 하나 단점이 있다. 캠핑장 입구에 제법 큰 규모의 한우 축사가 있다. 겨울에는 크게 영향을 주지는 않지만, 여름 즈음에는 구수한(?) 냄새가 지속해서 나는 편이다. 바다와 캠핑장 사이에 있어서 낮에는 해풍이 불어 영향이 조금 더 커진다. 신생 캠핑장이어서 그런지 아니면, 축사의 영향인지는 몰라도 예약하기에 크게 어렵지 않은 점은 마음에 든다. 언제든 홍성을 여행하기로 마음먹으면 찾을 수 있으니 말이다. 겨울에는 1개월 단위 장박으로 머물 수도 있다.

상황 오토캠핑장 이용 정보

주소 충청남도 홍성군 서부면 서부서길 633-60

전화 041-631-6160

예약 네이버에서 '상황 오토캠핑장' 검색

사용료 1박 4만 원

규모 41개소

편의시설 어린이수영장, 매점, 놀이터, 샤워실

주변에 가볼 만한 곳 서산버드랜드, 용봉산, 해상낚시공원, 그림이 있는 정원, 만해생가, 궁리포구

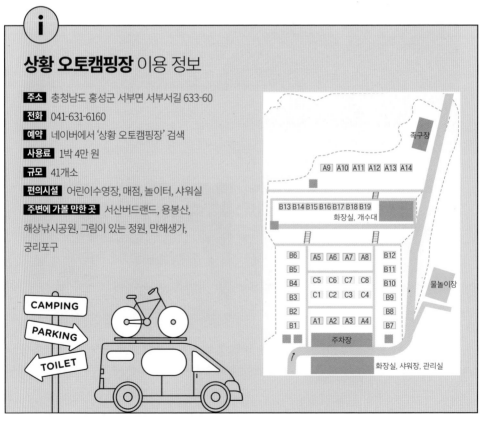

함께 가면 좋은 추천 여행지

해넘이 낙조로 유명한 **꽃지해수욕장**

안면도에서 제일 큰 해수욕장으로 할미바위와 할아비바위의 애틋한 사랑이 깃든 곳이다. 신라 시대 싸움터에 나간 남편(승언)이 돌아오지 않자 바다만 바라보며 남편을 기다리던 아내(미도)가 죽어서 할미바위가 되었고, 더 바다 쪽으로 나간 곳에 있는 큰 바위는 할아비바위가 되었다고 한다. 넓은 백사장을 따라 해당화가 지천으로 피어나서 '꽃지'라는 이름을 가졌다. 썰물이 되면 두 바위는 모래톱으로 연결되고 갯벌이 드러나 조개, 고동 등을 채집할 수 있고, 일몰 때는 할미바위와 할아비바위를 배경으로 아름다운 일몰 사진을 찍을 수 있어 사계절 여행자들의 발길이 닿는 곳이다.

주소 충청남도 태안군 안면읍 승언리

청산리 전투 명장 **김좌진 장군 생가지**

1889년 태어난 김좌진 장군은 집안 소유의 노비를 해방시키고 소작농들에게 전답을 무상 공여한 토지 개혁가이자, 근대 민족 계몽 교육의 선구자이며 항일 독립운동가다. 홍성군에서는 1991년 그의 생가지를 성역화하는 사업을 진행했는데, 사업의 일환으로 생가지와 문간채, 사랑채를 복원하였다. 생가지 옆으로 백야기념관이 있고, 주변으로 사당과 백야공원이 있으니 함께 둘러봐도 좋다. 김좌진 장군은 공부보다 말타기와 전쟁놀이를 더 즐겼지만 큰 업적을 남긴 분이니, 꼭 공부를 잘하는 것이 정답은 아니며 자신만의 능력을 발휘해서 진취적으로 살아가라는 가르침을 몸소 실천한 영웅이 아닐까 싶다.

주소 충청남도 홍성군 갈산면 백야로 546번길 12 **전화** 041-634-6952 **운영** 09:00~17:00, 월요일 휴관

아무 때나 갈 수 없는 **간월암**

서산 간월도라는 작은 섬에 자리 잡은 암자. 조선 시대 태조 이성계의 왕사였던 무학대사가 창건하고 깨달음을 얻은 곳으로 알려져 있다. 간월암은 아무나 갈 수 있지만, 아무 때나 갈 수는 없다. 바닷물이 들어오면 섬이 되고 물이 빠져나가면 걸어서만 들어갈 수 있다. 이 특별한 시간을 즐기기 위해 많은 사람이 찾는 관광지가 되었다. 물이 들어와 비로소 한가해진 암자를 배경으로 낙조가 특히 아름답다. 방문 전 그날의 물 때 시간을 확인하자.

주소 충청남도 서산시 부석면 간월도1길 119-29

타이타닉처럼 사진을 찍어보자 **속동전망대**

상황 오토캠장장 바로 옆이 천수만이다. 속동 전망대는 유명한 관광지는 아니지만 천수만을 한눈에 볼 수 있어 잠시 들러볼 만하다. 전망대 앞에는 '모섬'이라는 이름을 가진 작은 섬이 있다. 섬 위 벼랑에 배 모양의 전망대가 있어 바다를 배경으로 사진 찍기 좋다. 이곳도 해 질 녘에 가면 더 드라마틱한 사진이 나오는 곳이다. 물이 들어왔을 때 사진이 더 잘 나오지만 물이 가장 많이 들어오는 '대사리' 기간에는 다리가 잠겨 들어가지 못하기도 한다.

주소 충청남도 홍성군 서부면 남당항로 689

남당항 대하구이 맛집 **이슬회수산**

매년 9월부터 11월까지는 서해 곳곳에서 제철을 맞은 대하로 축제가 열린다. 남당항도 9월 즈음 대하 축제가 열리고 11월 말까지 살이 오른 대하를 먹을 수 있다. 안면도가 막아주는 천수만은 대표적인 대하 서식지다. 대하는 잡히면 바로 죽는 바람에 잡자마자 바로 냉동을 한다. 그래서 생물로 먹는 대하구이는 사실 대부분 양식으로 키운 흰다리새우다. 맛은 거의 차이가 없는데 양식이 조금 더 저렴한 편. 새우의 가장 맛있는 부분은 머리. 몸통은 먼저 먹고 머리는 조금 더 바싹 익혀서 먹으면 좋다. 대하를 시키면 함께 나오는 전어구이와 전어회는 대하와 같이 철을 맞아 기름지고 고소한 맛이 일품이다.

주소 충청남도 홍성군 서부면 남당항로213번길 5 **전화** 041-633-4857 **영업** 09:00~ 22:00

예당관광지
국민여가캠핑장

충남의 젖줄, 국내 최대 인공호수, 낚시의 메카. 수많은 수식어를 품고 있는
예당저수지는 우리나라에서 가장 큰 인공호수이다. 호수 주변을 따라 달리다
보면 마치 바닷가를 달리는 듯한 황홀한 착각을 불러일으키기도 한다. 물안개가
아름다운 예당저수지 한쪽에 국민여가캠핑장이 자리 잡고 있다.

몽환적인 물안개가 반겨주는
예당저수지

캠핑장이 있는 예당저수지는 1928년에 착공되어 일제강점기에 잠시 중단되었다가 1964년 축조되었다. 둘레만 40km가 넘고 저수량은 4,600만t에 달하는 우리나라에서 가장 큰 규모의 인공호수이다. 저수지를 곁에 두고 있는 예당로를 달리면 마치 바다 근처에 온 것 같은 착각이 든다. 파도가 치지 않는다는 것을 인지하고 나서야 여기가 호수라는 것이 실감이 날 정도다.

민물낚시의 메카 예당저수지는 다양한 민물 어종으로 전국의 강태공들을 유혹한다. 한 해에만 10만여 명의 '조사'가 다녀갈 정도다. 낚시꾼 말고도 예당관광지에는 야영장과 공연장 그리고 산책로가 잘 갖추어져 있다. 취사장과 화장실은 물론, 파고라에 평상까지 갖추고 있어 주말이면 많은 사람이 와서 고기도 굽고 캠핑을 즐긴다.

예당저수지가 자리한 예산은 한우가 맛있기로도 유명하다. 내륙지방의 완만한 구릉에서 자란 예산 한우는 육질이 부드럽고 감칠맛이 난다. 예당관광지에서 남쪽으로 조금만 내려가면 나오는 광시한우타운에서 저렴한 가격에 예산 한우를 살 수 있다. 한우가 저렴하고 맛있다 보니 소갈비, 소머리국밥 등도 알아준다.

나 혼자만 알고 싶고
꼭 간직하고 싶은 곳

예당관광지 국민여가캠핑장은 A구역과 B구역으로 나뉘고 사이에는 관리동이 있다. 입구 가까이에 있는 B구역에는 총 21개소의 사이트가 있다. B12부터 B20 사이트까지가 넓고 전망이 좋다. B구역에서 관리동을 지나 아래로 내려가면 6개의 사이트가 있는 A구역이 나온다. 차도 옆이라 소음이 조금 나지만, 예당저수지가 바로 보이는 A3~5 사이트도 나쁘지 않다. 모든 사이트에는 잔디가 곱게 깔려 있다. 캠핑 사이트와 주차 공간이 따로 분리되지 않고 사이트 크기가 작은 편이다. 차박과 캠핑카까지는 무리가 없지만, 카라반은 주차 후 견인차를 따로 두어야 하는 불편함이 있다. 사이트마다 전기 분전함이 있고 개별 수전이 있는 점도 편리한 요소 중 하나다. 화장실, 샤워실, 취사장은 A구역과 B구역 사이의 관리동에 있다. 샤워실과 취사장 모두 온수기가 따로 있어 온수 용량은 충분하다.

봄·가을, 기온의 온도 차가 높은 날이면 예당저수지를 중심으로 아침 물안개가 예쁘게 피어난다. 캠핑장에서 구름다리를 건너면 저수지로 바로 이어지는데, 물안개 핀 호숫가 산책으로 아침을 맞는 것은 캠핑장에서 하루를 보낸 캠퍼에게만 허락된 사치이니 꼭 누려보자.

예당관광지 국민여가캠핑장 이용 정보

주소 충청남도 예산군 응봉면 예당관광로 123

전화 041-339-8287

예약 camping.yesan.go.kr ▶ 매월 1일 오후 1시부터 익월 분 예약을 받는다.

사용료 1일 3만 원(비수기 평일은 2만 원)

규모 총 27개소(A구역 6개소, B구역 21개소), A-6, B-1, B-11, B-21 카라반, 루프탑 텐트, 모터홈 사용 불가

편의시설 어린이놀이터, 예당관광지, 조각공원

주변에 가볼 만한 곳 예당호출렁다리, 의좋은형제공원, 광시면 한우촌, 예산 할머니곱창, 한일식당 국밥

함께 가면 좋은 추천 여행지

천년 고찰 **수덕사**

기암절벽과 송림이 아름다운 덕숭산에 자리 잡은 수덕사는 백제 법왕때인 599년에 지명스님이 창건한 고찰로 전해진다. 고려 충렬왕 34년(1308년)에 지어진 대웅전(국보 49호)은 영주 부석사 무량수전, 무위사 극락전과 함께 손꼽히는 목조 건축물이다. 억겁의 시간이 지난 듯해 보이는 대웅전의 맞배 지붕과 배흘림 기둥이 인상적인데, 대웅전 안에는 보물로 지정된 목조 삼불과 노사나 괘불이 있다. 시간이 허락된다면 대웅전을 지나 덕숭산(495m) 정상을 올라보아도 좋다. 왕복 3시간 코스로 원시 계곡과 어우러진 돌계단이 이어진다. 이끼 낀 돌 틈 사이로 졸졸 흐르는 계곡은 산행 내내 귀와 눈을 즐겁게 해준다. 40분 정도 오르면 바위를 깎아 만든 관음보살입상을 볼 수 있다.

주소 충청남도 예산군 덕산면 안길 79 **전화** 041-330-7700

수덕사 입구에 길게 늘어선 산채 정식집들

더덕 향 진한
중앙산채명가(중앙식당)

수덕사 아래에는 산채 정식집이 여럿 있다. 그중에서도 50년을 훌쩍 넘도록 산채정식을 팔고 있는 중앙식당에서는 25여 가지의 정갈한 반찬으로 오가는 이를 유혹한다. 산행을 하고 와서이기도 하겠지만, 각종 산채에 집된장으로 만든 뚝배기 한 숟가락을 넣고 쓱싹쓱싹 비벼 먹으면 몸속까지 건강해지는 느낌이 든다. 덕숭산 청정 기슭에서 자란 더덕으로 만든 더덕구이는 향긋한 더덕 향에 불 내음까지 더해져 그 풍미가 말로 표현할 수 없을 정도다. 더덕구이 한 점에 동동주한 사발은 산행 후 최고의 호사라 할 수 있다.

주소 충청남도 예산군 덕산면 수덕사인길 42-1 **전화** 041-337-6677 **영업** 11:00~21:00

대통령의 맛집 **소복갈비**

예산 한우를 가장 맛있게 먹고 싶다면 70년 전통 '소복갈비'
를 추천한다. 4대를 이어온 맛으로 역대 대통령이 자주 찾
았다 하여 '대통령의 맛집'이라고도 불린다. 숯불로 구워 불
맛을 제대로 낸 고기를 돌판에 담아 나오는 석갈비가 이 집
의 주력 메뉴다. 먹음직스럽게 익힌 갈비가 뜨거운 돌판 위
에서 자글자글 소리를 낸다. 소리가 입보다 귀를 먼저 호강
스럽게 만드는 것 같다. 숯불 향이 진하게 밴 고기는 짜지도
달지도 않은 적당한 양념맛으로 입에 착착 감긴다. 공깃밥
을 시키면 함께 나오는 설렁탕도 일품.

주소 충청남도 예산군 예산읍 천변로195번길 9 **전화** 041-335-2401 **영
업** 11:00~21:00(브레이크 타임 15:00~17:00)

따끈한 국밥이 생각날 때 **예산전통시장**

매월 5일과 10일은 예산에서 가장 큰 규모의 오일장이 열리
는 날이다. 일반적인 오일장처럼 도로나 골목을 끼지 않고 넓
은 공터에 자리를 잡고 열려 편하게 둘러보기 좋다. 예산전
통시장에 왔으면 꼭 먹어봐야 할 것이 있으니 바로 시장에서
빠질 수 없는 '소머리국밥'이다. 장터 입구에 상시로 영업하
는 국밥집이 있지만, 시장 내 장터국밥은 오일장이 열리는 날
에만 먹을 수 있어 의미가 있다. 한 그릇에 6,000원이라는 가
격이 믿기지 않을 정도로 고기와 선지를 듬뿍 담아 내온다.
고깃국 특유의 느끼함이 있을 것 같지만 막상 한 수저 들어
보면 시원하면서도 개운한 맛이 특징이다.

주소 충청남도 예산군 예산읍 형제고개로 967

자연 건조 국수 명가 **예산원조 버들국수**

예산 하면 사과도 유명하지만 국수도 알아준다. 예산전통시
장 앞에는 국수 파는 가게가 모여 있다. 국밥집들 사이로 군
데군데 국수를 말리는 모습이 이채롭다. 예산국수는 직접
뽑아 전통 방식 그대로 자연 바람과 햇빛을 더해 국수를 만
든다. 기계로 뽑은 국수는 하루를 실내에서 숙성시키고, 이
틀을 밖에서 자연 건조시켜 완성한다. 따사로운 햇살을 받
은 버들국수는 쉽게 퍼지지 않고 쫄깃한 식감이 오래가는
것이 특징이다.

주소 충청남도 예산군 예산읍 천변로 165 **전화** 041-335-2920

07 충청도

칠갑산 오토캠핑장

충남의 알프스 칠갑산을 휘감으며 흐르는 맑은 계곡과
기암절벽을 배경 삼아 자리한 칠갑산 오토캠핑장은 뛰어난
풍광과 시설에 날로 인기를 더해가고 있다. 고추와 구기자의
산지로만 알고 있는 청양도 자세히 들여다보면 칠갑산
도립공원을 중심으로 즐길거리가 제법 많은 곳이다.

청양의 중심 칠갑산

충청남도 청양의 중심에 있는 칠갑산. 험한 산세를 가지고 있어 '충남의 알프스'라고도 불린다. 산을 돌아 금강으로 흘러가는 지천이 7곳의 명당을 만들었다 해서 칠갑산(七甲山)이라는 이름이 생겼다고도 하고, 천지 만물을 상징하는 칠(七) 자와 육십갑자의 첫 자인 갑(甲)을 따왔다는 이야기도 전해진다. 칠갑산 오토캠핑장은 칠갑산의 계곡들 중 하나인 까치내 계곡을 끼고 2012년 8월에 자리를 잡았다. 까치내 계곡 뒤로 칠갑산이 병풍처럼 캠핑장을 감싸고 있어 뛰어난 풍광과 함께 포근한 안정감을 준다. 여기가 바로 7곳의 명당 중 하나가 아닐까 할 정도로 풍경이 뛰어나다.

칠갑산 오토캠핑장은 아이가 있는 가족들에게 인기가 높다. 카라반 사이트 옆에 있는 큼지막한 놀이터는 까치내 계곡 다음의 인기 명소로, 종일 아이들의 웃음소리가 끊이지 않는다. 족구장, 배드민턴장은 물론 넓은 잔디 운동장까지 잠시도 심심할 틈을 주지 않는다. 뭐니 뭐니해도 최고의 인기 놀거리는 까치내이다. 유속이 빠르지 않고 수심이 얕아 아이들이 물놀이, 다슬기 잡기에 부족함이 없다. 쏘가리가 잘 잡힌다고 하니 낚시를 좋아한다면 장비를 챙겨 가보는 것도 좋다.

칠갑산 오토캠핑장 이용 정보

주소 충청남도 청양군 대치면 까치내로 710

전화 041-940-2700

예약 camping.cheongyang.go.kr ▶ 매월 1일 오후 1시부터 익월 사용분 예약

사용료 A구역 4만 원, B/C구역 3만 원(성수기, 주말 기준)

규모 A구역 (카라반 사이트) 27개소, B/C구역(텐트 사이트) 31개소

편의시설 사계절 온수 샤워실, 잔디운동장, 족구장, 배드민턴장, 운동시설 및 어린이놀이터

주변에 가볼 만한 곳 칠갑산도립공원, 백제문화체험박물관, 목재문화자연사체험관, 우산성, 고운식물원

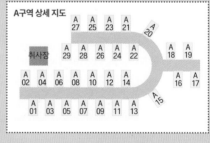

A구역 상세 지도

취사장					
A 27	A 25	A 23	A 21	A 20	
A 29	A 28	A 26	A 24	A 22	A 18 · A 19
A 02	A 04	A 06	A 08	A 10	A 12 · A 14	A 16 · A 17
A 01	A 03	A 05	A 07	A 09	A 11 · A 13	A 15

캠핑카 사이트 구성의
정석 같은 캠핑장

A구역 27개소, B/C구역 31개소로 총 58개소를 운영한다. A구역은 캠핑카와 텐트 겸용 자리로 운영되며, 사이트 간격도 상당히 넓고 개별 데크와 테이블이 설치되어 있다. 개별 수도와 오/폐수 시설이 별도로 설치되어 있고 전기 배전반도 곳곳에 있어 캠핑카 사이트 구성의 정석을 보여준다. 보통의 캠핑장은 카라반을 정박하고 견인차를 둘 곳이 마땅찮은 편인데, 칠갑산 오토캠핑장은 넉넉한 주차장이 별도로 있어 견인차를 두기에도 지인의 방문에도 편리하다. 화장실, 취사장 모두 깨끗하게 관리되고 있고, 특히 온수가 넉넉한 점이 마음에 든다.

충남에서 최고의 인기를 누리는 캠핑장이어서 예약이 쉽지 않다. 성수기, 비수기 할 것 없이 수 분 내 예약이 완료된다. 예약을 못했다면 매주 목요일쯤 예약 사이트에 잠복(?)하는 공을 들여보자. 예약 취소를 최소 1주일 전에 해야 위약금이 발생하지 않는 다른 캠핑장과 달리 칠갑산 오토캠핑장은 1일 이전 취소 시 10% 위약금(비수기 기준)이 발생하고, 2일 이전에 취소해도 위약금이 없다. 그래서 금요일이 되기 전에 제법 취소 건이 발생하는 편이다.

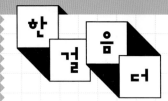

한걸음더

금강의 아침 물안개를 볼 수 있는
청양 동강리 오토캠핑장

충청남도 청양을 여행할 또 다른 베이스캠프로 청양 동강리 오토캠핑장도 눈여겨보자. 4대강 사업 과정에서 수변 환경을 활용하고자 여러 곳의 캠핑장을 조성하였다. 4대강의 하나인 금강을 따라 합강공원, 인삼골 오토캠핑장에 이어 청양에는 청양 동강리 오토캠핑장이 조성되었다.

금강 변을 끼고 길다랗게 자리한 부지에 42개의 사이트가 자리 잡고 있다. A구역 18개소, B구역 24개소이며 모두 캠핑카의 종류와 상관없이 RVing이 가능하다. 특히 A구역은 사이트가 상당히 넓어 대형 카라반도 문제 없을 정도로 광활하다.

청양 동강리 오토캠핑장 이용 정보

주소 충청남도 청양군 청남면 금강변로 868-135

전화 041-940-2706

예약 river.cheongyang.go.kr　매월 1일 오후 1시부터 익월 사용분 예약

사용료 (성수기, 주말 기준) A구역 4만 원, B구역 3만 원

규모 A구역 18개소, B구역 24개소

편의시설 4계절 온수 샤워실, 잔디운동장, 족구장, 배드민턴장, 운동시설 및 어린이 놀이터

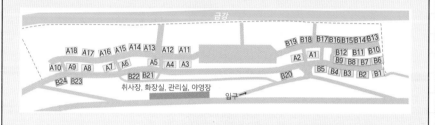

금강을 코앞에 두고 있는 덕분에 아침이면 금강의 아침 물안개를 볼 수 있다. 은은히 피어오르는 물안개를 헤치며 떠오르는 일출은 캠핑장에서의 아침을 더욱 풍성하게 만들어 준다. 단점이자 장점으로는 마을에서 캠핑장까지 제법 멀리 떨어져 있어 조용히 힐링을 느낄 수 있는 반면 주변에 볼거리나 상점이 없으니 식료품은 미리 준비하는 것이 좋다.

홈페이지에 나온 주소로 내비게이션을 찍으면 애플리케이션 버전이나 브랜드에 따라 강의 반대편으로 안내하고 종료하는 경우도 있다. 야간에 내비게이션만 믿고 떠났다간 도로 한가운데서 시쳇말로 '멘붕'을 경험할 수 있다. 내비게이션에는 '청양군 청남면 동강리 산 6번지'로 검색을 해서 정자 근처 안내 푯말을 따라가면 쉽게 찾을 수 있다. 정자를 지나서도 2km 이상 상당히 긴 거리를 뚝방길을 따라가야 캠핑장이 나오니 초입에 푯말을 확인했다면 의심하지 말고 직진할 것.

함께 가면 좋은 추천 여행지

물 위를 걷는 듯한 아찔함
천장호 출렁다리

청양의 명물이 되어버린 천장호 출렁다리는 길이가 200m가 넘는 국내 최장, 동양에서 두 번째로 긴 다리다. 다리는 수면이 보이게 되어 있는데, 수면에 닿을 듯 말 듯 흔들리는 것이 아슬아슬한 재미를 선사한다. 호수 주변이 아닌 호수 한가운데서 호수와 칠갑산을 바라보는 시점이 마치 물 위를 건너는 듯한 전율과 재미를 전해 준다. 천장호에서도 칠갑산 정상으로 등반이 가능하다. 천장호에서 정상까지 1시간 30분 정도 코스로 칠갑산 등반 후 하산 길에 들르는 코스로도 좋다.

주소 충청남도 청양군 정산면 천장호길 24

장승 문화 축제가 펼쳐지는
칠갑산 장승공원

장승은 솟대와 선돌에서 유래했다고 전해지는데, 예로부터 한 마을에 들어설 때 나그네를 처음 맞는 것은 마을의 수호신인 장승이었다. 지금도 청양에서는 음력 정월 대보름을 전후하여 장승제가 치러지는데, 장승에 새겨진 글이 천하대장군과 지하여장군이 많은 것으로 보아 사람들은 마을의 안녕과 개인의 무병장수를 이처럼 하늘과 땅에 빌었는지도 모르겠다. 다양한 모습의 장승을 재현해 공원으로 조성해 두어 한 번쯤 들러보기 좋다. 공원 내에 설치된 장승에 기대면 넘어지는 사고가 발생할 수 있으니 주의하자.

주소 충청남도 청양군 대치면 장곡길 119-17 **전화** 041-940-2195 **요금** 무료

만물의 근원 우주를 이해해 보자
칠갑산천문대

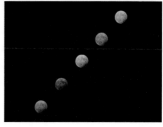

국내 최대 크기의 304mm 굴절망원경, 400mm 반사망원경을 비롯하여 여러 망원경을 보유하고 있다. 주간/야간 프로그램으로 나뉘어 있고 맑은 날의 야간권은 조기 마감되기도 해서 미리 야간권을 예약하고, 칠갑산 산행이나 주변을 관광한 후 다시 오는 방법을 추천

한다. 칠갑산을 등반할 수 있는 여러 코스 중에 칠갑산천문대가 있는 대치리 코스가 가장 인기가 좋다. 총 3km 정도로 칠갑산 등반로 중 가장 짧고 완만한 편이라 트레킹과 천문대 관람을 동시에 경험 할 수 있는 좋은 코스다. 천문대 관람 시간은 총 1시간 정도로 망원경을 통하여 행성, 달, 성운 등을 주로 관측한다. 3D, 5D 입체영상 관람도 프로그램에 포함되어 있다.

주소 충청남도 청양군 정산면 한티고개길 178-46 **전화** 041-940-2790 **운영** 10:00~22:00(동절기~21:00), 월요일 휴관 **요금** 성인 3,000원, 초등학생 1,000원

천주교 성지 순례길
다락골 줄무덤 성지

다락골 줄무덤은 병인박해 때 홍주 감옥에서 순교한 천주교인들을 야밤에 이곳으로 운구, 암장한 곳이다. 한 분묘에 여러 사람을 함께 줄을 지어 묻어서 줄무덤(줄묘)이라고 하는데, 가족 단위로 묻혀 37기가 있다. 줄무덤을 오르는 곳에 무명 순교자상까지 있는 것으로 보아 박해 당시의 처참한 다락골 상황을 짐작할 수 있다. 역사적 장소여서 천주교 신자뿐만 아니라 많은 사람이 이곳을 찾는다. 줄지은 무덤을 보고 있노라면 순교자들이 흘렸던 피와 땀이 떠올라 절로 고개가 숙여진다.

주소 충청남도 청양군 화성면 다락골길 78-2 **전화** 041-943-8123 **운영** 09:00 ~17:00

08 ^{충청도}

희리산 해송
자연휴양림

전국에 150여 개가 넘는 자연휴양림이 있지만, 공식적으로 캠핑카
야영장을 운영하는 곳은 얼마 없다. 다행스럽게도 희리산 해송
자연휴양림은 캠핑카 전용 사이트가 있고, 바다와 산을 동시에 즐길
수 있어 주말마다 예약 전쟁이 벌어지는 인기 휴양림이다.

해송이 아름다운 자연휴양림

서해의 중심에 자리 잡고 있는 서천은 서해와 금강이 만나는 곳에 있어 다양한 수자원과 비옥한 땅을 가지고 있다. 봄가을에는 주꾸미와 전어가 관광객을 유혹하고, 여름에는 춘장대 해수욕장이 인기다. 겨울철에는 금강하굿둑 주변으로 철새들의 군무가 매일 이어진다. 어느 계절에 가도 볼거리, 먹거리가 넉넉한 서천을 보기 위해서 희리산 해송 자연휴양림을 추천한다.

자연휴양림 중에 캠핑카 야영장을 운영하는 곳은 몇 안 되는데, 희리산 해송 자연휴양림은 캠핑카 야영 사이트가 있으면서도 바다와 산을 동시에 즐길 수 있어 인기다. 희리산이라는 이름은 주민들이 자주 안개가 끼고 흐릿하게 보인다 해서 '흐릿산'으로 불렸던 것에서 유래되었다. 산 대부분의 나무가 바다 근처에서 자라는 소나무인 '해송'이 많아 '희리산 해송'이라는 이름을 가지게 되었다. 야영장에 정박하고 나면 가장 먼저 휴양림 산책을 나가보자. 하늘만큼 솟아오른 아름드리 해송이 지천이다. 해송 품에 폭 안긴 듯 몸속까지 편안해진다. 숲길을 따라 조금만 올라가면 희리산 정상이 나온다. 희리산 정상은 약 330m 정도로 그리 높지 않아 트레킹을 즐기기에 남녀노소 부담이 없다. 정상(문수봉)에 올라서면 서천 시내는 물론 서해까지 시원하게 펼쳐진다.

7성급 캠핑장으로 거듭나다

희리산 해송 자연휴양림에는 총 4곳의 야영장이 있는데, 제1 야영장과 제4 야영장이 캠핑카 야영장으로 운영되고 있다. 제1 야영장은 오래전부터 오토캠핑을 즐기는 사람들 사이에서는 이미 5성급 캠핑장으로 유명해진 곳이다. 조용한 휴양림인 데다가 시설까지 깨끗해서 그렇게 불리는 것 같다. 여기에 얼마 전 제4 야영장이 캠핑카 야영장으로 확장되어서 22개의 캠핑카 야영장을 가진 휴양림으로 거듭났다. 제4 야영장이 휴양림 안쪽에 있어서 한적하면서도 나무 그늘이 우거져 이제는 7성급으로 불러도 손색이 없어 보인다. 가재가 흔하던 1급수 계곡이 오랜 가뭄에 말라버린 것 말고는 변함없이 푸르름과 시원함을 전해준다.

휴양림 예약은 국립자연휴양림관리소 홈페이지(www.huyang.go.kr)나 휴양림 애플리케이션을 통해 예약할 수 있다. 비수기 평일은 매주 수요일 오전에 최대 6주 후까지 예약할 수 있고, 주말과 성수기는 추첨을 통해 자리를 잡아야 한다. 매월 4~9일 사이에 다음 달 주말 사용분을 신청받고 10일경 추첨을 통해 당첨자를 발표한다. 가족들의 아이디를 만들어서 따로 추첨 신청을 한다면 당첨 확률이 더 높아진다. 예전에는 선착순으로 했었는데, 프로그램까지 동원한 선점에 암거래가 빈번해지고 소외계층에 대한 평등한 사용 기회 제공을 목적으로 현재처럼 추첨제로 변경되었다.

희리산 해송 자연휴양림 이용 정보

주소 충청남도 서천군 종천면 희리산길 206

전화 041-953-2230

예약 국립자연휴양림관리소
홈페이지(www.huyang.go.kr) 또는 휴양림
애플리케이션 ▶ 비수기 주중 선착순, 비수기 주말 및
성수기 추첨제로 진행

사용료 야영장 면적에 따라
3만5,000원~4만2,000원(주말 및 성수기 기준), 전기
요금, 온수 요금(카드 충전 방식), 입장료 별도

규모 제1 야영장 12개소, 제4 야영장 10개소

편의시설 취사장 2개소, 화장실 2개소, 샤워실
2개소, 자연휴양림 산책로, 숲속의 집

주변에 가볼 만한 곳 춘장대해수욕장, 홍원항,
마량리동백나무숲, 한산모시관, 금강하굿둑관광지

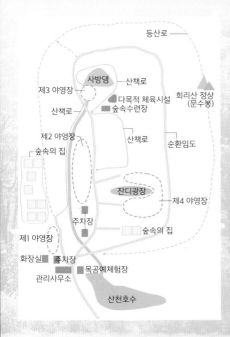

제1 야영장 상세 지도

112	106		
111	105		
110	104		
		103	
화장실, 샤워실, 취사장	109	102	
	108		
	107		101

제4 야영장 상세 지도

407	409	
408	410	
잔디광장		
401	403	405
402	404	406

CAMPING

PARKING

TOILET

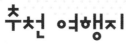

함께 가면 좋은 추천 여행지

바다가 곧 경쟁력이다
국립해양생물자원관

국립해양생물자원관은 점점 중요해지는 해양생물 자원을 수집하고 연구하기 위해 2015년에 개관했다. 자원관 내 씨큐리움관에서는 다양한 해양생물을 관람할 수 있다. 입장료를 내고 들어가면 가장 먼저 'SEED BANK(씨드 뱅크)'라 쓰인 엄청난 크기의 유리 기둥이 시선을 사로잡는다. 국내 해양생물 표본 5,000점으로 연출한 상징물이라고 한다. 전시관은 4층 1전시실부터 차례로 내려오면서 관람하면 된다. 해조류와 플랑크톤처럼 작은 생물부터 각종 어류와 포유류까지 엄청난 수의 표본이 전시되어 있다. 해양생물 전시로는 국내 최대 규모를 자랑한다.

주소 충청남도 서천군 장항읍 장산로 101번길 75 전화 041-950-0600 운영 09:00~18:00, 월요일 휴관 요금 성인 3,000원, 어린이 1,000원

바다 위 공중 산책 **장항 스카이워크**

국립해양생물자원관에서 바다 쪽으로 조금만 걸으면 장항송림과 그 위를 걸어볼 수 있는 장항 스카이워크가 있다. 높이는 15m 정도로 키가 큰 해송과 눈높이에서 어깨를 나란히 하며 걸을 수 있다. 바닥 아래가 훤히 보이는 구조로 짜릿함과 시원함이 배가된다. 바닷바람 때문에 시원한 것인지 아찔한 높이에 시원한 것인지 모를 정도. 입장료(2,000원)가 있긴 한데 2,000원짜리 서천사랑상품권으로 돌려주니 공짜나 다름이 없다. 상품권은 근처 하나로마트에 가면 현금처럼 사용이 가능하다.

주소 충청남도 서천군 장항읍 장항산단로 34 운영 09:30~18:00 요금 2,000원 전화 041-956-5505

철새들의 쉼터 **신성리 갈대밭**

서천에서 빼놓을 수 없는 풍경으로, 영화 '공동경비구역 JSA'의 배경이 되어 유명해진 곳이다. 오후 늦게 가서 저녁노을이 슬며시 물들어 붉어진 갈대 사이를 한적하게 걷기 좋다. 금강하굿둑 철새도래지가 근처에 있어서 겨울이면 가창오리의 군무도 같이 볼 수 있는 귀한 장소. 가창오리들의 군무는 해가 지기 전에 시작이 된다. 군무(群舞)는 무리를 지어 춤을 춘다는 뜻이다. 실제로 본 가창오리의 군무는 장엄함과 신비함에 아름답기도 하지만 한편으로는 그 엄청난 규모가 압도적이기도 하다. 해가 지기 전 시작된 군무는 해가 지고 나면 이내 끝나버리니 시간을 잘 맞추어야 탐조가 가능하다.

주소 충청남도 서천군 한산면 신성로 500

주꾸미 요리 명가 **서산회관**

서천에서는 매년 3월 중순에서 4월 초 사이에 주꾸미 축제가 열린다. 동백꽃이 피는 이때가 주꾸미가 알을 배고 가장 맛있을 때이기 때문이다. 보통 내장은 빼고 매운 양념에 볶아 먹는 것으로 많이들 알고 있는데, 주꾸미는 사실 다리는 회로 먹고 몸통은 푹 익혀 내장까지 통째로 먹는 것이 정석이다. 이렇게 요리를 하는 곳이 드문데 서천 서산회관에 가면 정통 주꾸미 볶음을 맛볼 수 있다. 철판에 주꾸미 무침을 올리고 익히면서 야채와 다리부터 회처럼 먹는다. 회로부터 시작된 주꾸미의 부드러운 식감이 점점 익혀지면서 쫄깃해지는 식감으로 변화되는 맛이 일품이다. 사계절 영업은 하지만 주꾸미가 나는 봄, 가을에만 이렇게 먹을 수 있고 나머지 기간에는 냉동 주꾸미를 사용하기에 회처럼 먹을 수는 없다.

주소 충청남도 서천군 서면 서인로 318 **전화** 041-951-7677 **영업** 10:00~20:00

09

금산 국민여가 오토캠핑장

금강의 맑은 물과 금산의 비옥한 땅은 1,500년 인삼 재배 역사를
만들어 주었다. 금산 어디를 가든 알싸한 인삼 향이 코끝을
간질이는 것 같다. 치유와 힐링의 고장 금산. 지친 심신을 달래고자
한다면 금산이 좋은 선택이 될 것이다.

인삼의 고장 금산

금산 하면 '인삼'이 가장 먼저 떠오른다. 금산은 국내 최고 품질의 인삼 생산지로 전국 유통되는 인삼의 80%가 이곳 금산에서 생산될 정도다. 금산 IC에서 빠져나와 캠핑장으로 향하는 내내 인삼밭이 눈에 띄는 것이 인삼의 본고장에 발을 디뎠음을 느끼게 해준다.

금산 국민여가 오토캠핑장은 2009년에 오픈한 금강생태과학체험장에 자리를 잡았다. 1952년에 개교해서 1999년에 폐교한 금강초등학교를 리모델링하여 만든 금강생태학습관은 금강의 과거와 현재, 그리고 그곳에 살아가는 동식물을 한자리에서 볼 수 있다. 주말에는 지역 문화해설사가 상주하면서 학습관 이용에 도움을 주니 그냥 돌아보기만 하는 것보다는 문화해설을 부탁드려 보는 것도 좋다. 학습관 오른편에는 어린이 과학 체험장이 있다. 나무 오카리나 만들기 체험, 비누클레이 만들기 등을 직접 체험해볼 수 있다.

캠핑장 규모는 총 25개로 전 사이트에 전기시설과 오폐수, 수도시설이 되어 있다. 출입구에서 반시계 방향으로 진입을 하는데, 차량 통행로 폭이 좁아 코너를 돌 때 신경을 좀 써야 한다. 그런 면에서 대형 RV의 경우 19~25번 사이의 앞쪽 사이트가 좋다. 전체적으로 그늘이 거의 없고 그나마 심겨 있는 나무도 몇 그루 안 돼서 여름에는 더운 편이다. 대신 여름에는 아이들을 위해 대형 수영장이 운영된다. 캠핑장 입구에 화장실과 샤워실이 있다. 샤워실은 규모가 작긴 하지만 온수량이 넉넉한 점이 좋다. 화장실은 금강생태학습관 내에도 있으니 참고한다.

금강 따라 솔바람 따라

캠핑장 위쪽 방문객 주차장에는 금강 솔바람길 출발점이 있다. 금강 솔바람길은 충청남도 20개의 소나무 숲길 중 하나로 금강 변을 조망할 수 있는 탐방로다. 캠핑장에서 시작하여 약 6km 돌아오는 데 3시간 정도 걸린다. 소나무 잎이 켜켜이 쌓여 푹신한 것이 사람들의 발길이 잘 닿지 않은 듯하다. 전체 코스를 다 돌아봐도 좋지만, 출발 후 10분 이내 도착할 수 있는 전망대(고래바위)까지는 가보자. 주변 산을 굽이굽이 흐르는 금강과 천내습지를 볼 수 있다. 금강의 허파라고도 불리는 천내습지는 수달, 돌상어 등 많은 멸종 위기 종이 살아가는 금강 내 최대 습지다. 기회가 된다면 마을에서 운영 중인 천내습지 탐방 코스를 체험해 보아도 좋다.

다른 캠핑장처럼 월초 선착순 예약이나 특정 기간만 예약을 하는 구조가 아니라, 일정만 확실하다면 몇 달 뒤 연휴 예약도 미리 할 수 있다. 주변에 인삼골 오토캠핑장, 적벽강 오토캠핑장 등 인기 캠핑장이 있어 성수기 1~2주의 급한 예약이 아니면 자리가 있는 편이다. 다만, 겨울철인 12월부터 2월까지는 1달 이상의 장박을 우선으로 운영하므로 개별 예약은 어려울 수 있다.

아침에 일어나 향긋한 커피 한잔이 생각난다면 캠핑장 입구의 나루카페에 가면 된다. 신선한 원두로 뽑아주는 아메리카노 한잔이 캠핑장의 하루를 더 풍성하게 해준다. 카페는 간이매점도 겸하고 있다.

여름이 되면 대형 수영장을 운영한다.

금산 국민여가 오토캠핑장 이용 정보

주소 충청남도 금산군 제원면 닥실길 16

전화 041-753-2460

예약 홈페이지(www.금산캠핑장.com)

사용료 1박 3만 원

규모 25개소

편의시설 나루카페, 수영장(여름), 금강생태학습관, 어린이 과학체험관, 체육시설

주변에 가볼 만한 곳 적벽강, 남이자연휴양림, 하늘물빛정원, 대둔산자연휴양림, 청풍서원

CAMPING

PARKING

TOILET

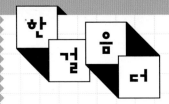
청정 금강에 맞닿은 한적한 캠핑장

인삼골 오토캠핑장

금산 국민여가오토캠핑장에서 강변을 따라 4km 정도 거슬러 올라가면 또 하나의 RVing 장소가 있는데 바로 인삼골 오토캠핑장이다. 인삼골 오토캠핑장은 4대강 사업 과정에서 만들어진 것으로 청정 금강과 한데 어우러져 많은 오토캠퍼들에게 사랑받고 있다.

캠핑장으로 진입하기 위해서는 제원면 용화리를 통해야 하는데, 일반 차량도 어렵게 지나갈 만큼 길이 좁다. 혹여 마주 오는 차가 있을까 조마조마한 마음으로 2km쯤 달리다 보면 이국적인 언덕 위 하얀 집이 보인다. 펜션처럼 보이는 건물은 관리동이면서 샤워실과 화장실로 이용된다.

수심이 깊지 않고 유속도 느려 아이들과 물놀이 하기에 좋은 금강. 물놀이를 즐기거나 물속을 들여다보며 다슬기를 잡고 있다.

인삼골 오토캠핑장 이용 정보

주소 충청남도 금산군 제원면 용화리 271
전화 041-752-1210
예약 금산군 문화관광포털 홈페이지(www.geumsan.go.kr/tour) 매월 초 익월분 선착순 예약 진행
사용료 성수기 및 주말 1박 3만 원, 비수기 및 평일 1박 2만 원
규모 A구역 13개소, B구역 12개소, C구역 11개소, D구역 19개소
편의시설 금강변, 놀이터, 호수 산책로, 온수사워실

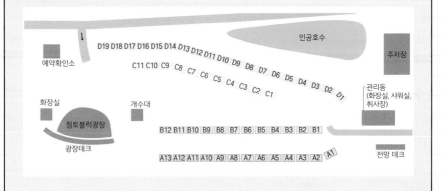

A~D존으로 나뉜 총 55개의 사이트가 있고 A존이 금강 변이라 전망이 좋다. 각 사이트에는 대형 리빙셸이 전체가 다 올라갈 만큼 큰 데크가 있다. 널따란 사이트 공간과 거칠게 자란 잔디가 마음에 든다. 다만 오토캠핑 유저만을 위해서 설계가 되었는지 주차 공간과 데크가 엇갈려 있어 RV를 주차하기가 조금은 애매하기도 하다. A존은 주차공간 뒤로 데크가 있어 차고가 낮은 카라반은 뒤가 닿을 수 있으니 그나마 B~D존이 정박하기에 좋다.

캠핑장에서 금강으로 바로 내려가 물놀이를 즐길 수 있다. 깊지 않고 물살도 느려 아이들과 물놀이 하기에 좋다. 저녁쯤이 되면 물놀이를 즐기는 사람들 사이사이 엉덩이를 치켜들고 물속을 들여다보는 사람들이 많이 보인다. 다슬기를 잡기 위함인데 깨끗한 금강답게 1급수에만 자라는 다슬기가 많이 잡힌다.

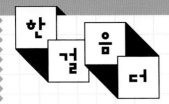

대전 여행의 베이스캠프로 손색이 없는

상소 오토캠핑장

상소 오토캠핑장은 남대전 IC에서 5분이면 도착하는 거리에 있다. 대전 시내가 가까이에 있어 대전 여행의 베이스캠프로도 좋고, 수도권에서 남쪽 먼 거리를 이동해야 하는 경우 중간 기착지로도 손색이 없는 조건을 가지고 있어 인기가 높은 오토캠핑장이다.

자동차 캠핑장은 A구역 19사이트, B구역 14사이트, C구역 8사이트로 되어 있다. A~C구역까지 카라반/모터홈이 정박 가능하고 D구역 9개소와 최근 새로 만들어진 E구역 18개소는 차량을 함께 두지 못해 RV 정박이 불가하다. 각 사이트의 주차 구역이 특이하게 두 사이트씩 주차 자리를 맞대고 있다. 작은 캠핑카나 차박 캠퍼들에게는 큰 문제는 없지만, 대형 카라반은 들어가고 나감에 부담이 되기도 한다. A구역 1·10·19번, B구역 9·14번, C구역 1·4번처럼 끝자리에 홀로 주차 자리가 있는 곳이 좀 더 편하다. 주차 자리에 정박을 하더라도 따로 견인차를 댈 수 있는 주차장 또한 상당히 넓은 편이다.

캠핑장 뒤쪽으로는 '상소동 산림욕장'이 이어진다. 사계절 내내 즐기기 좋은 여행 명소 중 하나로, 푸르름이 손 내밀어주는 봄이나 여름은 당연하거니와 단풍이 곱게 물드는 가을에 가도 좋다. 특히 앙상한 나뭇가지만 있을 법한 겨울에도 얼음 동산이 멋진 모습으로 사람들을 맞이한다. 여름에는 야외 물놀이장도 운영된다. 상소동 산림욕장에서는 만인산과 식장산 두 곳으로 트레킹을 다녀올 수 있다.

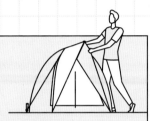

상소 오토캠핑장 이용 정보

주소 대전시 동구 산내로 748

전화 042-273-4174

예약 www.sangsocamping.kr.453 매월 1일 오전 10시부터 익월 분 선착순 예약

사용료 주말 및 성수기 3만 원, 비수기 평일 2만5,000원

규모 자동차 캠핑장 41개소(A~C구역), 데크 캠핑장 27개소(D,E구역)

편의시설 상소동 산림욕장, 온수 샤워실, 취사장, 화장실, 잔디광장

주변에 가볼 만한 곳 성심당, 엑스포 과학공원, 옛터민속박물관, 한밭수목원, 대전오월드

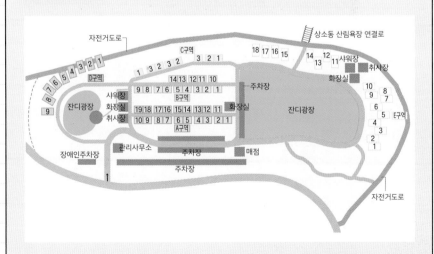

함께 가면 좋은
추천 여행지

보양의 고장 **금산약초시장**

보양의 고장 금산에 왔다면 꼭 한 번 가야 하는 곳이다. 품질 좋은 인삼은 물론 각종 약초를 직접 보고 고를 수 있다. 인삼 향에 취해 시장을 거닐다 보면 배가 출출할 터. 시장 구경에서 빠질 수 없는 여러 군것질거리가 있는데, 시장의 명물인 인삼 튀김을 추천한다. 인삼을 통째로 튀겨서 꿀에 찍어 먹는 것으로 금산이니까 먹을 수 있는 간식거리다. 고소한 튀김 옷을 입었어도 인삼 특유의 쌉쌀함이 있다. 달콤한 꿀이나 인삼 조청에 찍어 먹으면 아이들도 부담감 없이 먹을 수 있다. 인삼의 고장답게 조청도 홍삼을 찌는 과정에서 생기는 부산물로 만든다. 달면서도 인삼 향과 맛이 은은히 나는 것이 인삼 조청을 맛보기 위해 인삼 튀김을 계속 먹게 된다.

주소 충청남도 금산군 금산읍 비단로 144

백년가게 인증 **금산원조 김정이삼계탕**

시장 구경이 끝났으면 마무리는 인삼 삼계탕으로 하자. 인삼으로 만든 음식 중에 빠질 수 없는 것이 바로 삼계탕일 것이다. 기본 삼계탕이야 전국 어디서나 먹을 수 있지만, 인삼의 고장에서 먹는 금산 인삼 삼계탕과는 비교가 안 될 정도다. 오랜 시간 고아내서 그런지 퍽퍽한 가슴살까지 술술 넘어간다. 인삼 향을 품은 닭 한 마리 뚝딱하고 나면 절로 건강해지는 것 같은 기분이 든다.

주소 충청남도 금산군 금산읍 인삼약초로 33 **전화** 041-751-2678 **영업** 11:00~20:00, 둘째·넷째 주 월요일 휴무

머릿속까지 청량해지는
12폭포

금산군 남이면 모티마을 앞에 주차하고 봉황천의 돌다리를 건너면 성치산으로 향하는 등산로가 시작된다. 이 코스에서 12폭포라 불리는 크고 작은 12개의 폭포를 만날 수 있다. 폭포를 따라 이어지는 등산로 절반이 계곡 트레킹이라 일반 등산화보다는 아쿠아슈즈가 어울릴 법하다. 시원한 계곡 물소리를 들으며 오르다 보면 힘든지 모르고 정상까지 향하게 된다. 전체적으로 완만한 코스인 데다가 길목마다 개성있는 폭포가 반겨 주니 심심하지 않게 오를 수 있다.

12폭포의 백미는 5번째 폭포인 '죽포동천폭포'다. 시원스레 떨어지는 폭포를 바라보며 폭포 아래 소(沼)에 발을 담그고 있노라면 머릿속까지 청량해지는 기분이 든다.

주소 충청남도 금산군 남이면 구석리 98번지

금산 어죽마을 맛집
저곡식당

캠핑장으로 향하는 입구에 인삼 어죽마을이 있다. 깨끗한 금강 상류에서 잡은 메기, 빠가사리 등을 푹 고아 인삼과 국수를 넣어 끓인 어죽은 한 끼 보양식으로 손색이 없다. 다른 지역 어죽과는 달리 인삼이 들어가 먹을 때마다 씹히는 인삼의 알싸함이 색다르다. 인삼어죽만 먹고 가면 어죽마을의 반쪽만 맛본 것이나 다름없다. 충청도에서 시작된 음식으로 인삼어죽과 단짝인 도리뱅뱅이를 같이 먹어야 한다. 금강에서 잡은 빙어를 동그랗게 담고 기름에 익혀 고추장 양념을 올려 만든다. 따로 손질하지 않은 빙어 그대로의 모습이 비릴 것도 같지만, 기름에 튀겨 바삭하면서도 매콤달콤한 고추장 양념 맛에 술술 넘어간다.

주소 충청남도 금산군 제원면 금강로 286 전화 041-752-7350
영업 11:00~19:00

전라도

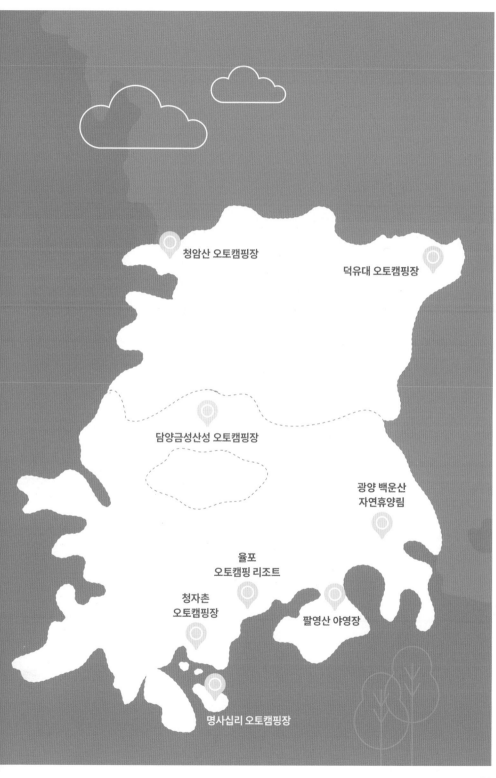

청암산 오토캠핑장

덕유대 오토캠핑장

담양금성산성 오토캠핑장

광양 백운산
자연휴양림

율포
오토캠핑 리조트

청자촌
오토캠핑장

팔영산 야영장

명사십리 오토캠핑장

전라도

01

청암산
오토 캠핑장

캠핑장 한가운데 자리한 어린이 놀이터에는 부모님을 따라
캠핑 온 아이들의 행복한 웃음소리가 가득하다. 평범해 보이는
이 작은 놀이터가 더운 여름이 되면 물을 채우고 아이들을
맞는다. 아침부터 저녁까지 캠핑장 곳곳에 아이들 웃음소리가
그치지 않고 이웃 캠퍼의 아이들과도 금세 친구가 된다.

근대 군산 시간 여행을 위한
베이스캠프

<타짜>, <비열한 거리>, <남자가 사랑할 때>, <마약왕>, <8월의 크리스마스>, <변호인>… 듣는 즉시 영화 제목인지는 알겠으나 서로 어떤 연관성이 있는지는 쉽사리 생각이 나지 않을 것이다. 모두 군산이 배경이 된 인기 영화들이다. <8월의 크리스마스>의 배경이 된 '초원 사진관', <남자가 사랑할 때>의 배경이 된 '경암동 철길마을'이 있고, 신흥동 일본식 가옥은 <장군의 아들>, <바람의 파이터>, <타짜>의 배경이 되기도 했다. 군산에는 우리나라 근현대사의 역사와 문화가 깃든 건축물들이 많이 남아 있어 그 시대를 배경으로 한 영화나 드라마의 단골 배경지로 등장하고 있다. 특히 일제강점기 시절 지어져 아픈 역사를 담고 있는 건축물도 다수 남아 있어 다크 투어로도 많이 찾는 곳이 되었다.

군산 시내에서 멀지 않은 곳에 자리한 청암산 오토캠핑장은 군산 시내를 함께 여행하기도 좋고, 생필품을 사러 시내로 나가기에도 편리해 군산 여행 최고의 베이스캠프라 할 수 있다. 접근성이 좋을 뿐만 아니라 캠핑시설 또한 잘 갖추고 있어 캠퍼들 사이에서는 예약하기 힘든 캠핑장으로 손꼽힌다.

아이들의 놀거리가
풍부한 캠핑장

오토캠핑 사이트는 10m×10m로 국내 캠핑장 중에서도 넓은 축에 속한다. 어지간한 대형 카라반과 캠핑카도 수용이 가능하며 사이트마다 개별적으로 수도와 전기가 있어서 더없이 편리하다. 단, 카라반과 캠핑카를 사용할 경우 추가 요금(5,000원)을 별도로 내야 하지만, 수도와 전기 요금이 포함된 것이라 생각하면 부담되는 가격은 아니다. 24시간 온수가 나오는 샤워 시설과 취사시설도 인기 비결 중 하나다. 자리도 넉넉한 편이라 동시에 많은 사람이 이용해도 부족함이 없다. 관리실에서는 매점도 운영하고 있어 간단한 물품은 캠핑장 밖으로 나가지 않고도 구매가 가능하다.

청암산 오토캠핑장의 가장 큰 특징은 캠핑장 한가운데 자리한 어린이 놀이터다. 언뜻 평범해 보이는 놀이터이지만 무더운 여름이면 놀이터 바닥에 물을 채워 아이들의 물놀이 장소가 된다. 아침부터 저녁까지 아이들 웃음소리가 그치지 않는 최고의 놀이 장소가 되어 주니 아이가 있는 가족 여행자들에겐 일석이조다. 여기에 여름 한정으로 별도의 물놀이 시설을 운영하고, 주말마다 깡통열차를 운행해 아이가 있는 캠퍼들에겐 인기 만점 캠핑장이다.

청암산 오토캠핑장 이용 정보

주소 전라북도 군산시 옥산면 대위로 50

전화 063-465-3357

예약 www.cheongamsancamp.co.kr ▶ 매월 15~18일 경 익월 분 예약 가능

사용료 성수기(5~10월) 기준 3만 5,000원, 비수기 주말 2만 8,000원,
카라반·캠핑카 이용 시 5,000원 추가 요금 발생

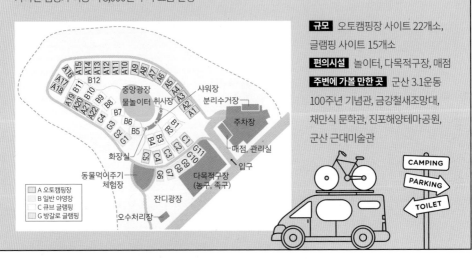

규모 오토캠핑장 사이트 22개소,
글램핑 사이트 15개소

편의시설 놀이터, 다목적구장, 매점

주변에 가볼 만한 곳 군산 3.1운동
100주년 기념관, 금강철새조망대,
채만식 문학관, 진포해양테마공원,
군산 근대미술관

넉넉한 온수가 제공되는 취사장

개별 수도시설이 갖춰져 있어 편리하다.

함께 가면 좋은 추천 여행지

군산 근대 역사 투어의 시작 **근대역사박물관**

일제강점기 시절 수탈의 뼈아픈 기억을 담고 있는 곳이다. 군산 근대 역사 여행의 시작은 이곳에서 시작하는 것이 좋다. 군산의 개항과 변화의 역사 전반에 대한 이야기와 군산을 중심으로 활동했던 독립 영웅들, 1930년대 군산 거리를 재현해 놓았다.

주소 전라북도 군산시 해망로 240 **전화** 063-454-7872 **운영** 09:00~17:00, 월요일 휴관 **요금** 성인 1,000원, 어린이 500원

대한민국에서 가장 오래된 빵집 **이성당**

겉모습은 투박할지라도 최고의 맛을 선사하는 단팥빵과 야채빵으로 전국을 제패한 빵집이다. 국내에서 가장 오래된 빵집으로, 1945년 시작해 무려 75년이라는 긴 시간 동안 한결같은 빵맛을 유지해 왔다. SNS를 보고 찾아오는 젊은이들부터 이 집만의 단팥빵 맛을 잊지 못해 찾아오신 나이 지긋한 어르신들까지 항상 많은 사람으로 북적인다. 인기 메뉴인 단팥빵과 야채빵은 줄을 서서 사야 하고 이외의 빵만 사려면 줄을 서지 않고 바로 구입할 수 있다.

주소 전라북도 군산시 중앙로 177 **전화** 063-445-2772 **영업** 08:00~21:30

국내 유일 일본식 사찰 **동국사**

1909년 일본인 승려 우치다에 의해 지어진 '금강선사'가 이어져 지금의 동국사가 되었다. 이 때문에 국내에서 유일한 일본식 건축 양식을 유지하고 있는 사찰이기도 하다. 에도시대 건축 양식과 유사하게 용마루가 일직선으로 뻗은 것이 전통 한옥과는 확연한 차이를 보인다. 개항과 함께 시작된 일본의 불교는 포교보다는 일본에 동화시키고자 했던 의도가 다분히 보이는 부분이다. 의도와 상관없이 식민지배의 역사를 보여주는 교육 자료로 활용 가치가 있는 곳이다.

주소 전라북도 군산시 동국사길 16 **전화** 063-462-5366

부유한 일본인의 생활상을 엿볼 수 있는

신흥동 일본식 가옥

군산 시간 여행의 절정이라 할 수 있는 곳. 신흥동은 일제강점기 부유층이 주로 거주했던 곳인데, 당시 포목점과 농장을 운영하던 일본인(히로쓰)이 1925년 무렵 지은 일본식 2층 목조 가옥을 그대로 남겨 두었다. '히로쓰 가옥'이라고도 불리며, 일제강점기 시대 일본인 지주의 생활양식을 엿볼 수 있다. 이질적인 일본식 건축 양식과 특유의 분위기 때문에 맑은 날에도 으스스한 느낌이 느껴진다. 영화 <타짜>와 <바람의 파이터> 등 여러 영화와 드라마의 배경이 되기도 했다.

주소 전라북도 군산시 구영1길 17 **전화** 063-454-3313 **운영** 10:00~18:00(동절기 ~17:00), 월요일 휴무 **요금** 무료

소고기 뭇국이 일품인 **한일옥**

한우와 무만으로 맛을 내는 뭇국이 특별할까 싶지만 오랜 전통과
소문처럼 맑으면서도 깊은 내공이 느껴지는 곳이다. 1937년 외과
병원으로 지어졌던 일본식 가옥에 자리 잡은 한일옥의 뭇국은 간
이 강하지 않고 슴슴해서 속이 편안해진다. 1층은 식당으로 운영
되어 원래의 모습을 찾기 어렵지만, 2층은 동시대의 골동품들을
준비해 놓아 당시 생활상을 엿볼 수 있다. 한일옥 바로 앞에는 영
화 <8월의 크리스마스>의 배경이 된 초원사진관이 있다.

주소 전라북도 군산시 구영3길 63 **전화** 063-446-5491 **영업** 06:00~20:30

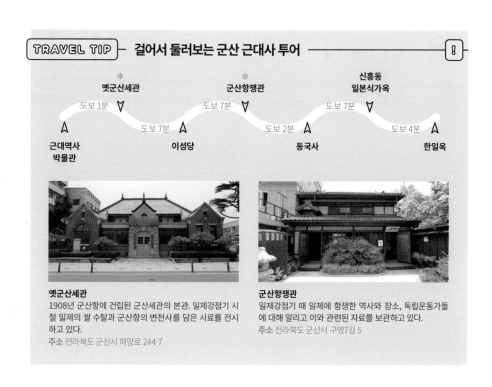

TRAVEL TIP ─ **걸어서 둘러보는 군산 근대사 투어** ─

옛군산세관 · · · · · · · · · · · · 군산항쟁관 · · · · · · · · · · · · 신흥동 일본식가옥

도보 1분 ∨ · · · · · · 도보 7분 ∨ · · · · · · 도보 7분 ∨

근대역사 박물관 ∧ · · · · · · 이성당 ∧ · · · · · · 동국사 ∧ · · · · · · 한일옥 ∧

도보 7분 · · · · · · 도보 2분 · · · · · · 도보 4분

옛군산세관
1908년 군산항에 건립된 군산세관의 본관. 일제강점기 시
절 일제의 쌀 수탈과 군산항의 변천사를 담은 사료를 전시
하고 있다.
주소 전라북도 군산시 해망로 244-7

군산항쟁관
일제강점기 때 일제에 항쟁한 역사와 장소, 독립운동가들
에 대해 알리고 이와 관련된 자료를 보관하고 있다.
주소 전라북도 군산시 구영7길 5

02 전라도

덕유대 오토캠핑장

겨울은 겨울다워야 한다. 춥고 눈도 많이 와줘야 겨울답다.
그래야 해충도 막고 보리농사도 잘 된다. 텐트 캠핑에서는 엄두가
안 났던 겨울 캠핑도 캠핑카와 함께라면 도전해볼 만하다.
겨울 여행 하면 가장 먼저 생각나는 '눈꽃여행'. 눈꽃 여행지
중에서도 최고의 명소 덕유산에서의 겨울 캠핑에 도전해 보자.

겨울 캠핑의 꽃 눈꽃여행

한겨울에 눈꽃여행과 함께 캠핑을 즐길 수 있는 최적의 장소로 추천하는 곳이다. 여름 성수기에는 치열한 경쟁을 뚫고 예약을 해야 하지만, 겨울은 상대적으로 여유롭게 예약할 수 있다. 차를 정박해 두고 캠핑장에서 바로 덕유산을 오르기에도 좋고, 10분 거리의 무주리조트에서 스키를 즐길 수도 있으니 최적의 베이스캠프인 셈이다.

캠핑장이 자리한 덕유산은 전라북도 무주에 위치한 산으로 지리산(1,915m)에 이어 소백산맥의 대표적인 주맥이다. 덕유산의 주봉은 향적봉으로 높이만 1,614m에 달한다. 봄에는 능선을 따라 이어지는 철쭉, 여름이면 무주구천동 계곡, 가을에는 단풍 산행 등 어느 계절에나 인기가 좋지만 특히 겨울 덕유산이야말로 백미로 꼽힌다. 키 작은 주목에 하얗게 피어난 상고대, 쨍한 푸른 하늘 아래의 눈꽃 터널은 겨

울 여행에서만 볼 수 있다. 일반적으로 향적봉을 오를 때는 무주구천동 계곡을 통하거나 안성탐방지원센터를 기점으로 이용한다. 어린아이를 동반하거나 어르신과 함께 오를 때는 무주리조트에서 곤돌라를 타면 쉽게 오를 수도 있다.

우리나라 국립공원 야영장 중
가장 큰 규모를 자랑하는 캠핑장

캠핑장은 1~6영지의 일반 야영장과 7영지의 오토캠핑장으로 나눠진다. 426개소의 일반 야영장은 비수기(11월~4월)에는 운영하지 않는다. 71개소의 7영지 오토캠핑장은 다른 영지와 달리 캠핑 사이트 옆에 주차가 가능해서 차박부터 캠핑카까지 모두 정박이 가능하다. 입구에는 대형 카라반 전용 사이트가 있어 카라반과 대형 캠핑카 전용으로 운영되고 있다. 소형 캠핑카와 차박 이용자들은 63개소의 자동차 영지를 사용할 수 있다. B2~6, C7~11, D2~6, D9~11, F1~4, F6~9, G2~7, H3 자리는 중형급 RV도 충분히 정박이 가능할 정도다.

7영지에서 조금 더 올라가면 일반 야영장 전에 풀옵션 캠핑장과 정박형 카라반이 있다. 장비가 없는 지인이나 가족들이 함께 한다면 같이 이용해 볼만하다. 통나무집은 7만 원 선, 8인용의 대형 카라반도 성수기 주말 12만 원 정도로 다른 정박형 카라반보다 가격대가 저렴한 편이다.

숲속의 집을 빌려 여러 가족과 함께 캠핑을 즐길 수도 있다.

덕유대 오토캠핑장 이용 정보

주소 전라북도 무주군 설천면 삼공리 산60-5

전화 063-322-3173

예약 국립공원관리공단 홈페이지 reservation.knps.or.kr

사용료 성수기(5~11월) 기준 7영지(오토캠핑장) 1만9,000원

규모 카라반 전용 사이트 8개소, 자동차 영지 63개소, 일반 야영장 426개소

편의시설 7영지 전체 전기 사용 가능, 개별 수도시설(카라반 전용), 매점, 냉수샤워실, 카라반 대여

주변에 가볼 만한 곳 무주반디랜드, 백련사, 태권도원, 산골영화관, 무주곤충박물관

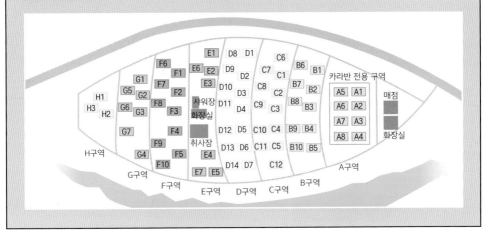

함께 가면 좋은 추천 여행지

가볍게 올랐어도 감동은 무겁다

무주 덕유산 곤돌라

무주리조트 입구에서 곤돌라를 타고 15분 정도 오르면 설천봉(해발 1,525m)에 다다른다. 겨울 설천봉에 오르면 상고대가 핀 주목을 만나게 된다. '살아서 천 년, 죽어서 천 년을 산다'는 주목은 생장이 느리고 수명이 길어 천 년을 넘게 산다고 한다. 살아서 천 년 동안 푸른 옷을 입고 살던 주목. 상고대가 피면 하얀 솜옷으로 갈아입고 다시 천 년을 살아간다. 상고대는 나무에 핀 눈꽃과는 또 다른 아름다움을 준다. 눈꽃처럼 상고대가 '피었다'라고 표현을 하지만 눈이 내렸다고 해서 어디서나 쉽게 만날 수 있는 것은 아니다. 수분을 가지고 있는 안개나 구름이 0℃ 이하로 냉각되어 바람을 타고 나무에 닿아야만 생기는 독특한 현상이다. 고도가 높고 기상 조건이 맞아야 겨우 볼 수 있다.

주소 전라북도 무주군 설천면 만선로 185 **전화** 063-322-9000 **운영** 09:00~17:30(주말 기준) **요금** (왕복 기준) 성인 2만2,000원, 어린이 1만7,000원

명품 머루 와인을 맛볼 수 있는

무주 머루와인동굴

무주 덕유산 일대는 기온이 서늘하고 일교차가 커서 국내 최대의 머루 산지로 알려져 있다. 무주 머루는 당도가 높고 향이 진해 주로 와인으로 만들어 판매한다. 무주양수발전소를 위해 뚫은 터널을 현재 무주와인동굴로 사용하고 있다. 실제로 와인을 보관하는 동시에 무주의 4개 와이너리의 머루와인을 전시하고 판매하는 체험형 공간으로 꾸며두었다. 4곳의 와이너리를 돌아다니지 않고도 각각의 와인을 모두 맛보고 구매도 할 수 있어 편리하다. 와인보다 신맛은 적고 단맛이 강해 한 번 빠지면 일반 포도와인과는 또 다른 맛에 매료된다.

주소 전라북도 무주군 적상면 북창리 산119-5 전화 063-322-4720 운영 10:00~17:30(4월~10월 기준), 월요일 휴무 요금 2,000원(무료 시음 포함), 와인 1병에 1만5,000원 선

탁 트인 전망이 인상적인

적상산 전망대

머루와인동굴이 자리한 적상산(덕유산 국립공원에 속하는 산)은 양수발전소가 있는 곳이다. 와인동굴에서 나와 위쪽으로 20분 정도 꼬불꼬불한 길을 오르면 적상산 전망대가 나온다. 마치 대형 물탱크처럼 생긴 독특한 외관의 건물은 전망대이기도 하고 동시에 무주양수발전소의 조압수조이기도 하다. 조압수조는 적상산 상부에 있는 적상호와 하부 저수지인 무주호의 수로에서 급격히 압력이 올라가는 것을 방지하는 역할을 한다. 전망대에 오르면 향적봉에서 남덕유대까지 한눈에 조망할 수 있는데, 한 편의 동양화를 보는 듯하다.

주소 전라북도 무주군 적상면 산성로 359

03 전라도

담양금성산성
오토캠핑장
전라도

'샤라락'. 숲을 지나는 바람은 잎을 부딪쳐 소리를 낸다. 잎마다 숲마다
모두 조금씩 다른 소리를 내지만 사람 마음을 평온하게 만들어주는
힘은 같은 것 같다. 대나무 숲 사이로 스치는 바람 소리는 더욱
서글서글하고 머릿속까지 맑게 해주는 듯한 기분이 든다. 대나무의 고장
담양에서만 느낄 수 있는 '죽림욕'으로 머리와 마음을 씻어보자.

전통문화와 대나무의 고장 담양

아시아 최초 슬로시티로 지정된 담양은 전통문화의 고장 그리고 대나무의 고장으로 불린다. 예로부터 대나무 생산량이 많고 대나무를 이용한 죽공예품이 유명했다. 대나무 잎은 차로 사용되고, 대나무 뿌리는 낚싯대나 악기를 만드는 데 사용된다. 몸통은 죽부인이나 참빗 같은 죽 세공품으로 거듭난다. 뿌리부터 잎까지 어느 하나 버릴 것이 없이 모두 이로운 대나무. 죽 세공품은 어느새 플라스틱 제품들로 바뀌었지만, 여전히 사람들은 힐링을 위해 대나무 숲이 있는 담양을 찾고 있다.

캠핑카를 타고 전국을 유랑하는 TV 프로그램 '바퀴 달린 집'에서 담양 대나무 숲을 배경으로 캠핑을 즐기는 모습을 보고 장소가 어디인지 궁금해하는 사람들이 많았다. 해당 지역은 정식 캠핑장이 아닌 곳으로 일반 캠퍼가 그런 대나무 숲에서 캠핑을 할 수 없지만, 담양금성산성 오토캠핑장에서는 비슷하게나마 대나무 숲을 배경으로 캠핑을 즐길 수 있는 유일무이한 곳이다. 캠핑장 주변으로는 대나무 생태공원이 조성되어 있어, 멀리 대나무 숲을 따로 찾지 않아도 앞마당에서 죽림욕이 가능하다. 캠핑장 이름에서도 알 수 있듯이 캠핑장은 금성산성 바로 아래에 자리 잡았다. 금성산성은 고려 시대 축조된 성으로 담양과 순창에 걸쳐 있다. 캠핑장에서 바로 이어지는 산성길을 따라 걸으면 전체 코스를 도는데 3시간 정도 걸린다.

대나무 향기 따라 떠나는
담양 자동차 캠핑

담양금성산성 오토캠핑장은 오토캠핑존(A존, B존) 30개소, 캠핑존(D존, E존) 21개소 그리고 백패킹존(C존, F존) 9개소로 구성되어 있다. 오토캠핑존은 대형급 모터홈, 트레일러가 들어 갈 수 있을 정도로 자리가 넉넉하다. 캠핑존은 사이트 구성 후 차량을 따로 주차해야 해서 소 형급 자동차 캠핑에서만 사용 가능하다. 예약은 홈페이지를 통해 가능하며, 글램핑과 임대형 카라반을 운영하는 사이트가 일부 비어 있고, 예비용 사이트도 있어서 원하는 날짜에 자리 가 없더라도 전화로 문의하면 자리를 만들어주기도 한다.

관리동 옆에는 카페가 있고 작은 매점이 있다. 여름에는 아이들을 위한 작은 수영장도 운영된다. 금성산성 산성길 투어, 담양 온천욕 등 캠핑장 주변만 둘러봐도 하루가 모자랄 정도지만, 캠핑 장에서 10분 정도만 이동하면 죽농원, 메타프로방스, 메타세콰이아랜드 등 담양의 주요 관광지 가 이어진다. 시간을 쪼개 캠핑장을 베이스캠프 삼아 주변 관광을 다녀보는 것도 좋다.

담양금성산성 오토캠핑장 이용 정보

주소 전라남도 담양군 금성면 새덕굴길135-88

전화 061-383-7272

예약 http://parapark.co.kr

사용료 1박 3만5,000원(캠핑카 5천 원 추가)

규모 오토캠핑존 A·B 30개소, 캠핑존 D·E 21개소, 백패킹존 9개소

편의시설 카페테리아, 매점, 물놀이장, 대나무 생태공원, 금성산성

주변에 가볼 만한 곳 메타프로방스, 메타세콰이아랜드, 한국대나무박물관, 담양온천, 소쇄원

CAMPING
PARKING
TOILET

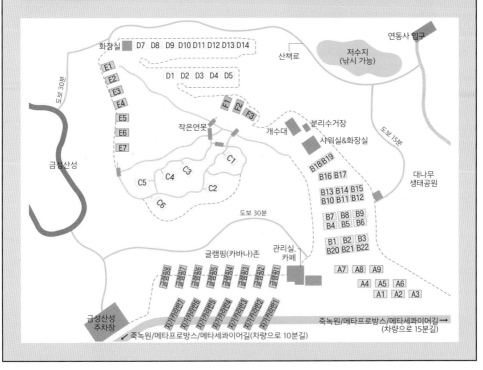

연동사 입구

화장실 D7 D8 D9 D10 D11 D12 D13 D14

산책로

저수지
(낚시 가능)

도로 30분

E1
E2
E3
E4
E5
E6
E7

D1 D2 D3 D4 D5

F1 F2 F3

금성산성

작은연못

C7
C5 C4 C3
C6 C2

분리수거장

개수대

샤워실&화장실

도보 15분

대나무
생태공원

B18 B19
B16 B17
B13 B14 B15
B10 B11 B12
B7 B8 B9
B4 B5 B6
B1 B2 B3
B20 B21 B22

도보 30분

글램핑(카바나)존

관리실,
카페

금성산성
주차장

A7 A8 A9
A4 A5 A6
A1 A2 A3

죽녹원/메타프로방스/메타세콰이어길 →
(차량으로 15분길)

← 죽녹원/메타프로방스/메타세콰이어길(차량으로 10분길)

함께 가면 좋은 추천 여행지

대나무 향기 따라 **죽농원**

담양군에서 만든 국내 최대 규모의 대나무 숲, 죽림욕장이다. 대나무 숲은 일반 산림욕보다 음이온이 최대 10배나 더 나온다고 한다. 음이온은 혈액을 맑게 해주고 걱정과 긴장을 완화해준다고 알려져 있다. 10만 평에 달하는 대나무 숲을 걸으며 스트레스를 해소하고, 곳곳에 놓인 포토존에서 사진 찍기에도 좋다. 죽농원 안에는 한옥 카페와 숙박시설인 한옥 체험장이 있고, 매년 5월 대나무 축제가 열린다.

주소 전라남도 담양군 담양읍 죽녹원로 119 **전화** 061-380-2680 **운영** 09:00~19:00(동절기 ~18:00) **요금** 성인 3,000원, 초등학생 1,000원

CAMPING TIP

대나무골 테마파크

죽농원이 유명해지기 전 많은 관광객이 찾았던 대나무 숲이다. 죽농원에 비해 규모는 더 작아도 인위적이지 않고 한적하게 죽림욕을 즐길 수 있어서 좋다. MBC 드라마 '다모'를 비롯해서 각종 영화와 CF 촬영지로 유명하다.

주소 전라남도 담양군 금성면 비내동길 148 **전화** 061-383-9291 **운영** 09:00~18:00 **요금** 성인 2,000원, 어린이 1,000원

강변 그늘에 앉아 국수 한 그릇
담양국수거리

죽농원 입구에서 영산강을 건너면 바로 담양국수거리가 나온다. 영산강 변을 따라 나무 그늘이 우거지고 그 아래에 강을 내려다 보며 국수를 먹을 수 있도록 평상과 테이블이 줄을 잇는다. 강변을 따라 불어오는 시원한 강바람을 등에 업고 먹는 국수라 어느 국숫집에 들어가도 실패하지 않는다. 산해진미도 아니고 국수 한 그릇에 얻어지는 풍경치고는 과할 정도. 국수에 삶은 달걀을 하나 추가하면 든든함이 오래간다.

주소 전라남도 담양군 담양읍 객사리 175-1(국수거리 주차장)

아름다운 숲 대회 대상에 빛나는
관방제림

관방제는 담양천 변의 제방으로 이를 오래 보전하기 위해 나무를 심어 숲으로 만든 것이 관방제림으로 천연기념물 366호로 지정되어 있다. 1648년(조선 인조) 잦은 홍수를 막고자 성이성 부사가 만든 것으로 시작이 되었다. 200년이 넘는 수령의 팽나무, 느티나무, 이팝나무 등이 시원한 그늘을 드리우며 장관을 이룬다. 담양국수거리와 이어져 있어서 국수 한 그릇 먹고 잠시 산책하기 좋다. 성이성 부사는 춘향전 이몽룡의 실제 인물이라는 이야기가 전해진다.

주소 전라남도 담양군 담양읍 객사7길 37

04 전라도

청자촌 오토캠핑장

청자는 중국에서 먼저 시작되었지만, 고려청자는 옥을
닮은 뛰어난 비색과 마치 살아 움직이는 듯한 섬세한
무늬의 상감기법으로 당시 최고의 인기를 누렸다. 신비로운
비취색이 들려주는 고려 이야기를 듣기 위한 베이스캠프로
떠나보자.

마치 푸른 향기가 나는 것 같은
고려청자

청자는 전 세계에서 송나라에 이어 고려가 두 번째로 만들었지만, 오히려 중국에서 역수입해 갈 정도로 품질이 뛰어났다. 고려청자가 중국 청자에 비해 비색이 뛰어났거니와 상감기법까지 더해져 더욱 인기가 높았다. 우리나라 곳곳에서 청자를 생산했었지만, 전국 청자 가마터의 50%가 강진군 주변에서 발견되었다. 그만큼 강진은 고려청자의 최대 생산지 중 하나였다. 바다를 끼고 있어 해상무역의 편리함도 있었겠지만, 1,300℃를 견뎌 자기로 될 수 있는 흙이 강진에서 많이 나왔기 때문이기도 하다.

청자촌오토캠핑장은 강진군 대구면 '청자촌'에 자리 잡았다. 강진 청자촌에는 고려청자박물관과 고려청자디지털박물관을 비롯해서 청자 도요와 판매장이 모여 있어 청자를 직접 보고 만들어 볼 수도 있다. 마치 푸른 향기가 풍기는 듯한 청자의 아름다움을 가까이에서 느껴볼 수 있다.

아이들과 함께하기 좋은 캠핑장

청자촌오토캠핑장은 3곳의 캠핑장으로 나뉘어 있다. 1캠핑장은 20대의 임대형 카라반 및 9개소의 캠핑사이트를 가지고 있다. 지인들과 동반 캠핑을 즐기기에 좋다. 2캠핑장은 18개소가 있고 주력 사이트로 운영된다. 사이트마다 5m×7m 크기의 너른 데크가 있고 위에는 별도의 그늘막이 있어 여름에도 나무 그늘의 부족함을 메워준다. 사이트 간의 간격이 넓어서 대형 카라반도 여유롭게 캠핑이 가능하다. 조금 떨어진 위치에 3캠핑장 25개소가 있는데, 비수기에는 운영하지 않는다. 여기는 아이들에 대한 배려가 남다르다. 1, 2캠핑장 각각 어린이 놀이터가 마련되어 있어서 주변 사이트의 또래들과 서슴없이 어울려 놀게 된다.

캠핑장이 있는 곳은 고려청자박물관과 청자 도요들이 모여 있는 곳으로 캠핑장에 머물며 강진의 청자 역사를 경험하고 청자 만들기 체험은 물론 직접 구매도 가능하다. 이 외에도 민화박물관, 고려청자디지털박물관 등 캠핑장 주변만 돌아보기에도 시간이 빠듯할 정도로 알차게 놀 수 있는 베이스캠프이지만, 가우도와 강진만생태공원 등 주변 볼거리도 많아 주말 1박으로는 모두 둘러보기에 빠듯할 정도다. 장보고 대교의 개통으로 강진에서 바로 완도로 쉽게 접근도 가능해졌으니 청자촌오토캠핑장을 베이스캠프 삼아 강진과 완도를 구석구석 여행해 보자.

청자촌 오토캠핑장 이용 정보

주소 전라남도 강진군 대구면 청자촌길 33

전화 061-434-9939

예약 http://www.gjcamping.co

사용료 1박 4만 원(극성수기 4만 5,000원)

규모 1캠핑장 9개소, 2캠핑장 18개소, 3캠핑장 25개소(성수기 운영)

편의시설 매점, 놀이터, 샤워실, 고정식 그늘막, 임대형 카라반

주변에 가볼 만한 곳 다산초당, 다산박물관, 영랑생가, 백련사, 마량미항, 강진다원

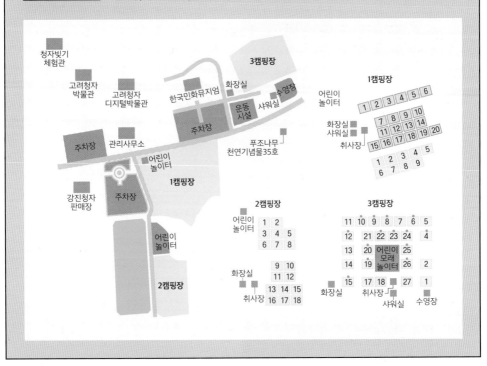

함께 가면 좋은 추천 여행지

선조들의 바람을 엿보자
한국민화뮤지엄

과거 선조들의 꿈과 소망, 그리고 일상생활을 간접적으로 엿볼 수 있는 '민화'를 모아놓은 박물관이다. 우리 전통 민화를 계승 발전하고 연구하기 위해 5,000여 점의 민화를 보유 및 순환 전시하고 있다. 상설전시실에서는 국보급 민화 200여 점을 전문 해설가와 함께 관람한다. 성인들만 관람 가능한 춘화전시실이 특히 인기. 저작권과 작품 보호를 위해 사진 촬영은 금지하고 있다.

주소 전라남도 강진군 대구면 청자촌길 61-5 전화 061-433-9770 운영 09:00~18:00, 월요일 휴관

몽환적인 푸른 아름다움
고려청자박물관

세계에서 가장 아름다운 자기로 손꼽히는 고려청자의 역사를 들여다볼 수 있는 곳이다. 연국모란절지문 주자와 운학문 매병 등 고려를 빛내던 다양한 청자를 소장 전시하고 있고, 청자의 생산, 소비, 유통 전반을 일목요연하게 정리해 놓았다. 박물관 옆 체험관에서는 머그잔과 꽃병 모양의 청자 만들기 체험도 진행하고 있다. 청자를 이해할 나이가 아닌 어린아이들과 함께라면 바로 옆 고려청자디지털박물관을 먼저 들러보면 청자를 이해하는 데 도움이 된다.

주소 전라남도 강진군 대구면 청자촌길 33 전화 061-430-3755 운영 09:00~18:00, 월요일 휴관

바다 위를 걸어서 만나는 **가우도**

강진만 한가운데 떠 있는 가우도는 두 개의 출렁다리로 대구면과 도암면을 연결한다. 출렁다리 위를 걷다 보면 바다 위를 걸어 섬을 산책하는 기분이 든다. 해안선을 따라 섬을 한 바퀴 돌아봐도 좋고, 정상 청자타워 전망대에도 가볼 만하다. 청자타워에는 강진 바다 위를 시원스레 타고 내려오는 집라인도 있다. 정상까지 편하게 오르려면 최근 생긴 모노레일을 타면 된다.

주소 전라남도 강진군 대구면 중저길 31-27(저두출렁다리 주차장), 전라남도 강진군 도암면 월곳로 469(망호출렁다리 주차장)

바람도 머물다 가는 **강진만생태공원**

강진천과 탐진강이 만나는 강진만은 남해안 하구 중 가장 많은 생물이 서식하는 갯벌이다. 약 20만 평의 갈대 군락지 사이로 데크 산책로를 만들어 놓았다. 바람이 머무는 갈대 아래로는 짱뚱어 등 1,000여 종의 생물들이 갯벌에 의지해 살아간다. 매년 갈대가 절정을 이루는 10월이면 갈대 축제가 열린다.

주소 전라남도 강진군 강진읍 생태공원길 47

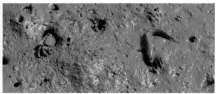

05 전라도

명사십리 오토캠핑장

완도 하면 전복, 전복 하면 완도가 떠오른다. 완도는 전국 양식 참전복 공급의 80%를 담당한다. 특히 완도 전복의 품질이 좋은 것은 먹이인 다시마와 김의 품질이 뛰어나기 때문이기도 하다. 전복 말고도 김, 다시마, 미역 등의 해조류는 완도의 숨은 보배라 할 수 있다. 명사십리 오토캠핑장은 천혜의 자연환경이 만드는 풍경과 뛰어난 맛이 공존하는 곳, 완도를 여행하기 위한 최적의 베이스캠프다.

모래 우는 소리가 십 리까지 퍼지는
명사십리 해변

남해 최고 물놀이 명소인 명사십리 해변을 지척에 두고 있는 것만으로도 명사십리 오토캠핑장을 찾을 충분한 이유가 된다. 캠핑장에서 바로 이어지는 명사십리 해변은 '모래 우는 소리가 십 리까지 퍼진다' 하여 붙여진 이름이다. 이름처럼 2.4km에 이르는 긴 해변을 따라 밀가루처럼 고운 모래가 끝없이 펼쳐져 있다. 수심이 완만하면서도 물이 맑아 남해 최고의 해수욕장으로 손꼽힌다.

먼 거리를 운전하면서 쌓인 피곤함은 바다 내음 한 모금에 금세 사라진다. 간조 시간이 되어 물이 빠져나가면 어느새 마을 사람들이 하나둘 모여 모래고둥을 잡는다. 뜰채 같은 도구를 가지고 허리까지 물이 잠길 정도의 깊이까지 들어가서 슬슬 뒷걸음질치며 바닥을 훑으면 뜰채 가득 고둥이 잡혀 나온다. 하루 정도 해감을 한 뒤 삶아서 하나씩 빼 먹기도 하지만, 주민들은 주로 무쳐 먹거나 된장국에 넣어 먹는다. 꼭 전문 장비가 아니더라도 바닷속 모래를 손으로 휘휘 젓기만 해도 어렵지 않게 잡을 수 있다. 물놀이와 모래놀이를 즐기다가 물이 좀 빠졌다 싶으면 모래고둥까지 잡을 수 있으니 1석 3조다.

아련히 피어오르는
해무가 아름다운 곳

일출과 일몰의 아름다움은 물론, 아득하게 피어오르는 해무는 명사십리를 찾은 이에게만 허락된 호사이다. 명사십리 오토캠핑장에서는 이 모든 것이 가능하다. 사이트는 T1번부터 T48번까지 오토캠핑장으로 이용되고 C구역은 대여 카라반/텐트로 운영된다. 사이트 규모가 넓기 때문에 소형부터 대형까지 RV 종류에 상관없이 쾌적하게 캠핑을 즐길 수 있다. T1번부터 T10번까지는 도로에 인접해 있어 소음이 좀 있다. 관리실은 매점을 겸하고 있고 화장실과 샤워실은 가운데 관리동 안에 있다. 샤워실은 온수가 제공되기는 하지만 안쪽 3곳에서만 온수가 나오니 미리 알아두자. 주요 도심으로부터 거리가 좀 떨어진 곳에 위치해 극성수기를 제외하고는 크게 어렵지 않게 예약을 할 수 있다.

명사십리 오토캠핑장 이용 정보

주소 전라남도 완도군 신지면 신리 675-2

전화 1600-5027

예약 www.campwando.com

사용료 주말 기준 T1~T10번 사이트 4만2,000원, T11~T32번 사이트 4만5,000원

규모 오토캠핑장 사이트 총 48개소

편의시설 어린이 놀이터, 풋살경기장, 족구장, 매점, 샤워실, 식수대

주변에 가볼 만한 곳 완도 수목원, 완도타워, 청해포구촬영장, 완도자연휴양림

사이트 간 간격이 넓고 데크가 있어 편리하다.

함께 가면 좋은 추천 여행지

해상 실크로드의 중심

청해진 유적지

어린 시절을 완도에서 보내고 중국으로 넘어간 장보고는 군사 1,000명을 지휘하는 소장이 됐다. 거기서 신라의 아이들이 해적들에게 노예로 팔려 가는 것을 보고 해적을 소탕하기 위해 신라로 돌아왔다. 청해진대사로 임명된 장보고는 완도에 청해진을 설치하고 서남해안 해적을 모두 소탕했다. 또한 한·중·일을 잇는 해상무역을 전개하여 국내 차와 청자 기술을 전래하여 무역의 왕이라 불렸다. 완도군의 장도는 청해진의 본영이 있던 곳으로, 1991년부터 10년간 발굴 및 복원되어 당시의 청해진을 엿볼 수 있다. 유적지 입구에 있는 장보고 기념관을 먼저 들르면 장보고와 청해진의 진면목을 이해하는 데 도움이 된다.

주소 전라남도 완도군 완도읍 장좌리 809 전화 061-550-6931

황실의 녹원지

정도리 구계등

구계등(九階燈)은 파도에 밀려난 갯돌(청환석)이 아홉 개의 계단을 이룬다고 하여 붙여진 이름이다. 통일신라 시대에 황실의 녹원지로 지정되었을 정도로 풍광이 뛰어난 곳이다. 구계등의 핵심은 갯돌 뒤 방풍 숲이다. 연평균 14도 이상의 해양성 기후로 사시사철 푸른 상록활엽수 숲이 발달했다. 이 숲은 바다에서 불어오는 염분을 막아주어 숲 뒤의 마을을 지켜준다. 230여 종의 식물이 자라고 있는 숲은 30분 정도의 산책으로 돌아볼 수 있다. 빽빽이 들어선 활엽수 사이를 걷다 보면 한여름 무더위도 잊힌다.

주소 전라남도 완도군 완도읍 구계등길 40 전화 061-554-1769

저렴하게 전복을 먹고 싶다면

완도 우성종합어시장

완도 전복이 맛과 영양이 뛰어난 이유는 바로 다도해 해상 국립공원인 완도의 다시마와 미역으로만 키워서 그렇다. 수산시장에 가면 1kg 기준 크기에 따라 3만 원에서 8만 원까지 이른다. 너무 크거나 작은 것보다 1kg에 20미(마리) 정도가 가격 대비 좋다. 완도는 오래전부터 미역, 김, 다시마 등 해조류 생산지로 유명했다. 뛰어난 품질의 해조류가 바로 완도 전복을 만드는 것이다. 수산시장에서 재래김 1봉(100장)에 1만 원, 건미역 1봉에 5,000원 수준으로 살 수 있다.

주소 전라남도 완도군 완도읍 해변공원로 150

전복과 빵의 묘한 어울림

장보고빵

경주의 찰보리빵, 천안의 호두과자는 그 지역을 대표하는 유명한 빵이다. 완도에는 전복을 통으로 담아낸 '장보고빵'이 있다. 붕어빵처럼 전복 모양만 흉내 낸 것이 아니라 정말 전복 한 마리가 통째로 들어가 있다. 작은 빵 하나에 5,500원이라는 가격이 살짝 부담스러울 수 있지만, 요즘 어지간한 카페의 조각 케이크 하나가 6,000원인 것을 감안하면 전복이 통으로 들어간 빵 가격으로는 나쁘지 않은 것 같다. 머핀 느낌의 촉촉한 식감과 전복의 쫄깃함이 묘하게 어울린다.

주소 [카페 달스윗] 전라남도 완도군 완도읍 군내길3 **전화** 061-552-0300 **영업** 09:00~22:00 **예산** 장보고빵 5,500원, 해초라테 4,000원

06

율포
오토 캠핑 리조트

은빛 모래밭과 바다 내음 가득한 해변은 잔잔한 득량만의 일부로
파도가 거의 없고 낮은 수심으로 최고의 물놀이 장소가 되어준다.
게다가 해수를 끌어다 운영하는 대형 해수 파도 풀장이 지척에 있고,
물이 빠지고 난 자리에는 바지락과 새조개를 잡을 수 있는 모래
개펄까지 있어 아이들과 함께하는 여행에서 이만한 곳이 있을까 싶다.

은빛 모래밭과
잔잔한 바다가 선물하는 추억

캠핑장이 있는 회천면 율포리는 '쥐가 밤을 먹는 형상'을 가지고 있고 해변에 있는 돌이 밤 같이 생겼다 하여 밤율(栗)에 개포(浦)자를 써서 '율포'라는 이름이 붙여졌다. 지역 이름을 딴 율포 오토캠핑 리조트는 걸어서 5분 거리에 해수욕장이, 차로 10~15분 거리에 보성녹차밭, 수산물위판장 등이 자리해 즐길거리가 많은 캠핑장이다.

캠핑장에서 좁은 도로 하나만 건너면 바로 율포솔밭 해수욕장에 다다른다. 은빛 모래밭과 바다 내음 가득한 해변은 잔잔한 득량만의 일부로 파도가 거의 없고 낮은 수심 때문에 물놀이를 즐기기에 제격이다. 해수를 끌어다 운영하는 대형 해수 파도 풀장과 물이 빠지고 나면 바지락과 새조개를 잡을 수 있는 모래 개펄 등 놀거리가 많아 아이들이 있는 가족 여행자들에겐 더없이 좋다.

1.2km에 달하는 은빛 모래사장은 한여름에도 복작거리지 않을 정도로 넓다. 캠핑장 바로 옆에는 녹차 잎을 우려 넣은 녹차해수탕이 운영된다. 보성군에서 직접 운영 중인 율포해수녹차센터는 물놀이와 조개잡이로 지친 몸을 풀기에 제격이다. 지하 120m에서 끌어올린 암반수에 몸을 담그고 해변을 바라보고 있노라면 하루의 피로가 수증기처럼 금방 사라진다.

다양한 부대시설을 갖춘
최고의 휴양지

율포 오토캠핑 리조트는 39개의 캠핑 사이트와 21개의 임대형 카라반, 그리고 풋살경기장을 비롯해서 배드민턴, 배구, 농구장까지 보유하고 있는 대형 캠핑장이다. 39개의 사이트 중 캠핑카와 카라반이 정박 가능한 곳은 대형 데크가 있는 A형 12개소와 파쇄석이 깔린 D형 7개소다. 규모가 넓은 편이라 소형부터 대형 카라반까지 모두 수용이 가능하다. B형과 C형은 자리는 넓어도 나무데크 때문에 소형만 자리 잡을 수 있다. A형은 성수기 기준 하루 3만5,000원이며 공용 수도와 전기 연결이 편리한 D형은 성수기 기준 4만 원이다. 임대형 카라반은 4인 기준 성수기 주말 가격이 12만 원 정도로 캠핑을 체험하고 싶거나 캠핑을 하지 않는 지인들과 함께 할 때 유리하다. 최소 한 달 전에 홈페이지를 통해 예약할 수 있는데, 주말 예약은 예약이 금방 차 버릴 정도로 인기가 높다. 예약하고자 하는 일정에서 한 달 전 일정에 넣어두고 알림 설정을 해 놓으면 편리하다.

율포 오토캠핑 리조트 이용 정보

주소 전라남도 보성군 회천면 충의로 52

전화 061-853-4488

예약 https://www.cnbcamping.co.kr ▶ 30일 전부터 예약 가능

사용료 데크(A,B구역) 3만5,000원, 대형(D구역) 4만 원(극성수기 5만 원)

> □ A·B 데크 사이트
> □ C 일반 사이트
> □ D 일반 사이트
> 다항·예항·의항·차항
> 임대형 카라반

규모 데크 사이트 23개소, 대형 사이트 7개소, 일반 사이트 9개소

편의시설 풋살경기장, 족구장, 농구장, 배드민턴장

주변에 가볼 만한 곳

녹차해수탕,
율포해수풀장(여름),
한국차박물관, 태백산맥문학관,
제암산자연휴양림

> 대형 캠핑카도 무리 없이 진출입이 가능할 정도로 넓다.

함께 가면 좋은 추천 여행지

녹차 향과 삼나무 향이 가득한 **대한다원**

보성 하면 여기를 빼놓을 수 없다. 보성과 영혼의 단짝으로 매년 많은 관광객을 불러들이는 곳으로 대한다원이라는 정식 명칭보다 오히려 '보성 차밭'이라고 불릴 정도다. 대한다원은 150만 평의 대규모 녹차 관광농원으로 국내에서 가장 오래된 차밭이다. 녹차 소비량은 줄고 커피를 찾는 사람들이 많아져서 한때 어려움이 있기도 했지만, 끝없이 펼쳐진 녹색의 평원과 아름드리 삼나무들이 만들어내는 풍경을 눈에 담으려 여전히 많은 사람이 찾고 있다.

주소 전라남도 보성군 보성읍 녹차로 763-67 **전화** 061-852-4540 **운영** 09:00~18:00 **요금** 성인 4,000원, 학생 3,000원

초롱초롱한 아이들의 눈빛 **비봉공룡공원**

천연기념물 '비봉 공룡알 화석지'를 소재로 하여 2016년에 개관한 공룡테마공원이다. 공룡을 주제로 한 공원은 여럿 있지만, 공룡을 주제로 공연하는 곳으로는 이곳이 최초다. 공룡알 쇼를 시작으로 움직이는 대형 공룡들이 웅장한 음악과 함께 공연을 펼친다. 공연 외에도 아이들을 위한 공룡알 위탁모체험, 공룡 라이더 등 다양한 체험이 준비돼 있다. 2005년 보성군 득량면에서 발견된 '코리아노사우루스'의 공룡알 화석도 전시되어 있다.

주소 전라남도 보성군 득량면 공룡로 822-51 **전화** 061-853-0600 **운영** 10:00~18:00, 월요일 휴무 **요금** 성인 6,000원, 어린이 4,000원

07 전라도

팔영산 야영장

전남 고흥은 '지붕 없는 미술관'이라는 별칭을 가지고 있다. 섬
전체가 미술관이라는 연홍도가 있어 붙은 별칭이기도 하지만,
꼭 연홍도가 아니더라도 다도해 해상을 따라 이어지는 그림
같은 해안선과 그 해안선을 따라 펼쳐지는 섬들, 그리고 고흥
8경의 최고봉이라 할 수 있는 팔영산이 만들어낸 모습이 가히
예술작품과도 같다. 아름다운 이곳에 팔영산 야영장이 있다.

수려한 다도해를 품은 팔영산

전남 고흥에는 다도해 해상을 따라 크고 작
은 섬들이 옹기종기 모여 있다. 그 중심에 팔
영산이 있다. 소백산맥의 맨 끝자락에 자리
한 팔영산은 고흥군에서 가장 높은 산이기
도 하다. 다도해를 품은 팔영산은 고흥에서
가장 높은 산으로, 고흥 8경(팔영산, 남열리
일출, 쑥섬, 나로도 편백숲, 금산해안경관, 연

홍도, 소록도, 중산일몰) 중에서도 으뜸으로 친다. 8개의 봉우리가 남해 바다를 향해 우뚝 솟
아 있는데, 멀리서 봐도 선명하게 보일 정도다. 1봉인 유영봉을 시작으로 8봉인 적취봉까지 일
직선으로 솟아나 있다. 기암괴석이 많고 산세가 험준하지만 일단 정상에 오르면 눈앞에 펼쳐
지는 다도해 한려해상의 그림 같은 모습에 감동을 금치 못한다.

고흥에는 '우주로 나아가기 위한 첫발'이라는 수식어도 있다. 고흥에 이어져 있는 나로도에서
국내 기술로 만들어진 위성을 발사해 성공적으로 우주 시대를 연 곳이기 때문이다.

전라남도의 숨은 보물
고흥 여행의 베이스캠프

팔영산 아래 자리 잡은 팔영산 야영장은 조용하고 한적한 정취가 매력적인 곳이다. 특히 광해가 없어 밤마다 별이 쏟아진다는 표현이 정확할 정도로 별이 많이 보인다. 여름 전후로는 어렵지 않게 은하수가 보이기도 한다.

국립공원관리공단에서 운영하고 있는 팔영산 야영장은 예약 또한 국립공원 홈페이지를 통해 진행된다. 홈페이지에는 자동차 영지가 62면이라고 나와 있지만, 실제 차량을 바로 두고 차박을 할 수 있는 사이트는 22곳 정도다. A존에서 1~4번, 5~7번, 10~12번, 16~18번, 20~25번, 28~30번까지만 차와 함께 할 수 있고, A존의 나머지 사이트와 B존은 주차장에 차를 두고 짐을 옮겨야 한다. 국립공원 야영장이다 보니 성수기 기준 1박에 1만9,000원으로 가격대가 저렴한 편이다. 샤워장이 별도로 있긴 하지만 온수가 지원되지 않아 여름이 아니고서는 사용하기 힘들다. 야영장 뒤쪽으로 팔영산 정상을 향하는 탐방로가 이어져 있다. 산행을 즐기고 싶다면 탐방로를 이용해 보아도 좋다.

팔영산 야영장 이용 정보

주소 전라남도 고흥군 점암면 성기리 산 132-4번지

전화 061-835-7828

예약 국립공원관리공단 홈페이지 reservation.knps.or.kr

사용료 성수기(5월~11월) 기준 1만9,000원, 비수기 1만5,000원, 전기 이용료 4,000원 별도

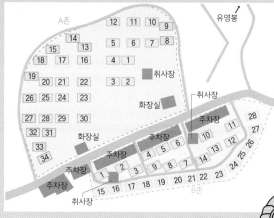

규모 오토캠핑장 사이트 22개소, 글램핑 사이트 15개소

편의시설 화장실, 샤워실, 취사장

주변에 가볼 만한 곳 예술의 섬 연홍도, 쑥섬, 거금생태숲, 나로도 염포해수욕장, 용바위

조용하고 한적한 정취가 매력적인 곳이다.

우주로 나아가기 위한 첫발

나로우주센터 우주과학관

2013년 우주발사체를 성공적으로 발사했던 나로도에 있다. 우리가 만든 위성을 우리가 만든 발사체를 통해 대한민국에서 직접 쏘아 올렸다는 것에서 대단한 의미가 있는 곳이다. 우주센터 입구에 있는 우주과학관은 우주에 관한 원리와 로켓, 인공위성 등 우주과학을 쉽고 부담 없이 즐길 수 있도록 꾸며져 있다. 과학관 앞에는 실물 크기의 나로호가 전시되어 있고, 다도해해상국립공원의 시원한 풍경을 보며 산책할 수 있도록 되어 있다. **주소** 전라남도 고흥군 봉래면 하반로 490 **전화** 061-830-8700 **운영** 10:00~17:30, 월요일 휴무 **요금** 성인 3,000원, 어린이 1,000원

다도해 해상을 한눈에

우주발사전망대

우주센터에서 직선거리로 17km 떨어진, 남열 해돋이해수욕장 옆에 있는 우주발사전망대도 우주과학관과 함께 보면 좋다. 전망대에 오르면 나로도는 물론이고 다도해 해상이 파노라마처럼 펼쳐진다. 평화로워 보이는 풍경을 보며 전망대 카페에서 차 한잔 하기 좋고, 아이들과 함께라면 전망대에 있는 우주도서관, 우주체험관 등을 함께 둘러보는 것도 좋겠다. 시간에 여유가 있다면 전망대 옆 해돋이해수욕장을 함께 둘러보자. **주소** 전라남도 고흥군 영남면 남열리 산76-1 **전화** 061-830-5870 **운영** 09:00~18:00(계절에 따라 유동적), 월요일 휴무 **요금** 성인 2,000원, 어린이 1,000원

어린 사슴 모양을 닮은 **소록도**

소록도는 섬의 모양이 새끼 사슴을 닮았다고 해서 붙여진 이름이다. 이쁜 이름과 달리 소록도에는 아픔이 서려 있는 곳이다. 지금은 다리가 놓였지만, 그전에는 한센병 환자들을 격리할 목적으로 모아두었던 섬이었다. 환자가 있는 국립소록도병원을 제외하고 검시실, 감금실, 수탄장 등 과거 소록도의 흔적이 모두 남아 있다. 소록도 바로 아래는 소록도와 함께 육지와 연륙된 거금도가 있다. 사람들의 손길이 거의 닿지 않는 듯 조용하고 자연 그대로의 풍광이 뛰어나다. 27번 국도를 따라 거금도 한 바퀴를 드라이브 해보는 것도 특별하다.

주소 전라남도 고흥군 도양읍 소록리 130-2(주차장) **전화** 061-840-0521

한 상 가득 남도식 삼겹살 백반
과역기사님식당

과역면 고흥로 일대에는 유독 삼겹살 백반집이 많다. 남도 스타일의 다양한 밑반찬에 노릇하게 구워진 삼겹살을 싫어할 사람이 어디 있을까. 여기에 저렴한 가격까지 더해지니 동일한 메뉴를 선보이는 식당들이 하나둘 모여 '삼겹살 백반 거리'라고 불리게 되었다. 그중에서도 과역기사님식당은 원조라고 알려져 있다. 허름한 식당 내부를 보면 오랜 기간 영업을 해 온 흔적들이 보인다. 백종원의 3대 천왕에 출연하면서 그 인기가 더해졌다.

주소 전라남도 고흥군 과역면 고흥로 2959-3 **전화** 061-834-3364

08

광양 백운산 한 자연휴양림

자연휴양림에 푹 안겨서 캠핑하는 느낌. 그 포근한 안정감은 느껴본 사람만이 안다. 푸른 녹음이 가득한 봄이나 여름은 물론이고 단풍이 곱게 든 가을 자연휴양림에서의 하룻밤은 그 어떤 명품 숙소에 비할 바가 아니다. 들살이 하룻밤을 보내고 나면 집보다는 아무래도 조금은 불편할 수밖에 없음에도 자연휴양림에서의 아침은 언제나 깨운하다.

피톤치드 가득한 힐링 스폿

백두산에서 시작한 백두대간의 끝자락인 백운산은 광양을 품고 자리하고 있다. 남해안 중에서도 산세가 높아 다양한 동식물의 안식처가 되어 실제 자연생태계 보전지역으로 지정되어 있기도 하다. 원시림에 인공으로 조림된 삼나무와 편백이 끝도 없이 하늘로 치솟아 있고, 그 사이에는 캠핑장과 캐빈하우스가 보일 듯 말 듯 조용히 자리 잡고 있다. 휴양림 안에는 다양한 산책로와 황토가 깔린 황톳길이 있다. 황톳길은 신발을 벗고 걸어 보는 것을 추천한다. 자연스러운 지압 효과가 생각만큼 아프지 않고 의외로 시원한 느낌이 휴양림 산책과 잘 어울린다. 산책 후 발을 씻을 수 있는 곳도 마련되어 있다.

백운산자연휴양림에는 캠핑장 외에도 숲속의 집과 캐빈하우스와 같은 숙박시설도 함께 운영한다. 카라반 사이트 입구에는 8대의 임대형 카라반도 있으니 지인, 식구들과 함께 여행하는 경우 함께 이용해볼 만하다. 휴양림에서 운영하는 목재 문화체험도 인기. 아이들부터 어른들까지 저렴한 비용을 내면 나무로 만드는 다양한 생활용품을 직접 만들고 가지고 갈 수 있다. 주말은 물론이고 평일 체험도 인기가 좋아 마감이 빠른 편이니 캠핑장 예약과 함께 미리 체험예약도 고려해보자.

숲의 품에 안겨 보내는
하룻밤

광양 백운산 자연휴양림에는 55개소의 야영 데크 외에 19개소의 카라반 사이트(캠핑카)를 별도로 운영하고 있다. '카라반 사이트'라고 해도 RV 전용으로 운영해주는 곳이 드문데, 19개소 사이트 모두를 캠핑카, 카라반 등록 차량 전용으로만 운영하고 있어 예약이 어렵지 않고 항상 여유가 있는 편이다. 사이트 간의 간격이 넓고 개별 수도 시설, 오수관

과 전기 배전 시설이 되어 있어서 여간 편리한 것이 아니다. 다만, 카라반 사이트에는 별도 샤워장이 운영되지 않고 화장실도 거리가 있어 화장실이 없는 RVer는 약간의 불편함을 감수해야 한다.

자연휴양림에 푹 안겨서 캠핑하는 느낌…. 그 포근한 안정감은 느껴본 사람만이 안다. 푸른 녹음이 가득한 봄이나 여름은 물론이고 단풍 곱게 든 가을 자연휴양림에서의 하룻밤은 그 어떤 명품 숙소에 비할 바가 아니다. 들살이 하룻밤을 보내고 나면 집보다 아무래도 조금은 불편할 수밖에 없음에도 자연휴양림에서의 아침은 언제나 개운하다.

광양 백운산 자연휴양림 이용 정보

주소 전남 광양시 옥룡면 백계로 337

전화 061-797-2655

예약 https://www.foresttrip.go.kr (11~3월 동절기 휴장)

사용료 1박 5만 원(비수기 평일 3만 원)

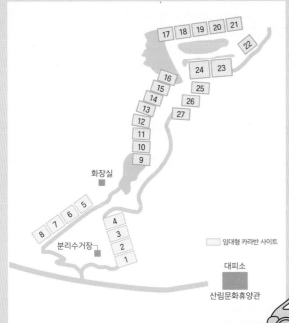

규모 카라반사이트 19개소, 야영데크 55개소

편의시설 목재문화체험장, 황톳길, 산림욕장, 숲속의 집, 캐빈하우스, 샤워장, 취사장

주변에 가볼 만한 곳 옥룡사지, 백운산 동곡계곡, 백운사, 옥룡사 동백나무 숲

함께 가면 좋은
추천 여행지

변하지 않는 마음
광양장도박물관

흔히 '장도'라 하면 여자들이 순결을 지키기 위해 자결용으로 사용했다고 알려졌지만, 실제 우리나라의 장도는 다양하게 쓰였다. 두 임금을 섬기지 말라는 '충절도'는 남자가 소유하고 다녔고, 남녀 상관없이 항상 가지고 다니면서 과일을 깎거나 종이를 자르는 등 일상생활에도 유용하게 쓰였다. 보통 다른 나라에서 전쟁과 싸움의 도구로 쓰였던 칼과는 전혀 다르게 사용된 독특한 칼 문화라고 볼 수 있다. 장도 박물관은 국가무형문화재로 지정되어 있으며 다양한 우리나라 장도 문화를 보여주고 기술을 전수하는 전수관으로 활용되고 있다.

주소 전라남도 광양시 광양읍 매천로 771 **전화** 061-762-4853 **운영** 09:30~18:00, 일요일 휴관

아이와 어른이 모두 만족하는
와인동굴&에코파크

폐선이 된 광양제철선 터널 2개를 활용하여 한쪽은 전 세계 와인을 한자리에서 만날 수 있는 와인동굴로, 다른 하나는 아이들의 복합 놀이공간인 에코파크로 개발했다. 와인동굴은 4계절 일정한 온도가 유지되어 와인을 보관하기에도 좋다. 입장료를 내고 들어가면 와인의 기원과 역사를 보여주는 미디어 영상쇼가 이어지며 곳곳에 포토존이 있다. 에코파크는 아이들을 위한 증강현실 기반 키즈카페로 운영된다. 여름에는 시원하고 겨울에는 따뜻해서 날씨에 영향을 받지 않는다. 성인에겐 1인당 1잔의 와인이 제공된다.

주소 전라남도 광양시 광양읍 강정길 33 **전화** 061-794-7789 **영업** 10:00~19:00(동절기 ~18:00)

풍경 맛집 **구봉산전망대**

해발고도 473m의 구봉산은 광양항과 광양제철
소까지 한눈에 내려다보인다. 12세기 때 봉화대
가 설치되면서 봉화산으로 불리다가 봉화가 다
른 곳으로 옮겨지면서 구봉화산이 되었다가 지
금은 구봉산으로 불리고 있다. 지금은 메탈 아트
봉수대가 대신 설치되어 은은한 빛을 내며 사진
배경이 되어 준다. 광양의 일출 명소이기도 하고
365일 불이 꺼지지 않는 광양 산업단지 덕에 야
경 사진 명소이기도 하다.

주소 전라남도 광양시 구봉산전망대길 136(주차장)

전통과 맛을 오래오래
삼대광양불고기집

광양의 작은 식육점에서 광양 백운산 참숯으로
숯불 고기를 구워 팔던 것이 시작이 되어 3대가
그 맛과 멋을 이어가고 있다. 보통 간장양념을
해서 자작하게 끓여 먹는 불고기와 달리 광양 불
고기는 숯불에 구워 먹는 방식이다. 달큰한 양념
에 숯불 향이 더해져 끊임없이 젓가락이 오가게
된다. 고기를 다 먹고 김칫국을 주문하면 숯
불 위에 올려준다. 고기를 몇 점 남겨
김칫국에 넣고 푹 끓여 먹으면 시원
하고 개운함이 오래간다.

주소 전라남도 광양시 광양읍 서천1길 52
전화 061-763-9250 **영업** 11:00-21:30

경상도

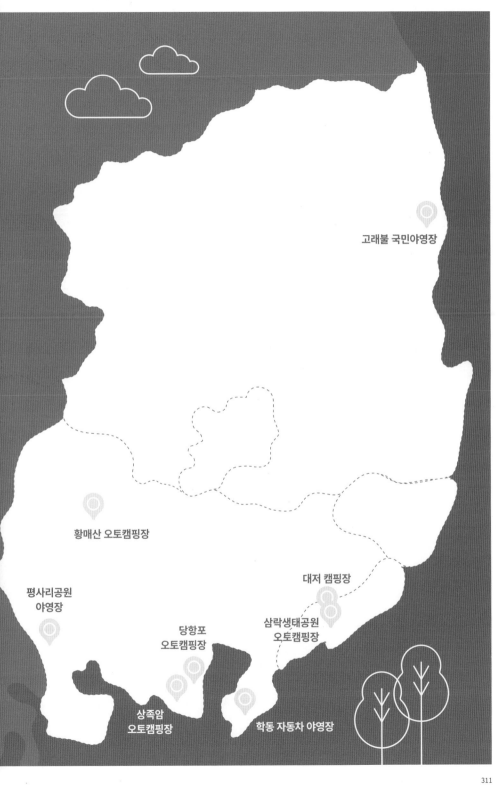

고래불 국민야영장

황매산 오토캠핑장

대저 캠핑장

평사리공원
야영장

당항포
오토캠핑장

삼락생태공원
오토캠핑장

상족암
오토캠핑장

학동 자동차 야영장

01 경상도

삼락생태공원
오토캠핑장

쉬러 가는 캠핑, 먹으러 가는 캠핑, 불멍 하러 가는 캠핑. 캠핑에도 여러 종류가
있지만 개인적으로 여행하는 캠핑, 여행을 위한 캠핑이 가장 오래가고 질리지 않는다.
삼락생태공원 오토캠핑장은 대한민국 제2의 도시 부산을 여행하기 위해서 가장
최적화되어 있는 곳이다. 도심으로의 접근성도 좋지만, 또 한 걸음 떨어지면 조용하고
한적하기 그지없다. 여행과 쉼의 균형이 완벽한 삼락생태공원 오토캠핑장으로 떠나보자.

부산 여행의 시작점

삼락생태공원은 부산시 사상구 엄궁동에서부터 삼락동까지 낙동강 둔치에 광활하게 자리 잡은 강변 공원이다. 143만 평의 넓은 공간에 체육시설과 자연 습지, 철새 먹이터, 맹꽁이 서식지, 자전거 도로를 비롯해서 부산지역 최초의 오토캠핑장까지 자리했다. 봄에는 낙동강 변 30리 벚꽃축제가 절정을 이루고, 여름에는 해바라기, 가을에는 각양각색의 코스모스와 갈대가 물결을 이룬다. 천연기념물 제 179호(낙동강하구 철새도래지)구역으로 겨울에는 철새까지 찾아오는 다양한 생태환경이 강점인 곳이다.

삼락생태공원 오토캠핑장은 RV를 캠핑장에 두고 부산과 김해를 여행하기에 최적의 위치에 있다. 캠핑장에서 걸어서 10분 정도면 부산김해경전철의 '괘법르네시떼역'에 닿는다. 굳이 세 팅된 내차를 이용하지 않아도 얼마든지 시내 곳곳을 편하게 대중교통으로 이동 가능하다. 부산은 6.25 전쟁 이후 급격히 늘어난 피난민과 휴전 후 빠르게 진행된 산업화로 다른 도시와 달리 도로는 규칙적이지 않고 복잡하며 지리적 위치 때문에 급경사도 많다. 때문에 운전자 사이에서도 부산에서의 초행 운전은 특히나 어렵다는 말도 심심치 않게 나온다. 시내 운전과 주차의 부담 없이 캠핑장에 베이스 캠프를 꾸미고 부산 시내 투어를 즐기기에 삼락생태공원 은 감히 최고라 할 수 있다.

추첨제로 운영되는 캠핑장

삼락생태공원 오토캠핑장은 매월 1~3일에 익월 분 추첨 예약을 한다. 추첨 신청이 되지 않은 자리는 이후 선착순으로 예약할 수 있다. 오토캠핑사이트는 좌우로 A(1~31), B(1~31)로 나뉘어 있다. 가운데 취사장과 샤워실 화장실이 있고 양쪽으로 31개씩 사이트가 배치되어 있다.

각 사이트는 10m×10m로 상당히 넓고 잔디블록으로 되어 있다. 전기는 몇몇 사이트 사이에만 있어서 위치에 따라 30m 이상의 릴선이 필요하다. 부산 지역 최초의 캠핑장이라 그런지 편의 시설에 세월의 흔적이 제법 보이는 편이다. 생태 습지가 근처에 있어 하절기 모기도 상당히 많은 단점도 있다.

캠핑장 위치가 고수부지이기도 하고 낙동강 수위가 올라가 범람할 때를 대비하여 사이트가 모두 일정 높이의 경사가 있다. 잔디 광장에 바로 연결된 14~31번 사이트는 경사가 높은 편이라 카라반이 이용하기에는 무리가 있다. 추첨 예약할 때 8~13번 사이트를 신청하는 것이 좋겠다. A사이트 쪽은 부산김해경전철이 지나는 다리와 거리가 가까워 주기적인 소음이 있어 B사이트를 추천한다. 입구 매점에서 간단한 식품과 장작 구매가 가능하고 10분 거리 지하철역 근처에 대형 마트가 있다. 시내 투어 후 캠핑장으로 돌아오는 길에 들리기 좋다. 부산과 김해 인근을 장기 여행하기에도 이만한 곳이 또 있나 싶다.

부산 여행의
최고 베이스 캠프

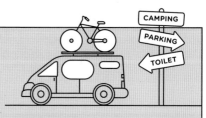

삼락생태공원 오토캠핑장 이용 정보

주소 부산광역시 사상구 삼락동 29-59

전화 051-313-6015

예약 https://www.nakdongcamping.com ▶ 매월 1~3일 동안 익월분 추첨 예약

규모 A, B사이트 62개소, C사이트 50개소(텐트 전용)

사용료 1박 2만7,000원(캠핑카/카라반 1만원 추가됨)

편의시설 매점, 화장실 및 샤워실, 취사장, 잔디광장, 족구장 등

주변에 가볼 만한 곳 을숙도, 임시수도기념관, 대저생태공원, 국립김해박물관, 수로왕릉

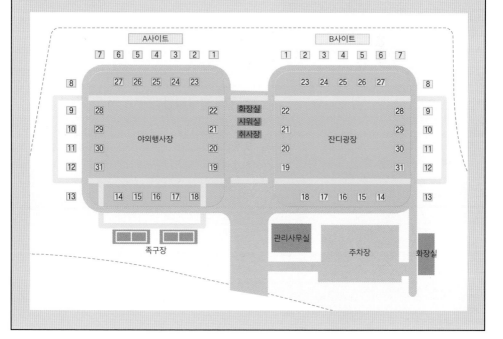

함께 가면 좋은
추천 여행지

피란 수도 부산의 역사
임시수도기념관

1950년 한국전쟁이 발발하면서 부산은 대한민국의 임시 수도가 되어 3년간 그 역할이 이어졌다. 당시 일제강점기 경상남도 도청이 부산으로 이전하면서 지어진 도지사 관사를 초대 대통령의 관저로 이용하였다가 현재는 당시 역사를 재연해 놓은 임시수도기념관으로 운영되고 있다. 전쟁기념관을 비롯해 6.25 전쟁의 역사를 담고 있는 전시관은 여럿 있어도 당시 대한민국의 마지막 보루였고, 전쟁과 피난의 이야기를 있는 그대로 느낄 수 있는 몇 안 되는 중요한 장소이다. 일제강점기 분위기가 엿보이는 고즈넉한 야외 정원도 볼 만하다. 기념관을 보고 나서 근처 국제시장과 깡통시장도 함께 돌아봐도 좋겠다. 피난시절 미군에게서 흘러나온 여러 가지 물품과 먹거리를 거래하던 시장이 커지며 지금의 국제시장과 깡통시장이 생겨났다. 기념관에서 걸어서 10분 거리.

주소 부산광역시 서구 임시수도기념로 45 **전화** 051-244-6345 **운영** 09:00~18:00(매주 월요일 휴무)

색다른 부산 바다 체험
해운대 블루라인파크

해운대 미포에서 청사포를 거쳐 송정에 이르는 4.8km 해안 절경 구간을 따라 해변열차와 스카이캡슐을 타고 이동하며 부산 바다를 즐기는 낭만 여행 코스이다. 중간중간 절경에 놓인 작은 정거장에 내려 풍경을 감상하기에도 좋고, 투닥거리는 선로 소리를 배경음악 삼아 바다 열차를 타는 것만으로도 행복이 느껴진다. 특히 청사포와 미포 사이에만 오가는 꼬마 열차 모양의 스카이캡슐이 압권. 가족이나 지인끼리만 오붓하게 부산 바다 풍경을 공유할 수 있다. 주말에는 예약이 필수.

주소 부산광역시 해운대구 청사포로 116 청사포정거장 **전화** 051-701-5548 **운영** 09:00~19:30(스카이캡슐 기준) **요금** 스카이캡슐 편도 2인 3만5,000원~

우리 삶 속의 해양 역사 모음

국립해양박물관

해양 관련 유물의 수집과 연구 및 전시를 통해 해양의 과거와 미래를 종합적으로 보여준다. 우리 선조들이 어떻게 바다를 이용해 왔는지 기록하고 있고, 우리 삶 속에 어떻게 녹아져 있는지 보여준다. 국내뿐만 아니라 세계 각국의 해양 이용 역사 또한 쉽게 접할 수 있도록 해놓았다. 여러 실감형 전시가 많아 아이들도 어렵지 않게 해양 지식에 한 걸음 다가갈 수 있게 되어 있고, 작지만 가까이서 물고기를 감상할 수 있는 미니 수족관까지 있다. 짧은 수중 터널을 지나며 가오리와 꼬마 상어와 함께 사진을 찍을 수 있다. 반나절은 족히 투자해야 모두 볼 수 있는 큰 규모에도 불구하고 무료로 운영되고 있어 사계절 날씨에 상관없이 인기 관광 스폿.

주소 부산광역시 영도구 해양로301번길 45 **전화** 051-309-1900 **운영** 09:00~18:00(매주 월요일 휴무)

하늘을 가로 지르는 크루즈

송도해상케이블카

부산의 '에어 크루즈'라는 별칭을 가진 송도해상케이블카는 송도해변 동쪽 송림공원(송도 베이스테이션)에서 서쪽 암남공원(송도 스카이파크)까지 1.6km를 바다를 가로질러 운행한다. 타지역 해상 케이블카에 비하면 다소 짧은 구간이긴 하지만, 송도해수욕장의 아름다운 풍광과 기암절벽을 하늘에서 편안하게 감상할 수 있어서 항상 인기이다. 중간 기착지 송도 스카이파크에서는 '용궁 하늘다리'를 통해 작은 동섬을 한 바퀴 돌아볼 수 있다. 해상케이블카를 타고 나서 일정에 여유가 있다면 베이스테이션 앞 거북섬 스카이워크도 함께 들러보자. 해상케이블카와 바다를 배경으로 사진을 남기기에는 케이블카 위 보다 오히려 좋다.

주소 부산광역시 서구 송도해변로 171(송도베이스테이션) **전화** 051-247-9900 **운영** 09:00~21:00 **요금** 왕복 대인 1만 7,000원, 소인 12,000원

02 경상도

고래불 국민야영장

탁 트인 동해 바다를 한입에 삼킨 고래가 울창한 소나무 숲을 향해
물과 동물들을 내뿜는다. 코끼리, 사슴, 강아지, 코뿔소, 토끼가 바다를
바라보며 일렬로 서 있고, 범고래, 돌고래, 밍크고래, 대왕고래가
안전하게 터를 잡고 있다. 소나무 숲과 모래사장에서는 아이들이 뛰놀고,
평지에서는 네발자전거와 두발자전거가 섞여 경주를 즐긴다. 자연과
사람이 아름답게 조화를 이루는 곳, 영덕 고래불 국민야영장이다.

고운 모랫길이 끝없이 펼쳐진
천혜의 자연경관

야영장이 자리한 고래불 해수욕장은 고려 말 문인이자 학자인 목은 이색(1328~1396) 선생이 고래가 물을 뿜으며 놀고 있는 모습을 보고 지은 이름이다. '불'은 '뻘'을 가리키는 옛말이다. 영덕 해변을 따라 20리(약 8km) 길에 펼쳐진 고래불 해수욕장은 고운 모래가 펼쳐진 바다로 유명하다. 당진~상주~영덕을 잇는 고속도로가 개통된 이후에는 이곳을 찾는 관광객이 더 늘어났다. 목은 이색 선생의 생가터인 괴시리 전통마을에서 문화 체험을 하고, 잘 닦인 해안 길을 따라 바닷바람을 맞으며 트레킹을 즐길 수도 있다. 편한 의자에 앉아 멍하니 동해를 바라보는 것만으로도 좋다.

해수욕장 가까이 위치한 고래불 국민야영장은 여름철과 주말에는 전국에서 예약하기 힘든 곳 중 하나로 소문이 자자하다. 캠핑장이 동해와 마주하고 있을 뿐만 아니라 두루두루 즐길 거리가 많기 때문이다. 카라반, 솔숲 야영장, 오토캠핑 등 다양한 방법으로 야영을 즐길 수 있고, 가족 단위 이용객들은 펜션을 예약해도 좋다. 물놀이시설도 있으니 햇살이 뜨거운 여름철에는 캠핑장 내에서 종일 머물러도 시간 가는 줄 모른다. 예약은 홈페이지를 통해서 매일 오전 10시, 최대 1개월 뒤 날짜까지 예약 가능하다. 주말을 기준으로 전월 언제 예약 날짜가 오픈 되는지 미리 일정에 넣어두면 유리하다. 한 가지 팁이라면 금요일을 포함한 주말(2박 3일)을 예약하면 성공 확률이 높다(단, 부분 취소는 불가).

동물 캐릭터 찰칵,
착시 그림 찰칵, 바닷길 찰칵

야영장은 솔숲 텐트 사이트(숲속야영장 A~C) 110개, 차량과 함께 캠핑이 가능한 오토캠핑 사이트 13개를 가지고 있다. 울창한 송림이 넉넉한 그늘을 만들어 주는 솔숲 텐트 사이트에는 아쉽게도 차량이 함께하지 못한다. 대신 13개의 오토캠핑 사이트는 모터홈과 카라반 전용으로 운영된다. 1~8번 사이트는 대형급 카라반까지 정박이 가능하고 9~13번까지는 굴절 구간이 있어 500급 이하만 이용하는 것이 좋다. 바닷가 쪽에서 상시 센 바람이 부니 어닝이나 어닝룸이 바람에 파손되지 않도록 신경 쓰는 것도 잊지 말자.

고래불 국민야영장을 특색 있게 만든 것은 동물 캐릭터 모양의 임대형 카라반이다. 흰색, 주황색, 초록색, 분홍색, 파란색 등 하늘빛과 조화를 이루는 카라반은 금방이라도 솔밭에서 튀어나와 바닷속으로 뛰어 들어갈 태세다. 카라반 앞쪽으로는 예약자의 차량만 주차할 수 있도록 칸이 그어져 있고, 바비큐 그릴과 테이블은 각각의 카라반에 설치되어 있어 독립적이다. 임대형 카라반 전부가 바다를 향해 바다 코앞에 자리한 것도 인기 요인 중 하나다.

야영장 구역마다 취사실, 화장실, 샤워실이 따로 있어서 이용객들의 불편을 최소화한 점도 장점 중 하나다. 외관만큼 내부도 깔끔하고 쾌적하며 온수도 마음껏 쓸 수 있으니, 이용 전 비밀번호를 확인하고 편하게 사용하자.

바닥에 그려진 착시 그림을 따라 포즈를 취해보자.

인기 캠핑장인 만큼
예약이 어려운 것이 아쉽다.

고래불 국민야영장 이용 정보

주소 경상북도 영덕군 병곡면 고래불로 68

전화 054-734-6220

예약 stay.yd.go.kr ▶ 매일 오전 10시 1개월 뒤 날짜 예약 가능

사용료 [오토캠핑 사이트] 4만 원(주중/주말), 비수기 3만 원(주말), [솔숲 텐트 사이트] 3만 5,000원(주중/주말),
비수기 3만 원(주말)

규모 오토캠핑 사이트 13개소, 솔숲 텐트 사이트(숲속야영장 A~C) 110개소, 임대형 카라반 사이트 25개소

편의시설 조형 전망대, 해안루, 해안산책로, 샤워장, 취사장, 어린이 놀이터, 자전거 대여소

주변에 가볼 만한 곳 고래불 해수욕장, 장사 해수욕장, 강구항, 벌영리 메타세쿼이아 숲, 정크&트릭아트전시관

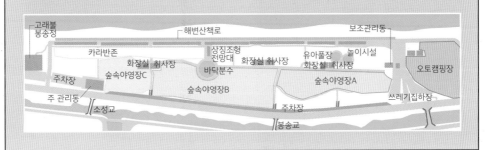

함께 가면 좋은
추천 여행지

청정 바다를 내 안에 품는
삼사해상공원

탁 트인 바다와 망향탑, 경북대종, 공연장, 폭포 등 볼거리가 풍성하여 가족 단위 행락객뿐 아니라 평일에도 많은 관광객이 찾는 곳이다. 망향탑은 이북 5도민의 망향의 설움을 달래기 위해 1995년에 세워졌고, 경북대종은 높이 약 4.2m의 대종으로 통일신라 시대 성덕대왕 신종을 본떠 만들었다. 종각 아래로 긴 산책로가 조성되어 있고 시기에 따라 캐릭터들과 사진을 찍을 수 있는 포토존이 마련되어 있다. 이곳에서는 매년 1월 1일 해맞이 축제와 12월 31일 제야 타종 행사가 열린다. 저물어 가는 한 해를 마무리하고 웅장한 새해를 맞기에 매력적인 장소다.

주소 경상북도 영덕군 강구면 해상공원길 120-7

영덕 해맞이공원
창포말등대

해맞이공원을 상징하는 등대. 대게의 집게발이 24m 등대 꼭대기로 향해 뻗어 나가는 모습이 인상적인 조형물이다. 42km 떨어진 바다를 향해 6초에 한 번 정도 불빛을 비춰 항해하는 배의 안전을 지켜주는 고마운 존재이기도 하다. 등대 내부의 나선형 계단을 따라 올라가면 눈앞에 드넓은 바다가 펼쳐지고, 비릿하면서도 상쾌한 바다 냄새가 코끝을 자극하고, 기암괴석에 부딪혀 철썩거리는 파도 소리가 귓가를 맴돈다. 등대를 배경으로 사진을 찍었으면 등대 아래로 연결된 산책로로 가보자. 집게발을 콕 빼서 안에 들어 있는 게살까지 발라 먹고 싶은 충동을 느낄 만한 조형물이 버티고 있다. 긴 산책로를 따라 걸어가면 해파랑길에 있는 해맞이공원까지 이어진다.

주소 경상북도 영덕군 영덕읍 창포리 산4-1

대게 축제가 열리는 강구항

해파랑공원

강구항에 조성된 넓은 공원으로 영덕 대게축제를 포함하여 다양한 지역 행사가 열린다. 바닷가 방파제 쪽으로 나무 데크가 만들어져 있어 걷기에 편하고, 대게 모양의 조형물 앞에서 사진을 찍는 것은 필수 코스로 소문나 있다. 공원에서 바닷길을 따라 영덕 블루로드가 펼쳐지니 시간 여유가 있는 사람은 바닷바람을 맞으며 바다와 한 몸이 되는 느낌을 만끽해 보자. 강구항 주변의 대게 거리에는 크고 작은 대게 요리 전문점이 즐비하니 마음 닿는 곳으로 들어가서 눈과 입이 행복한 한 끼 식사하는 것도 괜찮다.

주소 경상북도 영덕군 강구면 영덕대게로 132

문화와 전통 예절을 지켜온

괴시리 전통마을

고려 말의 문인인 목은 이색의 생가터와 기념관이 있고, 영양 남씨 집성촌이자 200여 년 전 지어진 전통 가옥이 보존된 문화재 마을이다. 처음에는 '호지촌'으로 불렸는데 목은 선생이 원나라 구양 박사의 마을인 '괴시마을'과 호지촌의 아름다운 풍경이 비슷해서 고향으로 돌아와 '괴시'라고 이름 지었다고 한다. 영양 남씨 괴시파종택(경산북도 민속자료 제75호)을 비롯해서 문인의 가치가 빛나는 고가옥 30여 호가 남아 있어 고택 특유의 향취를 느낄 수 있다. 이색 기념관으로 올라가는 길은 조용하고 고즈넉하여 옛 문인의 숨결 속으로 깊게 걸어 들어가는 듯하다.

주소 경상북도 영덕군 영해면 호지마을1길 16-1 전화 054-730-6114 요금 무료

경상도

03

황매산
오토캠핑장

황매산 850m 고지에 위치한 황매산 오토캠핑장은 전국 수백여 개의
캠핑장 중에서 가장 높은 곳에 있는 것으로 유명하다. 고도가 높으니
공기가 맑고 청명한 것은 어쩌면 당연한 일. 한여름에도 모기를 찾아보기
힘들 만큼 선선한 날씨를 자랑한다. 날씨가 좋다면 카라반에 앉아 운해
사이로 떠오르는 일출도 볼 수 있다. 캠핑장이 있는 황매산은 매년 5월이면
철쭉으로 붉게 물들고 가을에는 억새 물결이 잊지 못할 풍경을 선사한다.

하늘에 가장 가까이 있는 캠핑장

황매산 오토캠핑장은 크게 2개의 캠핑장으로 나뉜다. 제1 캠핑장은 전국 수천여 개의 캠핑장 중에서 가장 높은 곳에 있는 캠핑장으로도 유명하다. 황매산(해발 1,113m)은 가야산에 이어 합천의 제2 명산이다. 황매산 오토캠핑장은 황매산의 해발 850m 고지에 자리 잡았다. 높은 곳에 자리하기로 유명한 계방산 오토캠핑장(강원도)도 약 700m대 고지에 있지만, 주위 지대도 고도가 높아 캠핑장 진입 시 '높다'라는 것을 크게 느끼지 못할 정도로 완만하다. 하지만, 황매산 오토캠핑장은 입구의 고도가 낮고 정상까지 가파른 경사가 쉼 없이 이어지다 보니, 고지에 있음을 확연히 느낄 수 있다.

모터홈이나 카라반을 끌고 높은 경사를 따라 올라가는 것에 대한 부담이 있긴 하지만, 막상 올라가 보면 그리 어렵지 않다. 400급 이상의 중대형 카라반을 끌고 올라가는 경우는 사륜구동의 SUV 정도는 되어야 무리 없이 오를 수 있다.

황매산 아래쪽에 자리한 제2 캠핑장

가파르고 꼬불꼬불한 오르막을 한참 오르다 보면 갑자기 시야가 훤해지면서 제1 캠핑장이 나타난다. 캠핑장 입구 쪽으로는 카라반 전용 사이트가 있고, A~C사이트(29개)에도 캠핑카 정박이 가능하다. 특히 B사이트(10개)는 사이트 간의 간격이 넓어 프라이버시가 보장되고 개별 수도시설이 되어 있어 캠핑카 물 공급이 수월하다. A와 C는 사이트 간 구분이 따로 없어 여러 팀이 같이 캠핑하기에 오히려 장점이 될 수 있다. B사이트 아래에 있는 D사이트는 일반 오토캠핑 사이트로 제법 큰 나무들이 하루 종일 그늘을 넉넉히 드리워준다. 아쉽게도 텐트 전용 사이트로 운영하고 있다.

CAMPING TIP

카라반을 견인하면서 가파른 언덕을 넘거나
높은 곳에 오를 때는 올라갈 때보다 내려올 때
조심해야 한다. 견인차가 제동하면서 카라반의
관성브레이크는 내리막 구간 내내 브레이크가 잡혀
있게 된다. 중요한 것은 일정 거리의 내리막길을
달렸다면 잠시 멈추고 드럼의 열을 잠시나마 식힐
수 있는 여유를 가지는 것이 중요하다.

운해로 둘러싸인 제1 캠핑장

운해를 볼 수 있는 캠핑장

고지대에 자리한 제1 캠핑장은 지리적 위치 때문에 여느 캠핑장처럼 주변 여행을 다니기에는 조금 불편함이 있다. 캠핑장 내 매점이 있긴 하지만 한 번 내려가기가 쉽지 않으니 캠핑장에 올 때 모든 식료품을 준비해 가는 것이 좋다. 이러한 불편함, 가파른 길을 올라오는 어려움만 감수하면 황매산 오토캠핑장은 우리에게 많은 것을 내어 준다. 고지대에서 느낄 수 있는 맑은 공기, 한여름에도 모기와 전쟁을 치르지 않아도 되는 것, 산을 타고 올라오는 시원하고 상쾌한 바람과 그로 인해 어닝이나 타프 한 장만으로 더운 계절을 시원하게 보낼 수 있다.

날씨가 좋다면 카라반에 앉아 운해 사이로 떠오르는 일출을 덤으로 얻게 된다. 다만 기후 변화가 잦아 갑자기 구름이 자욱해지면서 빗방울이 후두둑 떨어지기도 한다. 변화무쌍한 날씨 변화를 보이다가도 어느새 맑은 하늘을 보여 주기도 한다. 주변에 불빛이 없어 밤이 되면 셀 수 없이 많은 별들이 하늘을 가득 채운다. 스마트폰에 별자리 애플리케이션을 다운로드 해두면 별자리 이름을 맞혀 보는 등 또 하나의 추억을 선사해 줄 것이다.

제1 캠핑장은 급한 경사로 때문에 12월부터 3월까지는 운영하지 않는다. 대신 새로 만들어진 황매산 아래쪽 황매산 군립공원 매표소 부근에 있는 제2 캠핑장을 이용하면 된다(겨울에도 운영). 또한 제1 캠핑장은 철쭉 축제가 열리는 5월에는 많은 등산객이 모여 차량 이동이 많아지기 때문에 카라반이나 캠핑카로는 캠핑이 불가하다(해당 기간에는 제2 캠핑장에서만 가능). 철쭉축제가 열리는 5월과 억새가 만발하는 10월 전후에는 금세 예약이 마감되니 서두르는 것이 좋다.

황매산 오토캠핑장 이용 정보

주소 [제1 캠핑장] 경상남도 합천군 가회면 황매산공원길 331,
[제2 캠핑장] 경상남도 합천군 가회면 둔내리 1373-1
전화 010-9258-5233
예약 www.camp850.com ▶ 매주 월요일 오전 10시부터 3주 뒤 예약 가능
사용료 캠핑카 사이트 1박 4만5,000원(비수기), 5·8·10월 1박 5만 원(성수기)
규모 [제1 캠핑장] A~C사이트 29개소(잔디블럭-RV정박 가능), D사이트 57개소, [제2 캠핑장] F사이트 10개소(텐트 전용), G사이트 11개소(캠핑카 전용)
편의시설 온수샤워실(유료), 실내/외 개수대, 세탁실, Wi-Fi 가능 개별 수도시설(B사이트), 매점 및 식당
주변에 가볼 만한 곳 대장경테마파크, 천불천탑, 가야산, 오도산 자연휴양림, 합천국보테마파크

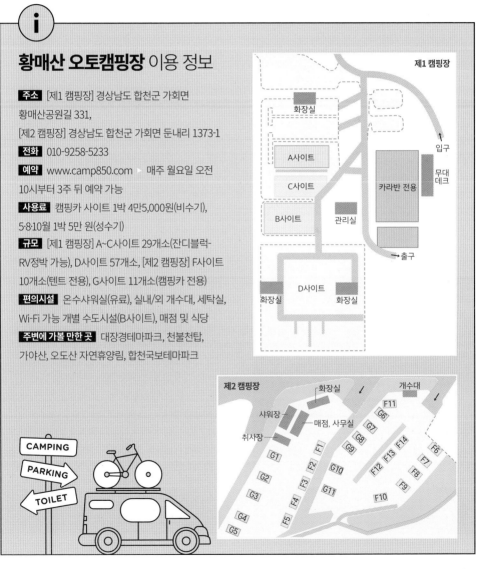

제1 캠핑장
화장실
A사이트
C사이트
B사이트
관리실
카라반 전용
입구
무대데크
출구
D사이트
화장실
화장실

제2 캠핑장
화장실
개수대
샤워장
매점, 사무실
취사장
F11
G6
G7
G8
F1
F12 F13 F14
F6
G1
G9
F7
G2
F2
G10
F5
F8
G3
F3
G11
F9
G4
F4
F10
G5
F5

CAMPING
PARKING
TOILET

함께 가면 좋은
추천 여행지

여름의 전령사 철쭉이 만개하는
황매산

황매산은 사진 찍기를 즐기는 사람들이라면 꼭 한 번 가봐야 할 출사지로 이름난 곳이다. 5월 무렵 철쭉이 산 전체를 뒤덮기 때문이다. 황매산 정상엔 전국 최대 규모의 철쭉 군락지가 형성되어 있다. 매년 5월이면 한 달간 황매산 정상에서 철쭉축제가 열린다. 주차장까지 도로가 잘 갖춰져 있고, 정상까지도 길이 잘 조성되어 있어 남녀노소 산행 코스로 즐기기에 좋다. 진달랫과인 철쭉은 먹을 수 있는 진달래와는 달리 먹을 수 없다. 먹을 수 있는 진달래를 '참꽃'이라고 부르는 대신 먹을 수 없는 철쭉을 현지에서는 '개꽃'이나 '개진달래'라고 부른다. 봄의 마지막을 알리고 여름의 시작을 알리는 전령사인 철쭉. 만개했던 철쭉이 지면 초여름으로 들어선다. 봄과의 이별을 황매산에서 맞이해 보는 것은 어떨까?

영화 속 주인공이 되어 보자
합천영상테마파크

영화나 드라마를 좋아한다면 합천영상테마파크에 들러보자. 625 전쟁의 아픈 과거를 다루어 1,000만 관객을 동원하였던 영화 <태극기 휘날리며>, 조선 시대 악동 도사의 이야기를 그린 <전우치>, 만화가 허영만의 만화를 드라마로 만들어 많은 사랑을 받은 <각시탈> 등 많은 영화와 드라마가 여기서 만들어졌다. 이 외에도 <포화속으로>, <고지전>, <전우>, <에덴의 동쪽>, <선덕여왕>, <도둑들>, <최종병기 활>, <써니> 등 수많은 작품들을 찍은 배경이 되었고 지금도 고스란히 남아 있다. 영화와 드라마에서 보았던 감동을 다시 한 번 느껴보고 싶다면 꼭 한 번 방문해보자.

주소 경상남도 합천군 용주면 합천호수로 757 **전화** 055-930-3743 **운영** 09:00~18:00(동절기 ~17:00), 월요일 휴관 **요금** 성인 5,000원, 어린이 3,000원

영남을 대표하는 합천7경
황계폭포

황계마을 입구에 들어서면 황계폭포로 가는 이정표가 보인
다. 황계폭포는 영남을 대표하는 폭포로, 합천 8경 중 7경에
해당하는 2단 폭포다. 평탄한 산길을 걷다가 잘 정돈된 나무
데크를 따라가면 폭포에 이른다. 상단 폭포는 약 15m 높이에
서 수직으로 낙하하고, 하단 폭포는 약 20m 높이에서 바위
면을 타고 물이 미끄러진다. 용이 살았다는 전설이 있을 만큼
폭포 아래의 소는 깊어서 다슬기 채집이나 물놀이는 금지되
어 있다. 폭포 주변으로는 암벽이 병풍처럼 둘러싸고 있어 장
관을 연출한다.

주소 경상남도 합천군 용주면 황계리 산 156

팔만대장경을 봉안하고 있는
해인사

가야산 남서쪽에 있는 사찰로, 세계기록유산인 고려대장경판
과 제경판, 세계문화유산인 장경판전을 봉안하고 있다. 신라 때
지어진 절인데, 수차례 화재가 일어나 현재 남아 있는 건물은
조선 말기에 중건된 것이다. 팔만대장경판과 장경각은 다행히
도 화를 입지 않고 옛 모습 그대로 보존되고 있다. 팔만대장경
은 고려 때 원나라의 침입을 물리칠 수 있기를 기원하기 위해
만든 대장경으로, 세계적으로 완성도 면에서 가장 높은 평가
를 받고 있다. 통도사, 송광사와 더불어 삼보(三寶; 불교의 불
(佛), 법(法), 승(僧)에 해당) 사찰 중 하나로 법보(法寶) 사찰(부
처님의 가르침인 법(法)을 담고 있는 사찰)로 유명하다.

주소 경상남도 합천군 가야면 해인사길 122 전화 055-934-3000 운영 팔
만대장경 관람 08:30~18:00(동절기 ~17:00) 요금 성인 3,000원, 어린이
700원(주차 요금 별도)

쌉싸름한 커피 향이 진한
합천 커피 체험마을

커피나무를 직접 심어 보고 집으로 가져와서 키울 수 있는 체
험 농장이다. 커피 문화와 연구에 대한 사장님의 자부심이 블
렌딩 된 하비주 커피에 녹아 있으니 체험 후 시음해 보는 것도
좋다. 사장님과 두 아들의 이름에서 한 글자씩 가져와서 '하비
주'라 이름 지었다고 한다.

주소 경상남도 합천군 합천읍 외곡리 133 전화 010-2203-1250 운영
10:00~18:00

04

평사리공원 야영장

진안군 마이산에서 발원하여 500리 물길을 이어온 섬진강은
경상남도와 전라남도를 사이에 두고 바다로 접어든다. 벚꽃과
매화가 눈을 즐겁게 하고 재첩과 강굴이 입을 즐겁게 하는 곳.
눈부신 섬진강을 따라 하동 여행을 떠나 보자.

금빛 모래사장이
눈부신 섬진강

바쁜 일상을 보내고 주말이 되면 누워서 빈둥거리며 쉬고 싶지만, 몸이 힘들더라도 막상 여행을 다녀오면 오히려 월요일을 활기차게 시작할 수 있다. 여행으로 인한 행복은 떠날 때부터가 아니라 준비할 때부터 시작된다. 한 주의 시작을 주말을 위한 여행 준비로 시작한다면 이미 행복한 한 주가 시작될 것이다. 아직 어딜 갈지 정하지 못했다면 경상남도와 전라남도를 두루 여행할 수 있는 하동은 어떨까?

하동 여행은 섬진강에서 시작된다. 여러 볼거리가 있지만 특히나 해가 뉘엿뉘엿 넘어가는 시간 섬진강 변 드라이브는 최고의 순간을 선사한다. 섬진강을 따라 끝없이 이어진 모래사장은 붉은빛 햇빛을 받아 마치 금가루라도 뿌려놓은 것 같다. 특히나 섬진강을 따라 벚꽃이 한창인 계절에는 강물에 비친 붉은빛과 길마다 만개한 벚꽃의 조화가 시간이 지나도 쉬이 잊히지 않는 명품 풍광이 되어 준다.

섬진강을 따라 하동을 여행하기에는 평사리공원 야영장이 어울린다. 캠핑장 옆으로 투명한 섬진강과 금빛 모래사장이 바로 이어져 있다. 최근 가뭄이 심해 모래사장은 더 넓어지고 강폭이 좁아진 것 말고는 상상한 그대로의 아름다움을 보여준다. 정박하고 나면 먼저 강변으로 가서 얕은 강물에 발을 담그고 손으로 모래를 파보자. 섬진강의 명물 재첩이 간간이 손에 잡힌다. 가뭄과 남획으로 예전보다 섬진강 재첩 보기가 어려워지긴 했어도 먼 길 달려온 여행자가 만족할 만큼은 손 내밀어 준다.

섬진강을 곁에 두고
하동을 여행할 수 있는 최적의 캠핑장

봄이면 강변을 따라 벚꽃이 만발하고 잎은 연한 녹색으로 옷을 갈아입는다. 여름에는 깨끗한 섬진강에서 물놀이와 재첩 잡기로 시간 가는 줄 모른다. 가을이면 지리산 곳곳이 붉게 물들어 가슴을 설레게 한다. 평사리공원 야영장은 어느 계절에 와도 볼거리, 즐길거리가 가득한 하동을 구석구석 둘러보기 좋은 최적의 베이스캠프이다.

야영장 내에는 총 87개의 사이트가 있다. 이 중 자동차/카라반 야영장 구역은 58개. 섬진강변을 따라 길게 이어지는데 강변을 바라보는 사이트가 정박하기에 좋다. 강변이 아닌 1번~29번 사이트는 도로와 인접해서 조금 소음이 있는 편이다. 강변을 따라 11자로 길게 뻗은 사이트 배치 덕분에 초입에서 30번 사이트까지 가려면 제법 많이 들어가야 한다. 중간에 취사장과 화장실 그리고 샤워장이 있기 때문에 한적함을 찾는 것이 아니라면 45번~50번 사이트가 명당 자리다.

야영장은 강변을 따라 길게 늘어선 모양으로, 안쪽 끝에 자리한 사이트는 샤워장·취사장과의 거리가 조금 멀 수 있다. 한적한 강변을 따라 산책하듯 마음의 여유를 가지고 오간다면 그리 불편한 정도는 아니다.

CAMPING TIP
자동차/카라반 야영장 구역은
텐트/자동차 캠핑이냐, 카라반/모터홈
이용이냐에 따라 비용이 서로 다르니
예약 시 선택해야 한다.

하동 여행의
최적 위치에 있다.

평사리공원 야영장 이용 정보

주소 경상남도 하동군 악양면 평사리 섬진강대로 3145-1

전화 055-883-9004

예약 www.hadong.go.kr/tour.web ▶ 매월 첫째 주 금요일 오전 10시부터 익월 분 예약 시작

사용료 자동차 캠핑 1박 2만4,000원, 카라반/캠핑카 이용 시 1박 3만 원(예약 시 미리 선택)

규모 자동차 야영장 58개소, 텐트 전용 야영장 29개소(차량 정박 불가)

편의시설 취사장 1개소, 화장실 3개소, 샤워실 1개소, 강변 산책로

주변에 가볼 만한 곳 화개장터, 야생차박물관, 칠불사, 부부송, 하동송림공원, 청학동

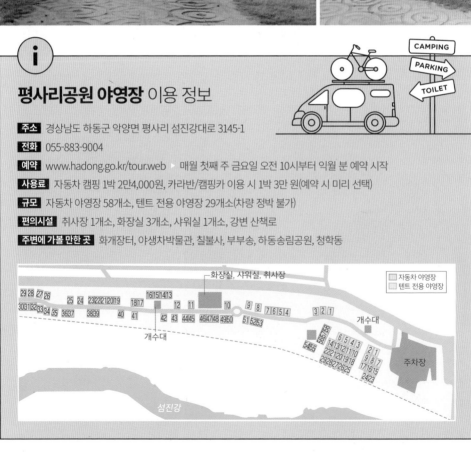

함께 가면 좋은 추천 여행지

배달민족의 성전 **삼성궁**

삼성궁은 우리 민족을 뜻하는 배달민족의 성조인 삼성(환인, 환웅, 단군)을 모신 성전이다. 전하기로는 1983년 '한풀선사'가 제자들과 함께 돌탑을 쌓았다고 한다. 굽이굽이 둘러진 돌탑은 연못이 되고 폭포를 만들어내며 산 중턱까지 끝도 없이 뻗어 나간다. 과연 이 모든 것을 사람이 만든 것이 맞는지 믿어지지 않을 정도다. 한 30분을 정신 없이 보다가 '이제는 끝이 보이겠지' 싶지만, 계속해서 돌탑이 이어진다. 어지간한 산행에 견줄 만하니 출발 때부터 신발 끈을 단단히 묶고 봐야 할 일이다. 평사리공원에서 삼성궁까지 직선 거리로는 11km 밖에 되지 않는다. 내비게이션을 찍으면 하동군청을 지나 하동호로 이어지는 길을 안내하는데 그럼 44km 정도로 1시간이 넘게 걸린다. 평사리공원에서 '악양면 등촌리 산81-1'로 가면 삼성궁으로 가는 임도가 나온다. 승용차로도 갈 수 있을 정도로 잘 정리된 임도이고 시간이 20분 이상 절약된다.

주소 경상남도 하동군 청암면 삼성궁길 86-15 **전화** 055·883·8769 **요금** 성인 8,000원, 어린이 4,000원

꽃향기, 차 향기 가득한 **쌍계사길**

쌍계사는 723년 신라 성덕왕 때 삼법스님과 대비스님에 의해 세워진 천년 고찰이다. 고찰로서 쌍계사도 유명하지만, 화개장터와 쌍계사까지 이어지는 길은 십 리 벚꽃길이라 하여 매년 봄이면 많은 상춘객이 찾는다. 또한 지리산이 단풍으로 곱게 물드는 가을 쌍계사도 아름다운 풍경을 선사한다. 쌍계사는 차와도 인연이 깊다. 신라 흥덕왕 때부터 당나라에서 가져온 차 나무를 심어 우리나라 차의 시배지가 된 곳이다. 쌍계사 주변으로 펼쳐진 드넓은 야생차 밭도 볼거리 중 하나.

주소 경상남도 하동군 화개면 쌍계사길 59

봄에도 눈이 내리는 곳 **매화마을**

섬진강 변을 따라 오른쪽으로 때론 왼쪽으로 굽이굽이 뻗은 길이 '한국에서 가장 아름다운 길'로 선정되었다. 섬진강 벚꽃길이라고도 불리는 이 길은 봄이면 온통 벚꽃으로 뒤덮여 이동하는 내내 탄성을 자아낸다. 길을 따라 이어지는 잔잔한 섬진강은 햇빛을 머금어 눈이 부실 정도로 반짝이는 것이 마치 은가루라도 뿌려 놓은 듯하다. 매년 3월에서 4월에 섬진강을 따라가다 보면 마치 눈이 내린 듯한 곳이 있는데, 바로 매화마을에 매화꽃이 만발한 모습이다. 매화마을에 10만 그루의 매화나무가 만개하면 섬진강 풍경과 어우러져 보는 이의 마음을 달뜨게 만든다. 늦은 추위가 기승을 부려도 여지없이 꽃을 피워 봄을 알리는 봄의 전령사 매화. 눈이 내려 쌓여도 매화는 핀다고 한다. 매화가 만개한 마을은 마치 소복이 쌓인 눈밭 속에서 매화가 핀 것처럼 보이기도 한다.

주소 전라남도 광양시 다압면 도사리 414 청매실농원 **전화** 061-772-4066

재첩 향기 진한 **동흥식당**

섬진강에 왔으니 유명한 재첩을 먹지 않을 수 없다. 하동 시내에 가면 저마다 원조를 내세우는 재첩식당이 많이 있는데, 그중 동흥식당이 현지인들이 많이 찾는 재첩식당 중 하나다. 흔히 재첩 하면 재첩국을 많이 떠올리는데, 국도 좋지만 이 집은 재첩회덮밥이 일품이다. 작지만 알찬 재첩을 야채와 함께 고추장에 쓰윽 비벼 한 입 넣으면 담백한 재첩 향이 입안 가득 퍼진다. 재첩은 섬진강의 민물과 광양의 바닷물이 만나는 곳에 주로 서식하는데, 환경의 변화로 그 수가 점점 줄고 있다고 하니 몇 년 뒤에는 잊혀지는 맛이 되지 않을까 걱정이다.

주소 경상남도 하동군 하동읍 경서대로 94-1 **전화** 055-884-2257 **영업** 08:30~19:30

섬진강의 끝자락 **망덕포구**

섬진강에 오면 꼭 먹어야 하는 것이 재첩 말고도 또 있는데 바로 '강굴'이다. 바다에서 보통 자라는 굴이 민물과 바닷물이 만나는 곳인 강에서 난다고 하여 강굴이라고도 불리고 벚꽃 필 때가 제철이라 '벚굴'이라고도 불린다. 강굴은 자라는 곳의 환경의 영향으로 일반적인 굴보다 5~10배 정도로 크기가 크고 맛이나 향 또한 일반 굴보다 뛰어나다. 섬진강의 끝자락, 바다와 만나는 곳 망덕포구로 가면 벚굴을 만날 수 있다. 망덕포구는 다른 항구처럼 횟감이 많고 북적거리는 포구는 아니다. 횟집이 대여섯 개가 전부인 작은 포구다. 하지만 겨우내 조용했던 망덕포구는 벚꽃이 피는 이맘때 벚굴을 먹기 위해 모인 외지인들로 북적인다. 그냥 회로 먹어도 비리지 않고 향이 일품이지만 강굴은 구이로 많이 먹는다. 숯불에 올려 두면 입을 벌리면서 뽀얀 국물이 나오는데, 이때 껍질을 벗겨 초장에 찍어 먹으면 향긋한 굴 맛이 온 입에 가득 찬다.

주소 전라남도 광양시 진월면 망덕리 845-82

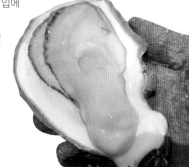

05 경상도

상족암 오토캠핑장

한반도의 남쪽 끝자락에 자리한 경상남도 고성은 쪽빛 바다와 파도가
만들어낸 기암괴석의 아름다운 조화가 펼쳐지는 곳이다. 다도해의
절경만큼이나 유명한 것이 있으니, 바로 '공룡'이다. 고성은 국내 최대의
공룡 발자국 화석 산지로, 발길이 닿는 곳마다 수억만 년 전 이곳을
뛰놀았을 공룡의 숨결을 느낄 수 있다. 사라진 공룡을 찾아 떠나는 시간
여행의 베이스캠프가 되어줄 상족암 오토캠핑장을 소개한다.

사라진 공룡을 찾아서

남해안 한려수도와 닿아 있는 고성군은 푸른 바다와 크고 작은 섬들이 어우러져 아름다운 풍경을 자랑한다. 멋진 풍광만큼이나 고성군의 상징적인 존재가 있으니, 바로 공룡이다. 1982년 고성군 하이면에서 국내 최초로 공룡 발자국이 발견된 이후로 고성군 전역에 걸쳐 5,000여 개의 발자국 화석이 발견되었다. 국내 최대의 공룡 발자국 화석 산지로서 미국 콜로라도, 아르헨티나 서부 해안과 함께 세계 3대 공룡 발자국 화석 산지로 손꼽힌다. 이를 증명이라도 하듯 상족암 군립공원, 당항포 국민관광단지, 회화면 어신리 등 고성군 주변에는 공룡 발자국 화석의 흔적이 남아 있는 여행지가 많이 있다.

공룡의 도시 고성 시간 여행은 상족암 오토캠핑장에서 시작하자. 캠핑장 바로 옆으로 고성 공룡박물관이 자리하고 있다. 더구나 캠핑장 이용객에 한해 4명까지 무료로 공룡박물관 입장을 도와준다. 아이들과 함께하는 여행에서는 꼭 빼먹지 말고 챙겨야 할 부분이다. 차로 이동해도 되지만 시간이 된다면 2캠핑장에서 바다를 따라 상족암까지 이어지는 데크길을 이용해서 가는 것도 추천한다. 공룡 발자국 화석지와 남해의 푸른 바다를 곁에 두고 걷는 산책이 상당히 매력적이다.

남해 바다를
품에 안은 캠핑장

캠핑장은 계단식 형태로 나뉘져 있다. 위쪽에 1캠핑장이 있고 아래쪽 바다 바로 이어지는 곳에 2캠핑장이 자리 잡았다. 체크인을 도와주는 관리실은 아래쪽 2캠핑장 입구에 있다. 바다를 시원스레 내려다보는 뷰는 1캠핑장이 좋고, 바다로의 접근성은 2캠핑장이 더 유리하다. 대부분의 사이트가 9m×9m

크기로 넓고 간격이 있어서 중대형 RV도 접근하기 좋다. 2캠핑장에서는 바다와 인접한 33번~40번 사이트가 인기이고, 나머지 대부분의 사이트도 불편함 없이 캠핑을 즐길 수 있다. 다만 1캠핑장 출입구가 있는 쪽 사이트(72, 73, 63 등)는 경사도가 심해서 수평을 맞춰주는 레벨러(수평을 맞춰주는 받침대)가 없다면 피하는 편이 좋겠다.

캠핑장 앞 모래 해변은 양쪽이 방파제로 막혀 있는 포구 형 해수욕장이라서 파도가 거의 없다. 아이들이 잔잔하고 위험하지 않게 물놀이를 즐길 수 있는 장점이 있다. 굳이 물놀이를 하지 않아도 해변을 걷는 것만으로도 충분한 힐링이 된다. 어둠이 내려앉은 조용한 캠핑장에서 남해 밤바다를 산책하는 호사는 여기서만 느낄 수 있는 최고의 선물이다.

공룡 좋아하는 아이들의
필수 캠핑 코스

상족암 오토캠핑장 이용 정보

주소 경상남도 고성군 하이면 덕명5길 53-7

전화 070-4252-1316

예약 http://www.sjacamping.com

▶ 매월 1일 익월 예약 오픈

사용료 4인 기준 30,000원(전기료 6,000원 별도)

규모 제1캠핑장 45사이트, 제2캠핑장 40 사이트

편의시설 화장실, 샤워실 및 취사장 2개동

주변에 가볼 만한 곳 고성송학동고분군, 그레이스정원, 연화산, 대가저수지 연꽃테마공원, 남산공원

제1 캠핑장

← 출구

72 73 74 75 76 77 78 79 80 81 82 83 84 85

63 64 65 66 67 | 화장실 취사장 대피소 | 68 69 70 71

54 55 56 57 58 | | 59 60 61 62

41 42 43 44 45 46 47 48 49 50 51 52 53

↑ 입구

제2 캠핑장

진출입로 ↓↓

7 8 9 | 10 11 12
6 | 18 | 19 20 21 22 23
5 | 17 |
4 | 16 27 | 28 29 30 31 32
3 | 15 26 |
2 | 14 25 | 화장실, 취사장 | 33 34
1 | 13 24 | 35 36
| 37 38
관리동 | 39 40

CAMPING
PARKING
TOILET

343

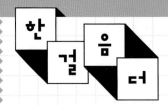

아이가 있는 가족여행자들을 위한

당항포 오토캠핑장

고성 여행의 두 번째 베이스캠프로 당항포 오토캠핑장도 좋은 선택이다. 당항포 오토캠핑장이 자리한 당항포 관광지는 충무공 이순신 장군의 당항포 해전을 기념하기 위해 고성군에서 만든 관광단지로 1987년에 문을 열었다. 여기에 공룡이라는 테마를 더해 2006년, 2009년, 2012년 3번의 경상남도 고성 공룡 세계엑스포의 주요 행사를 치러냈던 곳이기도 하다.

캠핑장은 1박 2일로 머물기에는 시간이 턱없이 부족하다. 고성, 통영 등 주변 여행할 곳도 많지만, 당항포 관광지를 빠짐없이 보기에도 하루 가지고는 부족하다. 공룡 엑스포답게 공룡나라식물원, 공룡화석관(5D) 등 공룡 관련 볼거리도 풍부하고 자연사박물관이나 114m의 국내 최장 미끄럼틀 등 아이들의 혼을 쏙 빼놓을 즐길거리로 가득하다.

당항포 오토캠핑장 이용 정보

- **주소** 경상남도 고성군 회화면 당항만로 1116
- **전화** 055-670-4505
- **예약** dhp.goseong.go.kr   매월 1일 오전 11시부터 익월 분 예약 시작
- **사용료** S사이트 1박 5만 원, C사이트 1박 4만5,000원(당항포 관광지 4인 입장료 포함)
- **규모** S사이트 39개소, C사이트 79개소 전 사이트 캠핑카 정박 가능
- **편의시설** 4계절 온수 샤워실, 잔디운동장, 족구장, 배드민턴장, 운동시설 및 어린이 놀이터
- **주변에 가볼 만한 곳** 공룡엑스포시설, 자연사박물관, 당항포 해전관, 공룡나라 식물원 등

캠핑장은 S캠핑장과 C캠핑장으로 나눠진다. 39개의 사이트를 가진 S캠핑장은 그늘이 제법 있고 편의시설이 가까워 인기가 높다. 79개소의 C캠핑장은 주차장으로 사용되던 잔디 블록에 추가로 구획을 나누어 사이트를 조성했다. 통행로와 사이트가 구별되어 RV 진입/진출에 무리가 없고 사이트 구성이 자유로운 것이 특징이다. 여러 팀이 함께 여행하는 경우 이어지는 사이트를 예약하고 함께 캠핑 사이트를 구성하는 것도 좋다. 다만 캠핑장 규모에 비해 화장실과 샤워실 그리고 개수대가 부족하고 그늘이 부족하다. 배전반과의 거리가 멀어서 최소 30m 이상의 릴선을 준비해야 한다.

캠핑장 사용료에는 4인 기준의 당항포 관광지 입장료가 포함돼 있다. 공룡을 좋아하는 아이들이 있는 가족들에겐 최고의 캠핑장이 아닐까 한다.

함께 가면 좋은
추천 여행지

수억만 년의 시간 여행
상족암 군립공원

남해안을 한눈에 볼 수 있고 넓은 암반과 해안 침식 절벽, 퇴적 지형 등이 절경을 이뤄 수려한 자연경관을 뽐낸다. 아이에게는 흥미 있는 교육 장소로, 연인과는 사진 찍기 좋은 데이트 장소로, 친구와는 뜻깊은 추억을 쌓기 좋은 장소다. 상족암은 켜켜이 쌓인 퇴적층이 비와 바람, 파도에 깎여 밥상 다리 모양을 한 돌기둥으로, 상족암이 있는 고성군 일대는 중생대 백악기에 살았던 공룡 발자국과 새 발자국이 남아 있어 지질학적으로 보존 가치가 높은 지역이다. 공룡 발자국이 포함된 지층 전체 두께는 약 150m이며, 200여 퇴적층에서 5,000여 개의 공룡 발자국이 발견되는 세계적으로 손꼽히는 화석산지다.

주소 경상남도 고성군 하이면 덕명5길 42-23 **전화** 055-670-4461 **요금** 무료

태고의 신비를 아이들과 함께 체험하는
공룡박물관

아이들과 함께 공룡에 대해서 조금 더 깊이 알아보기 위해서는 공룡박물관을 방문해 보자. 공룡박물관은 상족암 군립공원 안에 있다. 실물 크기의 공룡 골격 화석에서부터 고성에서 발견된 공룡 발자국, 공룡 알 화석 등 고대의 지구 생물에 대한 다양한 지식을 쌓을 수 있도록 준비해 두었다. 실내 전시 외에도 바다를 배경으로 실제 크기의 공룡과 함께 사진을 찍을 수 있는 실외 전시도 있다.

주소 경상남도 고성군 하이면 덕명리 82 **전화** 055-670-4451 **영업** 09:00~18:00(동절기 ~17:00) **요금** 성인 3,000원, 어린이 1,000원

화산암으로 이루어진 주상 절리

병풍바위

우리나라에는 병풍 모양을 한 바위가 여러 군데 있는데, 덕명리에 있는 병풍바위는 화성암이 분출한 후 식어 굳어진 주상절리에 해당한다. 마그마가 지표로 분출하여 급하게 식으면 부피가 수축하여 4~6각형 기둥 모양으로 쪼개지는데, 갈라진 틈 사이로 풍화 작용이 일어나면서 틈이 벌어지기도 하고 암석의 높이가 달라지기도 한다. 병풍바위 꼭대기의 전망대에서 내려다보면 눈앞에 펼쳐진 상족암 일대와 긴 방파제가 있는 입암마을을 한눈에 담을 수 있다.

주소 경상남도 고성군 하이면 월흥리 842

바다 가장 가까이 걷는 해안길

공룡 화석지 해변길

해안누리길은 해양수산부와 한국해양재단이 지정한 전국의 걷기 좋은 해안길이다. 그중 26번 코스인 '공룡 화석지 해변길'이 남산공원 오토캠핑장 가까이에 자리한다. 덕명항에서 맥전포항까지 잇는 3.5km의 해안길은 입암마을 입구를 시작으로 상족암 해변, 공룡화석 탐방로, 경상남도 청소년 수련관, 상족암, 공룡박물관을 지난다. 비교적 쉬운 난이도라 남녀노소 즐길 수 있다. 다도해의 바람과 햇살을 맞으면서 가족과 연인, 친구와 함께 걷기에 제격이다. 천천히 걸으면 1시간 정도 걸린다.

주소 덕명항(경상남도 고성군 하이면 덕명리)~맥전포항(경상남도 고성군 하일면 춘암리)

신선한 먹거리가 가득한

고성시장

남산공원 오토캠핑장은 고성 시내와 가깝다. 고성 시내 한가운데는 1963년부터 시작된 고성시장이 있어 저렴하게 식자재를 구할 수 있다. 상설시장은 매일 손님을 맞이하고 매월 1일과 6일에는 고성 오일장이 함께 열린다. 고성시장과 함께 있는 수산시장도 자연산 횟감과 저렴한 가격 덕에 인기가 높다.

주소 경상남도 고성군 고성읍 중앙로25번길 57

학동 자동차 야영장

'자그락 자그락'. 바다의 짓궂은 손장난에 흑진주를 닮은
몽돌은 간지럽다는 듯 소리를 낸다. 이보다 더 맑고 청명한
자연의 소리가 있을까 싶은 몽돌의 오케스트라를 듣고
있노라면 그동안 쌓인 걱정거리가 서서히 씻겨 내려가는
느낌이 들기도 한다. 멀리 가야 닿는 곳에 있는 거제는
여행객에게 편안한 품을 내주면서 보답을 한다.

국내 최초 해상국립공원에
자리 잡은 캠핑장

학동 자동차 야영장은 거제도 학동 몽돌 해변을 끼고 2013년 6월에 문을 열었다. 우리나라 최초의 해상국립공원인 한려해상국립공원 중 기암괴석의 절경으로 유명한 거제 해금강지구에 위치하여 주변 경관이 최고로 꼽히는 캠핑장이다.

야영장에서 2차선 도로만 건너면 바로 학동 몽돌 해변으로 이어진다. 전국에서도 가장 아름다운 해변으로 꼽히는 곳으로, 흑회색의 몽돌이 마치 흑진주처럼 보인다 해서 '흑진주 몽돌 해변'으로도 불린다. 눈으로 보아도 아름다운 해변이지만 소리가 더 신비로운 해변이다. 하얀 거품의 파도가 밀려나면서 몽돌이 '자그르르 자그르르' 소리를 낸다. 이 소리를 듣고 있노라면 마치 사찰에서 목탁 소리를 듣고 '무념무상'의 평온한 상태가 되는 것처럼 마음이 안정됨이 느껴진다. 지루한 일상에서 벗어나 청정한 쪽빛 바다, 신비한 몽돌 해변과 함께 남도 여행을 시작해 보는 것은 어떨까?

'캠핑'과 '여행'
두 마리 토끼를 한 번에

학동 자동차 야영장은 볼거리가 가득한 한려해상국립공원에 자리하고 있으면서, 샤워실, 식기 세척실, 전기시설 등 캠핑장 내 시설 또한 완벽하게 제공되기도 해서 '캠핑'과 '여행' 두 마리의 토끼를 동시에 잡을 수 있는 곳이다.

캠핑장은 총 84개의 자동차 야영장(B구간, C구간, D구간, F구간)과 16개의 카라반 겸용 사이트(A구간, E구간)로 구성되어 있다. A구간 10개소와 E구역 6개의 사이트가 카라반 겸용 구역이며 다른 사이트 대비 넓은 편으로 대형 RV도 여유롭게 정박이 가능하다. 이보다 작은 자동차 야영장 84개소도 소형 캠핑카, 루프탑, 자동차 캠핑 모두 가능한 크기이다. 샤워장은 오전(09:00~11:30), 오후(13:00~19:00) 정해진 시간에만 이용할 수 있다. 별도의 사용료를 내야 하며, 동절기에는 운영하지 않는다는 불편함도 있다. 쾌적한 시설과 지리적 위치에 비하면 캠핑장 비용은 상당히 저렴한 수준이다.

학동 자동차 야영장 이용 정보

주소 경상남도 거제시 동부면 학동리 257

전화 055-635-5421

예약 reservation.knps.or.kr

사용료 1박 1만9,000원(전기 사용료 4,000원 별도)

규모 카라반 겸용 사이트 16개소, 자동차 야영장 84개소

편의시설 유료샤워실 2개소, 다목적운동장, 개수대 3개소, 학동몽돌 해변

주변에 가볼 만한 곳 학동 흑진주 몽돌 해수욕장, 거제포로수용소 유적공원, 매미성, 지심도, 해금강

주차는 따로 하고 텐트만 칠 수 있는 곳, 주차와 캠핑을 함께 할 수 있는 곳까지 사이트 종류가 다양하다.

함께 가면 좋은 추천 여행지

가장 아름다운 등대섬 **소매물도**

등대가 있는 섬 중에서 가장 아름답다는 소매물도 등대섬. 하얀 등대와 초록의 언덕 그리고 짙푸른 바다가 만들어 내는 이국적 정취는 뭍의 사람들을 자연스레 섬으로 이끈다.

소매물도는 거제도 저구항에서 하루 4번 여객선이 운영된다. 당일로 다녀오기 위해서 오전 8시 30분(약 40분 소요) 첫 배를 타야 소매물도를 충분히 둘러보고 오후에 나올 수 있다. 소매물도 선착장에서 등대섬까지 쉬지 않고 가도 어른 걸음으로 1시간이 넘게 걸린다. 섬의 아름다움을 사진기와 눈으로 담는 시간까지 생각하면 적어도 왕복 4시간 이상 잡아야 한다.

일정에 여유가 있다면, 한 번쯤 소매물도에서 하루를 보내는 것을 추천한다. 조용하고 아늑한 소매물도의 진정한 모습을 만끽할 수 있기 때문이다. 물때를 기다려 등대섬으로도 가보고, 소매물도에서 가장 높은 곳인 망태봉으로 올라 해 저무는 등대섬도 볼 수 있다.

주소 경상남도 거제시 남부면 저구리 217-13(저구항여객터미널) **전화** 055-634-0060 **요금** 성인 2만6,300원, 어린이 1만3,200원

드라마 촬영 명소 **바람의 언덕**

거제시 남부 작은 포구인 도장포마을 북쪽으로 가면 '바람의 언덕'이 있다. 여러 드라마 촬영지로 알려지기 시작하여 거제도에 머무는 여행자들의 발길을 한 번씩 이끄는 대표 관광지가 되었다. 이름만큼 시원하게 불어오는 바람을 느끼고 있노라면 마음속 깊은 걱정까지 훨훨 날아가는 듯하다. 탁 트인 바다 전망을 보면서 걸을 수 있는 산책로가 잘 정비되어 있어 쉬엄쉬엄 걷다 보면 신선대와 해금강까지 눈에 담을 수 있다. 바람의 언덕 위쪽으로는 동백나무 군락이 있다.

주소 경상남도 거제시 남부면 갈곶리 산14-47

지중해를 닮은 여행지 **외도 보타니아**

거제에서 소매물도만큼이나 필수 관광지가 된 외도. 1969년 이창호 씨는 외도 근처로 낚시를 나갔다가 풍랑을 만나 우연히 머문 외도에 매료되어 외도를 소유하게 되었고, 이후 30년이 넘게 가꾸어 지금의 외도를 만들었다고 한다. 1년 내내 꽃이 핀다는 외도에는 흔히 볼 수 없는 희귀 아열대 식물을 포함하여 섬 전체에 700종이 넘는 식물이 자라고 있다. 아기자기한 길을 누비다 보면 유럽 어디의 궁전 정원에 와 있는 것 같은 착각이 들 정도다. 여기에 푸른 바다 배경과 지중해에 있을 법한 조각품들이 더해지니 가히 '남도의 파라다이스'라고 불러도 될 법하다. **주소** 경상남도 거제시 일운면 외도길17 외도해상농원 **전화** 070-7715-3330(장승포/지세포/해금강/구조라 유람선 선착장에서 배를 타고 입도) **운영** 09:00~17:00 **요금** 성인 1만1,000원, 어린이 5,000원

진정한 밥도둑 **싱싱게장**

'밥도둑'이라는 별명이 가장 잘 어울리는 음식이 바로 게장일 것이다. 주로 게장은 꽃게로 많이 담가 먹는데 꽃게가 많이 나오는 서해는 꽃게로, 남해에서는 돌게로 게장을 만든다. 지방에 따라 박하지, 벌떡게라고도 불리는 돌게는 '민꽃게'의 한 종류로 전남에서 주로 불리는 이름이다. 돌게장으로 유명한 여수의 게장거리에 버금가는 맛집이 바로 거제 장승포항의 '싱싱게장'이다. 메뉴는 게장정식 단 하나. 양념게장과 간장게장이 나오고 추가로 생선구이와 갈치조림 그리고 된장국이 나온다. 꽃게보다 작은 크기의 돌게 껍질에 밥 한 숟가락을 넣어 비벼 먹고, 양념게장을 한 입 베어 물면 왜 게장이 오래전부터 사람들에게 '밥도둑'이라고 불렸는지 이해가 간다. **주소** 경상남도 거제시 장승포로 10 **전화** 055-681-5513 **영업** 09:00~21:00

대저 캠핑장

도심의 야경이 풀밭에 내려앉고 간간이 들려오는 차량 소리는 밤의
공허함을 메운다. 생태숲 사이에서 풀벌레 소리가 나직이 들리고 강에서
불어오는 바람은 일상에서 쌓인 스트레스를 날려준다. 드르륵거리는
아이들의 자전거 바퀴 소리에 눈을 뜨고, 달그락거리는 이웃 텐트의
조용한 소란스러움에 몸을 일으킨다. 이곳에서 머문 시간은 느린 듯
빠르고, 분주한 듯 편안하다.

부산 끝자락에 자리한
고즈넉한 생태공원

바쁘고 시끌시끌하다. 손님을 끌어당기는 자갈치 아지매(아주머니)의 목소리는 높고 빠르며, 그물망 속 퍼덕거리는 고기를 잡기 위해 어선 위는 시끌시끌하다. 부산은 <해운대>, <범죄와의 전쟁>, <더 킹>, <쌈 마이웨이> 등 여러 영화와 드라마의 배경이 되었고, 동래학춤부터 부산국제영화제 개최까지 새로운 문화를 흡수하고 옛 문화를 지켜나가는 예술의 도시이기도하다. 놀기 좋고 즐기기 좋은 부산에는 사시사철 많은 관광객이 몰려와 북적인다.

부산시 강서 지역에는 낙동강을 중심으로 을숙도생태공원, 맥도생태공원, 삼락생태공원, 대저생태공원, 화명생태공원이 있는데, 계절에 따라 식물들이 꽃을 피우고 겨울 철새가 날아와서 아름다운 생태계를 조성한다. 생태공원을 중심으로 캠핑장이 들어서기 시작했는데, 2017년에 개장한 부산 대저 캠핑장도 그중 하나다. 도심으로의 접근이 빠르고 생태공원과 해수욕장이 가까운 거리에 있어 체험하고 즐길거리가 많아 인기 있는 캠핑장이다.

넓은 대지에
시원한 강바람이 부는 캠핑장

야생 노지와 같은 넓은 공간과 햇빛에 바랜 컨테이너 박스…. 캠핑장 입구로 들어서면서 마주하는 모습이 당황스러울 수 있다. 그러나 실망은 금물! 입구를 통과하면 환하게 펼쳐진 넓은 대지에 감탄 소리가 절로 나올 것이다. 손가락 사이를 통과하는 바람의 감촉을 먼저 느껴보자. 오토캠핑 사이트는 10m×10m로 넉넉하며 사이트 사이 간격도 넓어 대형 트레일러까지 정박할 수 있다. 시원시원하게 구성된 사이트 사이로 강바람이 오가며 상쾌함을 전해준다. 아이들이 한껏 뛰어놀아도 옆집에 미안해하지 않아도 될 만큼 여유롭다. 대신 배전함과 거리가 먼 사이트는 릴선(30m)이 필요하니 예약할 때 미리 확인하자. 일반 사이트는 텐트 한 동을 설치하기에 알맞고 자동차 캠핑은 불가능하다.

구포대교 위로 철새만 날아다니면 좋으련만, 이곳은 차량도 이동하니 인공적인 소리에 민감한 사람은 예민하게 느낄 수 있다. 매점에서는 아이스크림, 음료수, 라면, 모기향 등 기본적인 물품을 구매할 수 있고, 근처 편의점이나 마트까지 이동도 수월한 편이다. 원칙적으로 반려동물은 출입할 수 없으니 이웃 캠퍼들에게 눈총을 받는 일은 없도록 하자. 도심 불빛을 배경으로 가족 간에 끈끈한 유대감을 느끼며 자연과 호흡하는 공간으로서는 안성맞춤인 캠핑장이다.

그늘이 없어 여름에는 더운 편이다.

대저 캠핑장 이용 정보

주소 부산광역시 강서구 대저 1동 1-12번지

전화 051-941-0957

예약 www.daejeocamping.com ▶ 현재 날짜 기준으로 1개월 간 예약 가능

사용료 오토캠핑 사이트 B구역 3만 원, C구역 2만7,000원, D구역 2만5,000원, 쓰레기 봉투 값 510원

규모 일반 캠핑 사이트(5m×8m) 36개소, 오토캠핑 사이트 10m×10m 52개소, 10m×12m 16개소, 12m×12m 7개소

편의시설 화장실, 샤워장, 개수장, 매점, 잔디광장, 다목적 광장

주변에 가볼 만한 곳 만덕레고마을, 석불사, 어린이대공원, 초량이바구길

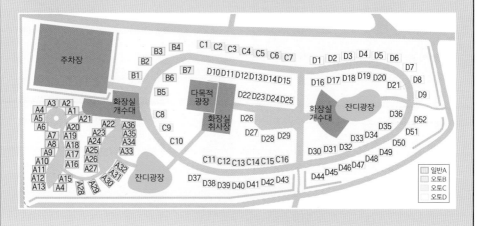

함께 가면 좋은
추천 여행지

깊이 있는 가야 전문 전시관
국립김해박물관

김해박물관은 다른 박물관에서 찾아보기 힘든 '가야' 유적들을 모아 전시하고 있는 가야 전문 박물관이다. 고구려, 신라, 백제 중심의 삼국 문화도 중요하지만 한때 신라만큼이나 한반도 남부 문화를 주도적으로 이끌었던 가야 문화도 우리 역사에서 눈여겨봐야 한다. 특히나 철로 대표되는 철기문화, 일본과의 교류의 역사 등 가야의 생성과 소멸의 모든 기억들이 아카이브 되어 있다. 2023년에는 세계문화유산으로도 등록되었다. 특히 박물관 옆에는 금관가야의 역사를 조금 더 깊이 있게 접할 수 있는 대성동 고분군과 고분박물관, 그리고 수로왕릉도 있어 함께 둘러볼 만하다.

주소 경상남도 김해시 가야의길 190 **전화** 055-320-6800 **운영** 09:00~18:00(매주 월요일 휴무)

도시에서 한 발자국 벗어난
다대포 해수욕장

낙동강 하구와 바다가 만나는 곳에 있는 해수욕장으로, 고운 모래밭과 완만한 경사, 얕은 수심과 따뜻한 수온으로 부산 시민뿐만 아니라 전국 관광객이 즐겨 찾는다. 해변공원과 생태탐방로(고우니 생태길)가 생겨난 이후 이곳의 낮과 밤의 매력에 빠진 사람들이 더 많아졌다. 4월 말부터 10월까지 꿈의 낙조 분수에서는 화려한 조명과 음악이 춤을 추는 분수 쇼가 펼쳐져 장관을 이룬다. 썰물 때는 넓게 드러난 갯벌에서 각종 조개류와 바닷게 등을 채취하는 아이들의 모습을 심심찮게 볼 수 있다. 최근에는 해양스포츠를 즐기는 사람들이 모여들어 사시사철 생기가 넘치는 곳이다.

주소 부산광역시 사하구 몰운대1길 14 **전화** 051-220-4127 **운영** 낙조 분수 21:00~21:30 (주말 기준, 월요일 휴무)

짙은 안개와 소나무가 숲을 이루는

몰운대(沒雲臺)

국가지질공원으로 지정된 몰운대는 울창한 송림 사이를 걷는 둘레길과 다대포 해수욕장을 바라보면서 즐기는 일몰 장소로 인기가 높다. 16세기까지는 몰운도라 불리는 섬이었다가 낙동강 상류에서 밀려 내려온 모래가 쌓여 육지와 이어졌다고 하는데, 안개와 구름이 끼는 날에는 그 속에 잠겨 보이지 않아 몰운대라고 불렸다고 한다. 다대포 첨사영(첨사가 머물던 공관)의 객사 건물이 이곳으로 옮겨져 왔고, 해안산책로를 따라 내려가면 가까이에서 바다 냄새를 맡을 수 있다. 지금은 소나무가 숲을 이루고 있지만 예전에는 몰운대 언덕 전체에 동백나무가 울창했다고 한다.

주소 부산광역시 사하구 다대동 산144

낙동강 하류 철새도래지, 을숙도

낙동강하구에코센터

과거에는 파밭, 농경지 등으로 훼손된 땅이었으나 1996년부터 복원 사업을 진행하여 을숙도 하단부의 을숙도철새공원과 상단부의 을숙도생태공원을 조성하였다. 다양한 습지에는 겨울철에 많은 철새가 찾아와 장관을 이루는데, 겨울 철새와 사람들이 가장 쉽게 만날 수 있는 곳이기도 하다. 을숙도 공원 내 낙동강하구에코센터는 낙동강 하구 습지의 생태를 조사·관리·교육하는 기관으로, 야생동물치료센터와 낙동강하구 탐방체험장이 운영된다. 생태체험 프로그램과 전시실을 이용하기 위해서는 사전 예약을 해야 한다.

주소 부산광역시 사하구 낙동남로 1240 **전화** 051-209-2000 **운영** 09:00~18:00(17:00까지 입장)

제주도

협재·금능
해수욕장

화순 금모래 해수

한 걸음 더! 여기도 차박하기 좋아요!
하도 해변 | 우도 돌칸이 해변 | 광치기 해변
표선 해수욕장 | 중문단지 축구장 | 이호테우 해수욕장

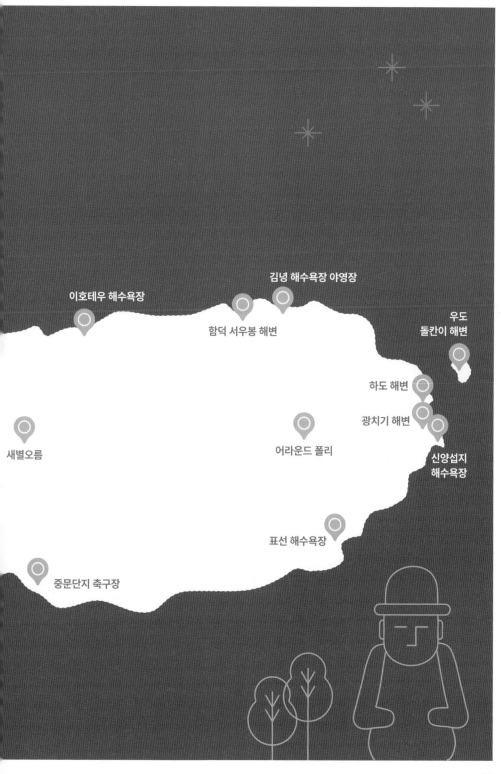

김녕 해수욕장 야영장

이호테우 해수욕장

우도
돌칸이 해변

함덕 서우봉 해변

하도 해변

광치기 해변

새별오름

어라운드 폴리

신양섭지
해수욕장

표선 해수욕장

중문단지 축구장

제주에서
자동차로 캠핑하기

캠퍼들에게 가장 가고 싶어 하는 국내 여행지가 어디냐 물으면 항상 1순위로 손꼽히는 지역이 바로 제주다. 해외 느낌 물씬 나는 야자수에 온화한 날씨, 에메랄드빛 바다를 바라보며 하루를 보내는 제주에서의 들살이는 육지 그 어디보다 만족감을 전해주는 곳이다.

다만, 육지와 달리 제주도에는 카라반이나 모터홈을 배려한 캠핑장이 거의 없다. 인구도 적고 RV를 소유한 사용자도 적다 보니 어쩔 수 없는 부분인 것 같다. 게다가 굳이 캠핑장이 아니어도 제주에는 캠핑카가 정박할 장소가 매우 많다. 잘 찾아보면 곳곳이 차박지인 제주에서 캠핑카를 위한 캠핑장이 있는 것이 오히려 더 이상할지도 모르겠다. 차를 멈추는 곳에 따라 오름이 우리 집 뒷산이 되기도 하고 제주 바다가 캠핑카 앞이 되기도 한다. 그래서 제주 파트에서는 캠핑장 여행을 안내하기보다는 노지 캠핑, 자동차 캠핑 스폿과 주변 여행지를 중점적으로 소개한다.

무료로 들살이를 할 수 있지만 대신 정식 캠핑장이 아닌 곳에서는 차량 외부에 테이블이나 의자를 꺼내 놓거나 불놀이를 하지 않도록 하자. 어디든 자리해도 되지만 뭐든 해도 된다는 것은 아니다. 조용히 있는 듯 없는 듯 주변에 피해 주지 않는 만큼에서 차박을 즐기기 바라본다.

CAMPING TIP

실시간 제주 날씨와 바람 확인하기

제주도는 생각보다 면적이 큰 섬이다. 동쪽에 비가 오고 있어도 서쪽은 해가 쨍쨍하기도 하고, 제주시 쪽에는 바람이 거세 다니기 힘들어도 한라산이 막아주는 서귀포 쪽은 정반대로 고요한 날씨이기도 하다. 지역에 따라 날씨의 변화가 잦으니 날씨를 미리 확인해서 상황에 따라 일정을 조금씩 변경하는 것이 좋다. NOW제주TV 홈페이지(http://www.nowjejuplus.co.kr/)에서는 제주 주요 지역의 실시간 CCTV 화면을 모아서 보여준다.

CCTV에서 간단하게 현장 상황을 확인했다면 바람의 세기도 확인해서 다음 목적지를 정하는 것이 좋다. 제주 바람은 육지에서 부는 바람과는 확연히 다르다. 특히 바닷가에서 주로 머물게 되는 캠퍼들에게는 더욱 그렇다. 바람이 한 번 거세지면 며칠씩 어닝을 펴지 못할지도 모른다. 하지만 바람 방향과 강도 예보만 미리 챙겨서 일정을 짠다면 한라산 뒤로 숨어다니며 충분히 제주를 즐길 수 있다. 바람은 윈디(windy.com)라는 홈페이지나 윈디 애플리케이션으로 확인하면 된다.

내 차로 제주 캠핑 떠나기

나만의 캠핑카를 가지고 제주도 여행을 해보는 것은 대부분의 RVer가 꿈꾸는 여행이다. 숙박비가 해결되고 렌터카를 빌릴 일도 없어 여행 경비가 한결 줄어든다. 차를 제주로 이동시키는 여객선 운임비가 비싼 편이긴 해도 장기간 제주를 여행한다면 충분히 가성비(?) 넘치고 색다른 여행 방법이 될 수 있다. 게다가 제주는 차박의 성지라 불릴 만큼 하룻밤 보낼 만한 곳들이 넘쳐난다. 중산간의 오름 주차장도 좋고 해수욕장의 무료 야영장도 좋다. 게다가 남쪽 지방의 따스한 기후 덕분에 한겨울에도 좀처럼 영하로 떨어지지 않아서 겨울 캠핑이 그리 어렵지 않은 것도 또 하나의 장점이다.

제주로 향하는 여객선터미널

육지에서 제주로 들어가는 배는 현재 기준으로 목포연안여객선터미널, 완도연안여객선터미널, 녹동신항연안여객선터미널, 여수연안여객선터미널, 부산항연안여객선터미널에서 가능하다.

제주항연안여객터미널

성산항과 애월항으로 들어가는 선박도 있지만 대부분 화물선이고 여객선은 제주항으로 오고 간다. 제1 부두부터 제7 부두까지 있는 대형 규모로, 선박 예약 시 안내 받은 부두에서만 승선할 수 있다. 다시 제주를 떠나 육지로 이동하기 위해서는 사전에 전화나 홈페이지에서 승선권 예약 후 안내 받은 부두 번호를 확인하고 이동하자.

주소 제주도 제주시 임항로 111

승선권 예약하기

승객만 이용하는 경우는 초성수기를 제외하고 예약이 어렵지 않다. 배가 워낙 크고 매일 운항하다 보니 어지간해선 만석이 되는 경우가 없다. 대신 차를 가지고 가는 경우는 시간 여유를 두고 예약하는 것이 좋다. 정기적으로 이동하는 화물차가 제법 많은 자리를 차지하기 때문이다. 예약은 제주 배편 예약 사이트를 이용하거나 각 업체 홈페이지를 이용하면 된다.

> **CAMPING TIP**
>
> **제주 승선권 예약 사이트**
> - 제주배닷컴 www.jejube.com
> - 배조아 www.vejoa.com
> - 탐나오 www.tamnao.com
> - 목포 씨월드고속훼리 www.seaferry.co.kr
> - 완도·여수 한일고속페리 www.hanilexpress.co.kr

내 차 타고 제주 들어가기

스타렉스 이하의 세미 캠핑카와 차박차는 편도 15만 원에서 20만 원 정도이며 중대형 캠핑카의 경우 25만 원에서 30만 원 사이의 비용이 들어간다. 왕복으로 생각하면 차량 크기에 따라 30만 원에서 60만 원 사이가 되겠다. 카라반이나 트레일러의 경우는 왕복 100만 원 정도로 차량 두 대가 들어가는 셈이라 가격도 거의 2배가 들어간다. 언뜻 가격이 높아 보이긴 해도 왕복 비행기값, 차량 렌트비 그리고 숙소비가 따로 들어가지 않아 일정이 길면 길수록 유리해진다.

일반 차량이 아닌 캠핑카의 경우 객실보다 오히려 차에 있는 것이 편할 텐데 아쉽게도 이동하는 동안 객실에서 머물러야 한다. 일행을 먼저 여객터미널에 내려놓고 운전자만 차량을 가지고 배에 직접 선적한다. 안내에 따라 운전자도 여객터미널로 이동해서 일행과 함께 객실에서 머물면 된다. 하선할 때는 전체 일행이 모두 차량으로 가서 함께 타고 배에서 내리게 된다.

여객선터미널별 운항 시간 및 출발/도착 시간

제주로 입도 하는 경우

출발지	업체명	선박명	문의전화	출발시간	도착시간	운행시간	비고
목포항	씨월드 고속훼리	퀸메리	1577-3567	매일 09:00	13:00	4시간	차량&여객
		퀸제누비아		화~토 01:00	06:00	5시간	
완도항	한일고속페리	실버클라우드	1688-2100	일~금 02:30, 월~토 15:00	05:10, 17:40	2시간 40분	
		송림블루오션		금~수 07:00	12:00	5시간	추자도 경유
		블루나래		목~화 09:00	10:30	1시간 30분	소형차량&여객
녹동신항	남해고속	아리온제주	061-244-9915	매일 09:00	12:40	3시간 40분	차량&여객
여수항	한일고속페리	골드스텔라	1688-2100	월~토 01:40	07:00	5시간 40분	
부산항	엠에스페리	뉴스타	1661-9559	월,수,금 19:00	익일 06:00	11시간	
삼천포신항	현성MCT	오션비스타제주	1855-3004	화,목,토,일 23:00	익일 06:00	7시간	

제주에서 출도 하는 경우

도착지	업체명	선박명	문의전화	출발시간	도착시간	운행시간	비고
목포항	씨월드 고속훼리	퀸메리	1577-3567	매일 17:00	21:00	4시간	차량&여객
		퀸제누비아		일~금 13:40	18:10	4시간 30분	
완도항	한일고속페리	실버클라우드	1688-2100	일~금 07:20, 월~토 19:30	10:00, 22:10	2시간 40분	
		송림블루오션		목~화 13:00	18:00	5시간	추자도 경유
		블루나래		목~화 17:30	19:00	1시간 30분	소형차량&여객
녹동신항	남해고속	아리온제주	061-244-9915	매일 16:30	20:10	3시간 40분	차량&여객
여수항	한일고속페리	골드스텔라	1688-2100	일~금 16:50	22:40	5시간 50분	
부산항	엠에스페리	뉴스타	1661-9559	화,목,토 18:30	익일 06:00	11시간 30분	
삼천포신항	현성MCT	오션비스타제주	1855-3004	월,수,금,일 14:00	21:00	7시간	

※ 2021년 10월 기준. 선박 정기 점검이나 물때에 따라 시간이 변경되거나 일정이 취소될 수 있다.

01 제주도
함덕 서우봉 해변

제주 자동차 캠핑의
성지 같은 곳

함덕 서우봉 해변은 제주를 여행하는 캠퍼들이라면 꼭 한 번 방문하는 곳이다. 해외 휴양지를 연상케 하는 이국적인 풍광과 인근에 자리한 각종 편의시설(호텔, 먹거리, 슈퍼마켓 등) 덕분이다. 뿐만 아니라 수심이 얕은 편이라 아이들이 물놀이를 즐기기에도 좋기 때문에 가족여행자들에게 강력 추천하는 곳이다. 함덕 해수욕장 바로 옆으로 서우봉이란 오름이 자리하고 있어 '함덕 서우봉 해변'이란 이름으로 불린다. 서우봉에는 봄이면 유채꽃, 가을이면 코스모스가 흐드러지게 피어 장관을 연출한다. 서우봉에서 해변을 내려다보는 전망이 매우 아름다우니 서우봉에 꼭 올라보는 것을 추천한다.

함덕 서우봉 해변 잔디광장을 중심으로 텐트 캠핑을 많이 하는데 아쉽게도 자동차는 들어가지 못한다. 화장실과 개수대가 있는 해변을 중심으로 옆에 있는 해변 주차장과 함덕 서우봉 해변 야영장에서 자동차 캠핑이 가능하다. 바다 바로 옆에 자리한 주차장에 캠핑카를 주차하고 뒷문을 열면 푸른 바다가 넘실거린다. 짠내 머금은 바람이 솔솔 불어오면 '이래서 제주에서 캠핑을 하는구나' 하는 생각이 들 것이다.

여름이 다가오면
자리 선점을 위한 눈치 작전
이 치열해지기도 한다.

함덕 서우봉 해변 이용 정보

주소 [해변 주차장] 제주도 제주시 조천읍 함덕리 215, [함덕 서우봉 해변 야영장] 제주도 제주시
조천읍 함덕리 산4-4

편의시설 화장실, 개수대, 유료샤워장(7~8월, 함덕 해수욕장 뒤편)

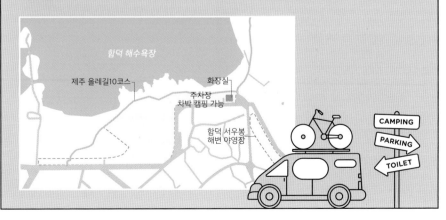

함덕 해수욕장

제주 올레길10코스

화장실

주차장
차박 캠핑 가능

함덕 서우봉
해변 야영장

CAMPING
PARKING
TOILET

함께 가면 좋은
추천 여행지

가장 아름다운 함덕 바다를
바라볼 수 있는 카페

델문도

함덕 해수욕장 한가운데에 떡 하니 자리 잡고 있는 위치 깡패, 뷰 깡패 카페 델문도. 밀물이 밀려오면 반쯤은 바다에 잠겨 파도를 온몸으로 받아내기도 하고, 저녁 무렵이면 붉게 지는 석양과 멋드러지게 어우러지기도 한다. 뿐만 아니라 커피와 베이커리 모두 수준급. 함덕 바다가 내려다보이는 야외 테이블에 앉아서 '마농빵(마늘을 뜻하는 제주어)'에 아메리카노 한잔이면 세상 부러울 것이 없다. 시내에 있는 '델문도 로스터스(커피 공장)'에서 최고 품질의 커피를 공급받아 커피를 내린다.

주소 제주도 제주시 조천읍 조함해안로 519-10 **전화** 064-702-0007 **영업** 07:00~24:00

제주의 상징 돌하르방이 한 곳에!

돌하르방미술관

'돌로 만든 하르방'이라는 뜻의 돌하르방은 제주의 상징이다. 읍성을 지키는 일종의 수호신 같은 의미로 만들어졌다고 추정하고 있다. 육지의 장승과 어찌 보면 비슷하기도 하지만, 장승의 신앙적인 기능 외에 위치를 표시하기도 하고 입구를 지키는 수문장 역할을 하기도 했다. 돌하르방미술관은 제주 곳곳에 있는 48개의 돌하르방을 재현하여 전시하고, 더불어 곶자왈 산책로를 따라 각종 조형물을 전시해 놓은 야외 미술관이다.

주소 제주도 제주시 조천읍 북촌서1길 70 **전화** 064-782-0570 **운영** 09:00~18:00(동절기 ~17:00) **요금** 성인 7,000원, 어린이 5,000원

빈집에 숨을 불어넣다 **회춘**

다시 젊어진다는 뜻의 '회춘'. 오랜 기간 빈집으로 남아 있던 돌담집을 살려 다시 멋진 공간으로 탄생시켰다고 해서 붙여진 이름이다. 빈 공간 이전에는 원래 작은 병원으로 운영되었다는데, 이를 의미하듯이 아직도 주방 옆에는 당시에 사용하던 오래된 약병이 남아 있다. 회춘의 뜻에는 중한 병이 낫고 다시 건강해진다는 뜻도 있다. 구옥에 다시 숨을 불어 넣어서 '회춘'. 병든 사람을 낫게 해주는 공간이었기에 '회춘'. 이렇게 보나 저렇게 보나 멋들어진 이름이다. 1인 1만2,000원의 한정식을 시키면 삼삼한 고등어 김치찜과 돔베고기, 그리고 한 상 가득 정갈한 반찬들이 나온다.

주소 제주도 제주시 조천읍 신북로 489 **전화** 064-782-0853 **영업** 11:00 ~21:30(브레이크 타임 15:00~17:00), 수요일 휴무

닭똥집튀김과 칼국수 맛집으로 소문난 **숨어 있는 집**

이름처럼 골목에 숨어 있던, 아는 사람만 찾는 맛집인데 최근 확장 이전했다. 치킨집이지만 메인보다 똥집 튀김과 칼국수가 더 인기인 식당. 제주에서 직접 손질된 닭을 사용해서 육질이 부드럽고 얇고 바삭한 튀김옷이 일품이다. 덕분에 식어도 퍽퍽하지 않아 좋다. 함께 나오는 3가지 소스가 이 집의 명물이다. 매콤한 간장 소스와 새콤한 하얀 소스가 느끼함을 싹 잡아준다.

주소 제주도 제주시 조천읍 함덕30길 14-5 **전화** 064-782-1579 **영업** 18:00~24:00, 수요일 휴무

제주 최고의 인기 빵집 **오드랑베이커리**

'제주에서 가장 맛있는 빵집은 어디야?' 라고 물으면 항상 1~2위로 손꼽히는 곳. 함덕 해수욕장 뒤편 대명리조트 후문 근처에 있다. 언제 가도 빵값을 계산하기 위해 기다리고 있는 사람들로 북적인다. 전체적으로 고른 인기를 누리지만 '마농바게트'가 최고 인기. 일반적인 마늘바게트처럼 딱딱한 식감이 아니라 진득하면서도 부드러운 맛이다. 빵에 진하게 밴 마늘과 버터 향이 일품. 크림치즈가 듬뿍 들어간 어니언 베이글도 인기 메뉴다.

주소 제주도 제주시 조천읍 조합해안로 552-3 **전화** 064-784-5404 **영업** 07:00~22:00

02 제주도
김녕 해수욕장
야영장

한가로이 바다를
즐기기 좋은 해수욕장

김녕 해수욕장은 함덕 해변과 월정리 해변 사이에서 상대적으로 덜 알려져 있다. 덕분에 주차장도 한가하고 바다도 한적해서 더 좋다. 주변에 식당이나 상점이 거의 없는 부분이 아쉽지만, 주차장 휴게소에서 간단하게 먹을 거리 정도는 살 수 있어 큰 무리는 없다. 모래가 곱고 수심이 적당해서 가족 단위 물놀이에도 빛을 발한다. 썰물로 물이 빠지면 모래 속에 숨은 바지락도 잡을 수 있다. 한여름에도 사람들이 붐비지 않아 서핑과 같은 해양스포츠를 즐기기에도 나쁘지 않다.

김녕 해수욕장 옆으로 넓은 야영장이 있다. 해수욕장이 정식 개장하는 7월부터 8월까지는 야영장이 유료로 운영되고 나머지 기간에는 무료로 개방되어 있다. 하루 사용료는 여름 성수기 기준 전기료를 포함하여 5만 원을 받는다. 바다와 바로 이어지는 너른 잔디밭에 캠핑카를 주차하고 하루 종일 물놀이를 즐기다 보면 시간 가는 줄 모른다. 야영장 정식 운영 기간이 지나면 입구가 막혀서 아쉽게도 차량은 야영장에 들어가지 못하고 텐트 캠핑만 가능하다. 대신 야영장 뒤편 구좌읍 무료 주차장이나 김녕 해수욕장 주차장에서 차박은 가능하다. 7~8월을 제외하고 화장실은 해수욕장 근처만 열린다.

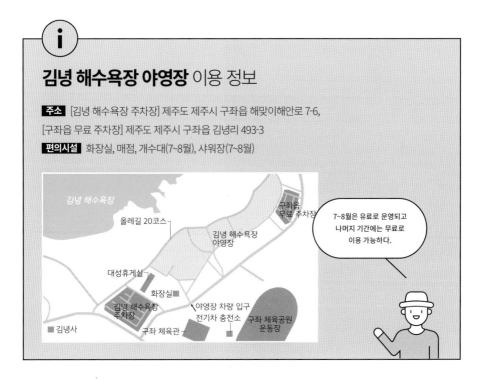

ⓘ 김녕 해수욕장 야영장 이용 정보

주소 [김녕 해수욕장 주차장] 제주도 제주시 구좌읍 해맞이해안로 7-6,
[구좌읍 무료 주차장] 제주도 제주시 구좌읍 김녕리 493-3

편의시설 화장실, 매점, 개수대(7~8월), 샤워장(7~8월)

> 7~8월은 유료로 운영되고 나머지 기간에는 무료로 이용 가능하다.

371

함께 가면 좋은
추천 여행지

요즘 핫한 이곳!
월정리 해수욕장 카페거리

월정리 바다는 해수욕을 즐기기보다는 카페에서 바다를 바라보는 것이 더 어울리는 해변이다. 최근 핫플레이스로 뜨면서 한 달이 멀다 하고 새 건물이 들어서고 새로운 가게가 문을 열 정도로 인기가 대단하다. 해변을 따라 카페들이 줄지어 들어서 있다. 차 한잔의 가격이 비싼 편이긴 하지만 멋진 바다를 편하게 보는 값이 포함되어 있다고 생각하면 수긍이 간다. 오래된 식당보다는 퓨전 맛집과 브런치 전문점이 많다. 공용 주차장이 협소한 편이니 참고한다.

주소 제주도 제주시 구좌읍 월정리 33-3

용암이 만들어낸 거대한 길
만장굴

거문오름에서 흘러나온 용암은 벵뒤굴, 만장굴, 김녕굴 등을 만들며 바다로 흘러내려 간다. 그중에서도 만장굴은 총 길이 7km로 가장 규모가 크고, 유일하게 일반인에게 공개되고 있는 굴이다. 관람이 가능한 제2 입구에서 용암 석주가 있는 약 1km 구간만 볼 수 있다. 용암이 만든 길을 따라 걷다 보면 새삼 자연의 신비에 연신 감탄사가 터져 나온다. 1년 내내 11~18℃를 유지해서 여름에는 시원하고 겨울에는 따뜻함을 느낄 수 있다. 공개 구간 가장 끝쪽에 있는 용암 석주는 세계에서 가장 큰 크기를 자랑한다.

주소 제주도 제주시 구좌읍 만장굴길 182 **전화** 064-710-7903 **운영** 09:00~18:00, 첫째 주 수요일 휴관 **요금** 성인 4,000원, 어린이 2,000원(7세 미만 무료)

가성비 좋은 해산물 맛집
곰막

함덕에서 김녕으로 넘어가는 곳에 있는 작은 마을인 '동복리'를 예전에는 '곰막', '곳막'으로 불렸다. 옛 이름을 딴 음식점 곰막은 회국수와 물회 등 해산물 향토 음식을 주로 제공하는 곳이다. 개인적으로 여기 활우럭탕이 상당히 맛이 좋다. 우럭 한 마리가 통으로 들어가는데 적당히 맵고 살은 쫄깃하다. 무와 파가 넉넉하게 들어간 국물은 해장국으로도 손색이 없을 정도로 시원한 맛을 자랑한다. 식당 옆에는 각종 물고기가 보관된 수족관이 있어서 아이들하고 구경하는 재미도 있다. 대형 수족관에서 보관된 재료가 신선하니 맛도 일품이다.

주소 제주도 제주시 구좌읍 구좌해안로 64 **영업** 09:00~19:30, 첫째 주 화요일 휴무 **전화** 064-727-5111

인더스트리얼 인테리어
공백

제주 동부권의 근래 최고 핫한 카페다. 글로벌 최고 인기 그룹 BTS 멤버의 형이 카페 공백의 주인이란 소문과 함께 국내 관광객은 물론 외국인도 많이 오가는 곳이 되었다. 오래된 냉동창고를 최소한의 변경으로 갤러리로 만들었다. 과하게 억지로 꾸미지 않고 최근 유행하는 인더스트리얼 인테리어로 재생시켰다. 카페부터 갤러리까지 곳곳이 포토존이다. 카페 어디에 앉든 바다를 조망하도록 배려했다. 음료와 함께 베이커리도 맛이 좋다는 평을 받는다. 가격이 조금 비싼 것이 흠.

주소 제주도 제주시 구좌읍 동북로 83 **영업** 10:00~19:00 **전화** 064-783-0015

03 제주도 신양섭지 해수욕장

성산일출봉이 바라보이는 해수욕장

섭지코지로 들어가는 좁은 병목 같은 위치에 있는 해수욕장이다. 해안이 영문 C자 모양으로 굽어있어서 바람을 막아주고 물이 얕아서 아이들과 함께 놀기 좋은 곳이다. 평소에도 조용하고 한여름에도 찾는 사람들이 많지 않은 숨은 포인트이기도 하다. 해수욕장 방향에서는 물놀이와 모래 놀이를 즐기고 반대편 광치기 해변 쪽으로는 산책하기 좋다. 특히 성산일출봉 방향에서 떠오르는 일출이 명품이다. 야영장은 따로 없고 도로를 중심으로 양쪽 주차장에서 차박하기 좋다.

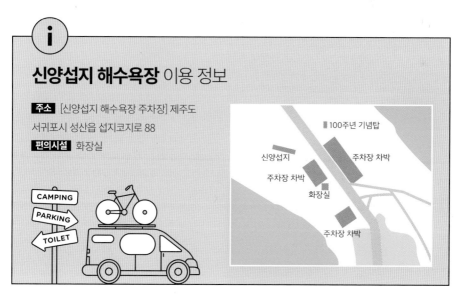

신양섭지 해수욕장 이용 정보

주소 [신양섭지 해수욕장 주차장] 제주도
서귀포시 성산읍 섭지코지로 88

편의시설 화장실

CAMPING
PARKING
TOILET

100주년 기념탑

신양섭지

주차장 차박

주차장 차박

화장실

주차장 차박

유네스코 세계자연유산에 등재된 오름

성산일출봉

제주의 다른 오름들과 달리 성산일출봉은 바닷속에서 발생한 마그마 분출로 만들어졌다. 원래는 섬으로 떨어져 있었는데 퇴적작용에 의해 지금처럼 제주 본섬과 완전히 연결되었다. 180m 정도 높이의 정상은 20분이면 오를 수 있다. 바다를 배경으로 시원스레 펼쳐진 오름의 모습이 오름 중에 가히 최고라 할 수 있다. 마치 밥그릇처럼 푹 파여 있는 정상 둘레로 99개의 봉우리가 둘러싸고 있다. 그 모습이 마치 성벽처럼 보여 '성산(城山)'이라는 이름으로 불리게 되었다. 아침 7시부터 관람이 시작된다.

주소 제주도 서귀포시 성산읍 성산리 1 **전화** 064-783-0959
운영 07:00~20:00 **예산** 성인 5,000원, 어린이 2,500원

제주의 명품 해안선이 펼쳐지는

섭지코지

드나드는 길목이 병목처럼 좁다고 해서 '협지' 또는 '섭지'라고 불리던 곳이다. 여기에 지형이 코끝처럼 툭 튀어나와 있다고 해서 '코지'라는 단어가 붙어 '섭지코지'가 되었다. 섭지코지 주차장에서부터 선녀바위까지 이어지는 해안선이 일품이다. 한쪽에서는 파도가 하얀 포말 꽃을 피워내고, 다른 한쪽에서는 유채꽃이 노란 물결을 만들어낸다. 여기에 멀리 성산일출봉이 배경이 되어주니 발걸음마다 탄성이 절로 나온다. 해안선을 따라 걷다 보면 새하얀 등대 앞으로 우뚝 솟은 바위가 시선을 끈다. 선녀바위라고도 하고 선돌(서 있는 돌)이라고도 하는 바위다. 용왕의 아들이 선녀를 기다리다 돌이 되었다는 전설이 전해온다.

주소 제주도 서귀포시 성산읍 고성리 62-4

아시아 최대 규모를 자랑하는 수족관

아쿠아플라넷 제주

500여 종, 3만여 마리의 해양생물이 전시되어 있는 수족관이다. 전시 외에도 공연장에서 펼치는 오션 뮤지컬과 아이들을 위한 실내 놀이터 등 가족 단위로 즐길거리가 풍부하다. 특히 '제주의 바다'라는 이름을 가진 메인 수조는 단일 수조로 세계 최대 크기를 자랑한다. 파노라마처럼 펼쳐진 대형 수조를 바라보고 있으면 그 속에 들어가 있는 착각이 들 정도로 엄청나다. 하루 4번 이 수조에서 진행되는 해녀 공연도 챙겨볼 만하다.

주소 제주도 서귀포시 성산읍 섭지코지로 95 **전화** 1833-7001 **운영** 10:00~19:00 **예산** 성인(종합권) 4만3,700원, 어린이(종합권) 3만9,700원

제주에서 깅이죽을 먹을 수 있는 단 한 곳

섭지해녀의 집

제주에서는 게를 '깅이(성산쪽에서는 겡이라 부른다)'라 한다. 바닷가에서 잡은 작은 게를 갈아서 그 육즙에 쌀을 넣고 끓인 죽을 '깅이죽'이라고 한다. 색은 대게 내장에 밥을 비빈 것과 비슷하지만, 맛은 더욱 구수하고 진하다. 그 옛날 해녀들은 바다에서 잡은 전복과 소라는 공출당하거나 내다 팔고, 정작 본인의 식사는 바다에 흔한 보말과 깅이로 해결했다고 한다. 먹을 것이 풍부해진 요즘, 깅이죽을 메뉴로 내놓는 식당이 거의 없다. 게를 통으로 갈아서 만든 깅이죽에는 칼슘과 키토산이 풍부해서 관절염에 특히 효과가 있다고 전해진다.

주소 제주도 서귀포시 성산읍 섭지코지로 95 **전화** 064-782-0672 **영업** 07:00~20:00 **예산** 깅이죽 1만 원, 해물칼국수 1만 원

04 제주도

화순 금모래 해수욕장

금빛 모래 가득한 백사장

모래가 금빛이라 '금모래'라는 이름이 붙은 해수욕장이다. 화순항 안에 있다 보니 주변에 대형 선박도 보이고 관광지라는 느낌이 덜 들긴 하지만, 서귀포 서쪽 지역에서는 나름 차박하기 좋은 곳으로 알려져 있다. 해수욕장이 개장하지 않는 시즌에는 주차장에서 차박이 가능하고 바로 옆 화장실도 이용할 수 있다. 7~8월 해수욕장 개장 시기에는 금모래 캠핑장(유료)이 정식 운영된다. 해변에 가까운 데크는 차량이 들어갈 수 없어도 주차장 바로 옆 데크는 캠핑카와 함께 캠핑이 가능하다.

화순 금모래 해수욕장이 좋은 이유는 또 있다. 7~8월 해수욕장 개장 시즌이면 작은 워터파크 수준의 용천수 수영장이 무료로 운영되기 때문이다. 제주에 있는 용천수 수영장 중 가장 큰 규모를 자랑한다. 수심이 낮은 곳과 깊은 곳으로 나뉘어 있고 워터슬라이드도 있다. 아이들은 수영하고 어른들은 평상에서 쉬며 음식을 나눠 먹을 수도 있다. 해변에서의 해수욕과 용천수 수영장을 옮겨 다니며 마음껏 물놀이를 즐길 수 있는 곳이다.

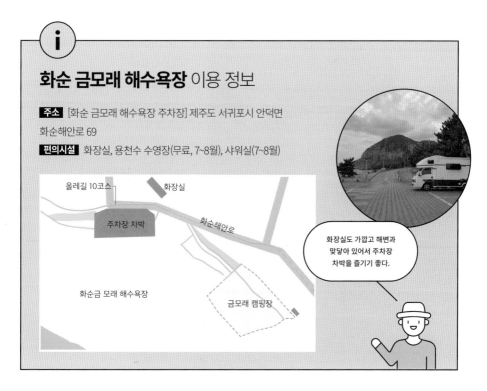

화순 금모래 해수욕장 이용 정보

주소 [화순 금모래 해수욕장 주차장] 제주도 서귀포시 안덕면 화순해안로 69

편의시설 화장실, 용천수 수영장(무료, 7~8월), 샤워실(7~8월)

올레길 10코스

화장실

주차장 차박

화순해안로

화순금 모래 해수욕장

금모래 캠핑장

화장실도 가깝고 해변과 맞닿아 있어서 주차장 차박을 즐기기 좋다.

함께 가면 좋은
추천 여행지

병풍처럼 펼쳐진 해안절벽
박수기정

대평포구에서 올레길 9코스를 따라 서쪽으로 조금만 따라가면 엄청난 크기의 절벽이 나타난다. 박수기정이라는 해안절벽으로 '샘물(박수)이 솟아나는 절벽(기정)'이라는 뜻이다. 100m에 이르는 높다란 절벽이 드넓게 펼쳐져 장관을 연출한다. 올레길을 따라 박수기정 위로 올라가서 대평포구를 내려다보는 풍광도 시원스러우니 놓치지 말자.

주소 제주도 서귀포시 안덕면 감산리 982-6(대평포구 주차장)

제주의 숨은 비경
안덕계곡

발걸음 발걸음마다 숨이 막힐 것 같은 강렬한 인상을 남기는 곳이다. 제주 계곡 풍경 중 TOP3에 들어가는 안덕계곡은 깊은 골짜기 사이로 조용히 물이 흐른다. 대부분의 제주도 계곡이 평소에는 물이 없다가 비가 오면 물이 흐르는 건천인 데 반해, 안덕계곡은 사시사철 은은하게 물이 흐른다. 트레킹을 할 수 있는 구간이 짧긴 해도 계곡을 둘러싸며 굽어진 풍광이 진하고 길게 여운이 남는 곳이다.

주소 제주도 서귀포시 안덕면 감산리 346(안덕계곡 주차장)

바다로 들어가는 용의 머리

용머리 해안

산방산 아래에 있는 해안으로 용이 바다로 들어가는
모습을 닮았다고 해서 용머리 해안으로 불린다. 산방
산 쪽에서 내려다보면 한 마리 거대한 용이 꿈틀거리
는 듯 보이기도 한다. 바닷속 화산이 폭발하면서 생겨
난 용머리해안은 제주에서 가장 오래된 화산체로 그
시간만큼 켜켜이 쌓인 응회암과 푸른 바다의 어울림
이 눈부시다. 용머리 해안을 따라가는 바닷길 탐방로
는 제주 지질공원 투어의 백미로 손꼽힌다. 단, 용머리
해안 둘레길은 물때표를 꼭 확인하고 가야 한다. 만조
가 되면 일부 길이 막히고 파도가 들이치기 때문에 통
제가 된다.

주소 제주도 서귀포시 안덕면 사계리 118 **전화** 064-760-6321
운영 09:00~17:00 **요금** 성인 2,000원, 어린이 1,000원

궁극의 옥돔구이정식

미도식당

40년간 이어져 온 옥돔구이 맛집. 제주에 왔다면 꼭
한 번은 먹어봐야 할 옥돔구이정식을 제공한다. 옥돔
구이정식 가격은 1인당 1만5,000원. 옥돔정식치고는
그리 비싸지 않은 가격임에도 1인당 한 마리씩 옥돔
이 나온다. 짭조름하면서도 쫄깃한 옥돔에 제육볶음
도 함께 나와 입맛대로 골라 먹을 수 있다. 함께 나오
는 성게 미역국과 한치 숙회, 게장도 모두 수준급이다.

주소 제주도 서귀포시 안덕면 사계남로216번길 11 **전화** 064-
794-0642 **영업** 09:00~16:00

05 협재·금능 해수욕장

쌍둥이 같은 두 개의 해변

제주의 대표적인 해변 중 하나인 협재 해변. 바로 옆에 쌍둥이처럼 닮은 해변 하나가 있다. 바로 금능 해변. 비취색 바다와 하얀 백사장, 그리고 맞은편 비양도가 어우러져 그림 같은 풍경이 펼쳐진다. 서로 이어져 있는 두 해변은 에메랄드빛 바다에 낮은 수심이 더해져 제주 서쪽에서 가장 인기인 해변이기도 하다.

협재 해변 뒤로는 배후시설이 많아 편리하고 금능 해변은 한적해서 좋다. 해변에는 야자수 숲이 자리 잡고 있어서 제주 해변 중 가장 동남아 휴양지 느낌이 물씬 풍기는 곳이다. 두 해변모두 야영장을 가지고 있는데, 평소에는 무료로 운영되고 여름 성수기에만 유료로 변경된다. 아쉽지만 차량은 야영장 안으로 들어갈 수 없도록 막혀있어서 야영장 안에서는 텐트 캠핑만 가능하다. 대신 두 해수욕장의 주차장 사이에 있는 무료 공용 주차장에서 간편하게 주차장 차박은 가능하다.

ⓘ 협재·금능 해수욕장 이용 정보

주소 [협재 해수욕장 주차장] 제주도 제주시 한림읍 협재리 2447-22, [한림읍 무료 공용 주차장] 제주도 제주시 한림읍 한림로 299, [금능 해수욕장 주차장] 제주도 제주시 한림읍 협재리 2689-1

편의시설 화장실, 샤워실(7~8월), 텐트 야영장

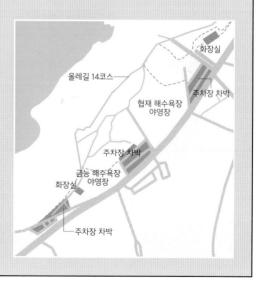

함께 가면 좋은 추천 여행지

천년의 섬 **비양도**

기록에 의하면 비양도는 1002년 분화한 화산폭발로 만들어졌다고 한다. '천년의 섬'이라는 슬로건이 썩 잘 어울린다. 금능과 협재해수욕장의 화룡점정이 되어주는 섬으로 한림항에서 하루 4번 왕복하는 배를 타고 15분이면 들어갈 수 있다. 섬 전체가 다 보이는 비양봉에 오르는 코스나 섬을 한 바퀴 돌아보는 코스를 추천한다. 배편이 자주 있지 않아서 두 가지 모두 하기에는 시간이 빠듯한 편이다.

주소 [한림항도선대합실] 제주도 제주시 한림읍 한림해안로 196 **전화** 064-796-7522 **요금** 성인 1만2,000원, 어린이 6,000원

10만 평에 달하는 거대 테마파크 **한림공원**

1971년 불모지였던 모래밭에 야자수와 관상수를 심고, 모래밭 아래서 발견된 쌍용동굴, 협재동굴과 함께 한림공원이 시작되었다. 첫 삽을 뜬 지 약 50년, 한림공원은 제주 서부의 대표적인 관광지로 자리 잡았다. 야자수길, 아열대 식물원과 계절별 꽃길 등 제주의 특징을 곳곳에 살려 놓았다. 여러 테마 중에서도 협재굴과 쌍용굴은 한림공원의 핵심이다. 천연기념물 236호로 지정된 두 동굴은 용암동굴 위로 조개의 석회 성분이 빗물에 녹아 흐르면서 용암동굴과 석회동굴의 특징을 모두 가지고 있는 독특한 구조다.

주소 제주도 제주시 한림읍 한림로 300 **전화** 064-796-0001 **영업** 08:30~18:00(3~9월 ~19:00) **요금** 성인 1만5,000원, 어린이 9,000원

맑고 깔끔한 흑돼지 맑은 곰탕 한 그릇

협재온다정

'속이 편안하다', '정성이 가득한 한 끼를 대접받은 느낌'. 협재온다정 주메뉴이자 유일한 메뉴인 흑돼지 맑은 곰탕을 먹은 사람들의 후기다. 맑은 국물에 종잇장처럼 얇은 흑돼지 살코기가 켜켜이 올라간다. 조미료를 사용하지 않고 만든 맑은 곰탕 국물은 매일 제주산 돼지고기와 모자반으로 육수를 만든 것이다. 된장과 멜젓을 함께 섞은 비법 소스를 조금 얹어 고기 한 점 입에 넣으면 식감이 살아 있으면서도 부드럽게 넘어간다.

주소 제주도 제주시 한림읍 한림로 381-4 전화 064-796-9222 영업 09:00~22:00(브레이크 타임 15:00~17:00)

정이 흐르는 카페

동명정류장

'정이 흐르는 곳'이라는 의미의 '정류장(情流場)'과 카페가 위치한 '동명리'에서 이름을 따서 동명정류장이라 지었다. 비어 있던 마을회관은 이제 정류장이 되어 마을 사람과 관광객의 정이 흐르는 공간이 되었다. 아담한 분위기에 카페에서 밖으로 내다보이는 밭담의 라인이 선명하다. 이에 착안하여 시그니처 메뉴도 '밭담라테'로 정했다. 크림 위에 초콜릿 크런치로 현무암을 표현하고 작은 잎을 꽂아 밭을 표현했다. 잠시 멈추는 정류장처럼 여행 중 잠시 쉬어가기 좋은 곳이다.

주소 제주도 제주시 한림읍 동명7길 26 전화 070-8865-0511 영업 11:00~18:30, 목요일 휴무

06 제주도
새별오름

일년 농사의
안녕을 비는 오름

제주 서부의 대표적인 오름으로, 매년 3월 초 새별오름 들불 축제를 개최하는 곳이기도 하다.
가축을 방목하던 제주는 매년 봄 해충과 묵은 풀을 없애기 위해 들불을 놓았다. 현재는 대표
적으로 새별오름에서만 들불을 놓고 일년 농사와 안녕을 빈다. 가을이면 새별오름 전체가 억
새로 뒤덮여 장관을 이룬다. 해 질 녘 억새를 배경으로 인생 사진을 남기기에도 좋고, 오름에
올라 제주 북서부 바다와 멀리 비양도까지 펼쳐지는 아름다운 전경을 보아도 좋다.

새별오름은 엄청난 넓이의 주차장 덕분에 제주 자동차 캠핑을 오면 꼭 한 번 들르는 곳이 되었다. 새별오름 들불 축제 기간만 제외하고는 항상 텅텅 비어 있어 대형 트레일러도 편하게 하루를 보낼 수 있다. 새별오름 가까운 주차장에는 항시 푸드트럭이 줄지어 있어 간단하게 군것질하기에도 좋다. 공용화장실이 있고 주차장은 전체적으로 약간 경사가 있는 편이다.

ⓘ

새별오름 이용 정보

주소 제주도 제주시 애월읍 봉성리 산 59-3
편의시설 푸드트럭, 화장실

새별오름

화장실

주차장 차박

함께 가면 좋은
추천 여행지

초대형 스크린으로 만나는 미디어 아트

아르떼뮤지엄

거대한 파도가 치는 듯한 느낌의 몰입형 전시 'WAVE'라는 작품을 코엑스에 선보인 d'strict가 제주에 몰입형 미디어아트 전시관을 만들었다. 스피커를 만들었던 공장이 이제는 바다와 폭포 등 다양한 자연을 실감나게 보여주는 곳이 되었다. 초대형 스크린으로 만나는 세계 명화 속 자연과 제주의 사계절은 특히나 몰입도가 어마어마하다. 입장료와 별개인 아르떼 티바(Tea Bar)도 강추한다. 주문한 음료 위로 꽃이 피는 미디어 아트가 펼쳐진다.

주소 제주도 제주시 애월읍 어림비로 478 전화 064-799-9009 영업 10:00~20:00 요금 성인 1만7,000원, 어린이 1만 원

무동력 카트 레이싱을 즐겨보자

9.81 파크

엔진을 사용한 카트 레이싱이 아니라 높이 차에 의한 중력으로 달리는 카트 레이싱 및 실내게임 테마파크. 엔진 특유의 시끄러움 없이 조용하면서도 빠른 스피드를 즐길 수 있다. 주변 풍경도 좋아서 비양도와 제주 앞바다가 한눈에 들어오기도 한다. 3가지 난이도가 있고 1인과 2인 모드가 있다. 휴대폰에 애플리케이션을 깔면 달린 속도와 등수가 나와 같은 일행과 경주도 가능하다. 빠른 사람은 1분 초반, 천천히 내려와도 1분 중반대면 도착한다. 시간상으로 짧은 것이 아쉬운 부분이라 보통 2회에서 3회권을 추천한다.

주소 제주도 제주시 애월읍 천덕로 880-24 전화 1833-9810 영업 09:20~19:20 요금 1인용 3회권 4만2,500원

제주에만 있는 이색 건축물

성 이시돌 목장

테시폰이라는 독특한 건축물을 볼 수 있는 곳. 2000여 년 전 바그다드 테쉬폰이라는 지역에서 시작된 건축양식이라 하여 동일한 이름으로 불리는 이 건축양식은 독특한 지붕 구조로 지진이나 바람에 특히 강하다고 한다. 특이한 외형 덕에 사진을 찍기 위해 많은 사람이 찾는다. 목장과 함께 있는 '우유부단' 카페도 필수 코스. 목장에서 생산하는 유기농 우유로 만든 아이스크림과 밀크티 등의 메뉴를 선보인다. 신선한 재료로 만든 만큼 시원하고 진한 우유맛이 진하게 녹아 있다.

주소 제주도 제주시 한림읍 산록남로 53

미식가들이 인정한 크루아상

새빌카페

새별오름 바로 옆 예전 리조트 호텔을 리모델링한 카페. 매일 신선한 베이커리로 승부하는 카페로 특히 크루아상이 맛있다. 프랑스산 고메버터와 뉴질랜드 앵커버터를 쓰고 치즈는 스위스산을 사용하는 등 최고의 재료를 고집해서 만든다. 주변 경관도 인기 비결 중 하나. 카페 주변에는 눈에 거슬리는 것 없이 시원하고, 2층 높이의 대형 창으로 새별오름과 하늘의 푸르름이 함께 담긴다.

주소 제주도 제주시 애월읍 평화로 1529 **전화** 064-794-0073 **영업** 09:30~20:00

어라운드 폴리

한적한 제주도 중산간 지역, 사방이 오름으로 펼쳐지는 한가운데 독특한 모양의 캠핑장이 자리한다. 4,000여 평에 달하는 큰 규모의 이 캠핑장은 캠핑과 호텔이 접목한 신개념 숙박시설이다. 쉽게 말해 캠핑장과 롯지, 카라반 등이 한데 모두 모여 있는 것이다. 캠핑장의 자유로움과 호켈의 프라이빗함이 접목된 느낌이랄까. 구획을 나누지 않고 캠핑 사이트와 에어스트림 그리고 로지가 자연스레 어울려 캠핑과 숙박, 도민과 여행객이 모두 어울릴 수 있는 공간으로 만들어졌다.

신개념 아웃도어 스테이

제주의 동쪽 중산간은 유난히 오름
이 많다. 능선과 능선 사이 제주다
움이 묻어나는 조용함 사이로 신개
념 아웃도어 스테이인 어라운드 폴리
(Around Follie)가 있다. 오랜 기간
캠핑을 즐겨온·대표가 캠핑을 인도어
로 끌어당기고 기존의 스테이를 조금
더 아웃도어로 이끌어 멋지게 조화시
켰다.

어라운드 폴리는 방사탑, 연대를 모티브로 디자인된 로지와 미국 대표 캠핑트레일러 브랜드
인 에어스트림으로 숙박을 제공한다. 최대 효율을 내기 위해 다닥다닥 숙소가 붙어 있는 다
른 펜션과 달리 동선에 여유가 넘치고 프라이버시를 최우선으로 배려한 배치가 인상적이다.
여기에 더불어 12개의 캠핑 사이트도 함께 운영한다. 온수가 넉넉하게 나오는 독립된 샤워부
스, 코인 세탁기와 건조기, 화로대 전용 세척장과 캠핑카 전용 덤프 스테이션(오/폐수 처리)등
캠퍼를 위해 세세한 배려가 느껴진다.

넓은 부지와 질 좋은 서비스를 넉넉하게 누리고 싶지만, 캠핑 사이트 중에 캠핑카 전용은 단
하나 밖에 없어 아쉽다. 노지 캠핑이 더 어울리는 제주이기도 하고, 도민 RVer가 캠핑장을 자
주 찾는 경우가 드물어 예약이 어렵지는 않은 편이다.

호텔급 서비스를
누릴 수 있는 캠핑장

다른 캠핑장과는 달리 호텔급 서비스를 누릴 수도 있다. 대표적인 것이 바로 조식 서비스. 1인 1만 원의 추가금을 내면 수제 소시지와 훈연한 베이컨, 그리고 전복죽 등이 함께 나오는 수준급의 조식으로 하루를 시작할 수 있다. 요리하고 설거지하느라 황금 같은 오전 시간을 보내지 않고 딱 여행에만 집중할 수 있어서 만족도가 높다. 저녁에도 시그니처 바비큐를 신청하면 장시간 스모커에서 훈연한 고기와 야채가 나온다. 리셉션 옆 '에이그라운드' 카페에서 시원한 맥주와 함께 먹을 수도 있고 캠핑 사이트로 배달도 된다.

가격은 비수기 기준 6만 원, 성수기에는 1박 7만 원으로 다른 캠핑장에 비해서는 다소 비싼 감이 있다. 하지만 빵빵한 전기 용량, 노천 수영장 물놀이, 조식 서비스 등 호텔 못지 않은 서비스와 프라이버시가 보장되는 사이트 구성 등을 경험해 보면 그만한 비용을 지불하고도 다시 찾고 싶게 만드는 끌림이 있다.

어라운드 폴리 이용 정보

주소 제주도 서귀포시 성산읍 서성일로 433

전화 064-783-6226

예약 www.aroundfollie.com • 캠핑 사이트는 4월~12월까지만 운영.

사용료 성수기 1박 기준 7만 원, 비수기 6만 원

규모 오토홈 사이트 1개소, 일반 캠핑 사이트 11개소, 롯지 7개소, 정박형 카라반 6개소

편의시설 샤워실, 세탁실, 취사장, 카페, 캠핑카 전용 덤프 스테이션

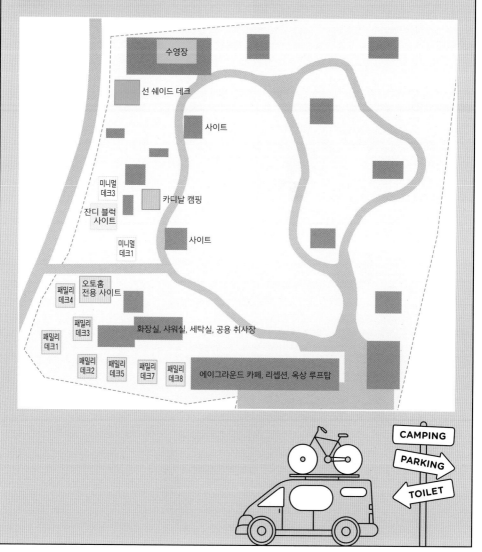

함께 가면 좋은
추천 여행지

신선이 살았다는 오름

영주산

해발 326m 높이의 작지 않은 오름으로 신선이 살았다는 전설이 내려오는 곳이라 영주산이라는 이름이 붙었다고 한다. 도민들은 천국으로 향하는 계단이 있다고 표현하는데, 그만큼 오름을 오를수록 보이는 주변 경치가 뛰어나다. 매년 봄이면 제주 고사리가 지천에 솟아올라 아침마다 고사리 꾼들이 모여드는 것을 제외하고는 항시 조용하게 산책하며 서귀포 동부를 내려다 볼 수 있다.

주소 제주도 서귀포시 표선면 성읍리 산19-1(주차장)

제주의 특징이 한 곳에!

일출랜드

천연동굴 미천굴을 중심으로 민속촌, 온실, 현무암 분재정원과 아열대 산책로까지 제주의 특징들을 이용하여 만든 멀티 관광지다. 일출랜드의 가장 중심인 미천굴은 1,700m 중 365m 구간을 공개해 놓았다. 만장굴과 비슷하게 대형 동공이 특징이다. 동굴 안에는 라이트 아트 전시가 되어 있어 자칫 단조로울 수도 있는 동굴 산책을 더 풍성하게 해준다. 아열대 산책로는 어느 계절에 찾아도 유행을 타지 않고 이국적인 사진 배경이 되어 준다.

주소 제주도 서귀포시 성산읍 중산간동로 4150-30 **전화** 064-784-2080 **운영** 08:30~17:00 **요금** 성인 1만2,000원, 어린이 7,000원

거대 우유갑이 우뚝 서 있는

어니스트밀크

외관부터가 남다르다. 관광객이 잘 다니지 않는 중산
간동로에 커다란 우유갑 모양의 건물이 자리 잡았다.
제주 한아름목장에서 직접 운영하는 유제품 전문 카
페다. 전라북도 고창에서 20년간 목장을 운영하신 부
모님의 노하우를 전수 받아, 넓은 제주 초지에서 방목
하여 키운 건강한 소의 우유만을 생산한다. 질 좋은 우
유는 질 좋은 아이스크림과 요거트로 직접 가공하여
판매된다. 고소함과 진한 우유의 맛이 시중에 판매되
는 우유와는 확실히 구별되는 정도. 매일 오후 2시와 4
시에는 송아지 우유 주기 체험도 무료로 진행된다.

주소 제주도 서귀포시 성산읍 중산간동로 3147-7(본점) **전화**
010-7103-1886 **영업** 10:00~18:00, 수요일 휴무

제주 바닷속을 알아보자

제주해양동물박물관

해양생물자원의 영구 보존을 위해 직접 수집한 해양
동물 표본이 800여 종에 1만 점이 넘게 전시된 박물
관이다. 자체 특허 기술로 박제한 해양동물은 모형보
다는 사실감이 있어 아이들에게 살아있는 공부가 된
다. 특히 흔히 볼 수 없는 고래상어, 백상아리 등의 상
어류 전시물이 눈에 띈다. 모두 국내에서 우연히 그물
에 잡혔던 것을 보존한 것들이다. 매일 오전 11시와
오후 3시에는 도슨트 프로그램을 운영한다.

주소 제주도 서귀포시 성산읍 서성일로 689-21 **전화** 064-782-
3711 **운영** 09:00~18:00, 둘째·넷째 주 수요일 휴관 **요금** 성인 1
만 원, 어린이 8,000원

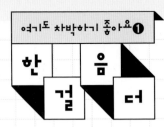

한 음 걸 더

어른과 아이 모두 물놀이 즐기기 좋은

하도 해변

바다가 얕아서 어른과 아이들 함께 물놀이 하기에 부담 없고 한적하게 바다를 즐길 수 있는 곳이다. 썰물 때 물이 빠져나간 후 넓은 모래사장을 파내면 바지락이 제법 나오기도 해서 물놀이와 조개잡이 체험이 동시에 가능한 곳이기도 하다. 화장실 옆으로는 텐트 캠핑을 하기도 하는데, 차량은 진입이 어려워서 뒤편 공용 주차장에서 머물면 된다. 주차장 앞은 제주에서 유일한 철새도래지다.

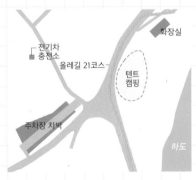

주소 [하도 해변 주차장] 제주도 제주시 구좌읍 하도리 53-66 **편의시설** 화장실

함께 가면 좋은 **추천 여행지**

해녀의 부엌

공연과 식사가 어우러진 국내 최초 해녀 중심 다이닝 쇼. 해녀 관련 연극을 시작으로 해녀가 알려주는 해산물 이야기, 그리고 직접 잡은 해산물로 차려낸 해녀의 밥상이 이어진다.

주소 제주시 구좌읍 해맞이해안로 2265 **전화** 070-8015-5286 **영업** 목~일 12:00~19:30

릴로

프랑스 어느 작은 카페에라도 와 있는 듯한 차분한 분위기의 릴로는 프랑스 풍 브런치 전문점이다. 빵 위에 치즈나 고기, 채소를 올려먹는 프랑스식 샌드위치 '타르틴'과 바게트로 만든 샌드위치 맛집.

주소 제주시 구좌읍 하도13길 63 **전화** 0507-1337-4945 **영업** 10:00~15:00, 화요일 휴무

지미봉

바다가 가까이 보이는 대표적인 오름. 정상에서는 성산일출봉과 우도가 손에 닿을 듯 가까이 보인다.

주소 제주도 제주시 구좌읍 종달리 산 2(주차장)

하도어촌체험마을

아이들은 바릇잡이, 어른들은 진짜 해녀와 함께 하는 해녀 체험을 할 수 있다.

주소 제주도 제주시 구좌읍 해맞이해안로 1897-27 **전화** 064-783-1996 **체험 시기** 3~12월 **체험 요금** 1인 3만5,000원

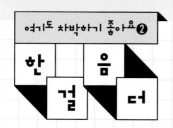

여기도 차박하기 좋아요❷

한음걸더

우도 최고의 자동차 캠핑 명소
우도 돌칸이 해변

제주도의 부속 섬 중에서 가장 인기가 높은 우도. 작은 섬으로 생각하는데 하루를 꼬박 돌아도 전부 돌아보기 힘들 정도로 생각보다 큰 섬이다. 카라반을 가지고 섬으로 들어가긴 어렵지만 모터홈이나 자가용은 가능하다. 우도는 성산항과 종달항을 통해서 들어간다. 성산항에서는 아침 7시 30분부터 30분 간격으로 배가 다니기 때문에 시간의 제약을 크게 받지 않고 우도로 들어갈 수 있다. 종달항에서는 성산항보다 띄엄띄엄 배를 운항하기 때문에 반드시 시간 체크를 해야 한다. 우도에서도 자동차 캠핑을 하기 좋은 곳으로 돌칸이 해변을 꼽는다. 돌칸이란 소 여물통을 뜻하는 제주 방언인데, 해안가의 모습이 소 여물통 모양처럼 움푹 들어가 있다고 하여 붙여진 이름이다.

해변 입구에 자리한 넓은 주차장에 차를 두고 캠핑을 즐기기 좋다. 특히 주차장에서 바라보는 우도봉과 절벽의 풍경이 명품이다.

주소 [돌칸이 해변 주차장] 제주도 제주시 우도면 연평리 1723 **편의시설** 화장실

함께 가면 좋은 **추천 여행지**

서빈백사 해변
마치 산호 조각을 뿌려놓은 것 같아서 산호
해변으로 알려졌다가 최근 홍조류가 만들어낸
홍조 단괴임이 밝혀졌다. 수심에 따라 달라지는
에메랄드빛 바다색이 오묘하다.
주소 제주도 제주시 우도면 연평리 2565-1

동안경굴
검멀래 해변 끝 편 동굴에서 안쪽으로 조금 더
들어가면 나오는 또 다른 동굴. 웅장하고 시원한
풍경이 멋지다.
주소 제주도 제주시 우도면 연평리 317-11

쇠머리오름(우도봉)
우도는 소가 누워있는 모습과 닮았다 하여 붙여진
이름이다. 우도의 머리 부분에 해당하는 가장 높은
곳을 쇠머리오름 또는 우도봉이라 부른다.
주소 제주도 제주시 우도면 연평리 산 18-2

하하호호
구좌 마늘, 우도 땅콩, 딱새우를 이용해서 색다른
수제버거를 내놓는다. 탑처럼 쌓아 올린 버거는
종업원이 와서 먹기 좋게 손질해준다.
주소 제주도 제주시 우도면 우도해안길 532 **전화** 010-2899-
1365 **영업** 11:00~17:30

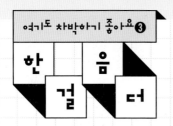

여기도 차박하기 좋아요 ❸

한 음 걸 어 더

용암이 만들어낸 이색 풍경
광치기 해변

언제 찾아도 독특한 해안 모습이 인상적인 곳이다. 들물(밀물)일 때는 일반 모래 해변과 큰 차이가 없어 보이지만 물이 빠지면 용암이 굳으면서 생긴 지층이 드러난다. 용암이 바닷물에 닿아 빠르게 식으면서 독특한 지층을 만들어 냈다. 야트막하게 고인 물에 아이들 웃음소리와 푸른 하늘이 담긴다. 물이 빠졌을 때 멀리 보이는 성산일출봉을 배경으로 사진을 찍으면 대충 찍어도 작품이 나온다. 인근에 있는 유채꽃밭에서 인생 사진을 찍을 수도 있고 밀물 때에 맞춰 해변 뒤쪽에서 조개잡기도 가능하다.

주소 제주도 서귀포시 성산읍 고성리 224-1(공영주차장)

함께 가면 좋은 **추천 여행지**

빛의 벙커
프랑스에서 시작된 몰입형 미디어아트로, 빛으로
승화된 그림을 마주할 수 있다.
주소 제주도 서귀포시 성산읍 고성리 2039-22 **전화** 1522-
2653 **홈페이지** www.bunkerdelumieres.com **운영**
10:00~18:00(하절기 ~19:00) **요금** 성인 1만9,000원, 어린이
1만1,000원

커피박물관 바움
1층은 커피박물관으로 2층은 카페로 운영된다.
다양한 나라에서 수집한 커피 그라인더와 추출
도구 등이 눈길을 끈다.
주소 제주도 서귀포시 성산읍 시성일로 1168번길 89-17 **전화**
064-784-2255 **영업** 09:00~18:00(하절기 ~19:00)

가시아방
'가시'는 제주어로 '각시'이고 '아방'은 '아버지'라는
뜻으로 각시 아버지, 즉 장인어른이라는 이름의
식당으로 고기국수와 돔베고기 전문점이다.
주소 제주도 서귀포시 성산읍 섭지코지로 10 **전화** 064-783-
0987 **영업** 10:30~21:00, 첫째·셋째 주 수요일 휴무

월라라
제주 달고기와 상어고기로 피쉬앤칩스를 만드는
곳. 생맥주로 즉석에서 반죽한 튀김옷을 입혀
가마솥에서 튀겨낸다.
주소 제주도 서귀포시 성산읍 성산중앙로 33 **전화** 064-782-
5120 **영업** 12:00~20:00

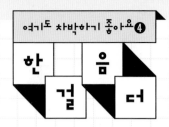

여기도 차박하기 좋아요 ❹

한 음 걸 더

아이가 있는 가족들에게 좋은
표선 해수욕장

서귀포시 지역은 제주시에 비해 상대적으로 해수욕장이 부족하다. 그런 서귀포시에서 그나마 비췻빛 바다색을 보여주는 곳이다. 물이 얕아서 아이들과 함께 물놀이, 모래놀이를 하기에 최적이다. 다만 밀물과 썰물의

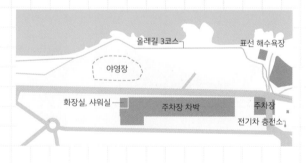

차이가 커서 시간대를 못 맞추면 한참을 기다려야 바닷물이 들어오기도 한다. 해수욕장에는 야자수와 푸른 잔디가 색다른 분위기를 연출해 주는 야영장이 있지만 차량을 가지고 들어갈 수 없다. 대신 맞은편 주차장이 상당히 넓고 화장실, 샤워실과 가까워 자동차 캠핑을 하기에 좋다.

주소 제주도 서귀포시 표선면 표선리 44-4 **편의시설** 텐트 전용 야영장, 화장실, 샤워실, 놀이터

함께 가면 좋은 **추천 여행지**

제주민속촌

제주만의 건축 형태인 세거리집, 흑돼지를 키웠던 돗통시, 돌담과 초가 등 육지와 사뭇 다른 제주 문화를 엿볼 수 있다.

주소 제주도 서귀포시 표선면 민속해안로 631-34 **전화** 064-787-4501 **운영** 08:30~18:00(동절기 ~17:00) **요금** 성인 1만 5,000원, 어린이 1만1,000원

제주허브동산

제주허브동산에서는 2만6,000평에 150여 종의 허브가 가꿔지고 있다. 매년 10월에서 11월 사이 핑크뮬리 축제 때 가볼 만하다.

주소 제주도 서귀포시 표선면 돈오름로 170 **전화** 064-787-7362 **운영** 09:00~22:00 **요금** 성인 1만3,000원, 어린이 1만 원

어촌식당

무와 함께 맑게 끓여낸 옥돔국 맛집. 간을 강하지 않게 하는 도민 스타일로 부드러우면서도 시원한 맛이 일품이다.

주소 제주도 서귀포시 표선면 민속해안로 578-7 **전화** 064-787-0175 **영업** 09:00~20:30(브레이크타임 15:30~17:00), 둘째·넷째 주 수요일 휴무

춘자멸치국수

뼛속까지 시원한 국물에 굵은 중면을 담뿍 올려 양은 냄비에 담아 내준다. 4,000원이라는 가격이 믿기지 않는 묵직한 맛이다.

주소 제주도 서귀포시 표선면 표선동서로 255 **전화** 064-787-3124 **영업** 08:00~18:00

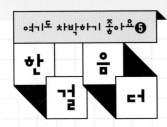

알려지지 않아 더 소중한
중문단지 축구장

서귀포 지역을 대표하는 관광명소인 중문
관광단지를 여행하기 위한 베이스캠프. '웬
축구장?' 싶겠지만, 그 어디보다도 멋진 풍
광을 바라보며 캠핑을 즐길 수 있는 최고의
캠핑 명소다. 해변가 끝자락에 자리한 중문
단지 축구장 한쪽에는 바다를 향해 있는 데
크 세 개가 있다. 데크 뒤로 명품 해안 경관
이 펼쳐지고, 해안가의 수많은 용암돌과 그
사이를 비집고 들락거리는 바닷물이 어우러
져 매력적인 파도 소리는 덤이다. 아직 많이

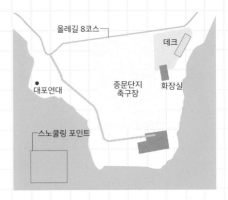

알려지지 않은 곳이라 한적함을 누릴 수도 있다. 특히 이곳은 숨은 스노클링 명소로도 손
꼽힌다. 축구장 옆쪽에 있는 대포연대에서 바다쪽으로 내려가면 '도리빨'이라고 불리는 숨
은 스노클링 포인트가 나온다.
주차장은 올레길 8코스와 이어지기도 하는데 코스를 따라 대포주상절리대, 베릿내오름,
중문색달 해수욕장까지 걸어보는 것도 좋다.

주소 [중문단지 축구장 주차장] 제주도 서귀포시 대포동 2491 **편의시설** 화장실(평일), 캠핑데크 3개소

함께 가면 좋은 **추천 여행지**

대포주상절리대

용암이 식으면서 오각형이나 육각형으로 쪼개져
생기는 것으로, 주상절리 틈바구니로 하얀 포말이
이는 모습이 장관을 이룬다.

주소 제주도 서귀포시 중문동 2763 **전화** 064-738-1521 **운영**
09:00~18:00 **요금** 성인 2,000원(주차비 별도)

중문색달 해수욕장

제주도에서 가장 파도가 높고 잦아서 서퍼들이 더
많이 찾는다. 야자수 넘어 극적으로 파도를 타는
모습이 인상적이다.

주소 제주도 서귀포시 색달동 2950-3(주차장)

조안베어뮤지엄

테디베어 작가 '조안 오'의 작품들을 만나 볼 수
있는 뮤지엄이다.

주소 제주도 서귀포시 대포로 113 **전화** 064-739-1024 **운영**
09:00~18:00 **요금** 성인 8,000원, 어린이 6,000원

중문수두리보말칼국수

보말 중에서도 가장 맛있는 '수두리 보말'로
칼국수와 죽을 만든다. 면은 톳을 넣고 만들고
국물은 보말 내장으로 맛을 냈다.

주소 제주도 서귀포시 천제연로 192 **전화** 064-739-1070 **영업**
08:00~17:00, 첫째·셋째 주 화요일 휴무

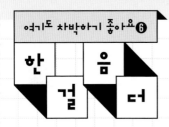

여기도 차박하기 좋아요 ❻
한 음 걸 더

해 질 녘이 아름다운 곳
이호테우 해수욕장

제주공항과 가장 가까운 해수욕장으로 일정 마지막에 여행을 정리하기 좋은 코스다. 해변이 서쪽을 향하고 있어 해가 넘어가면서 점점 더 아름다워지는 해수욕장이기도 하다. 이호테우 해수욕장 옆 이호항에는 제주의 상징인 '말'을 닮은 등대가 있다. 해 질 녘 이 등대를 배경 삼아 일몰 사진을 찍으면 인생 사진 한 컷을 담기에 제격이다. 이호방파제 방향의 넓은 매립지는 예전부터 노지 캠핑의 명소였다. 장기 캠핑을 하거나 캠핑카를 장기간 주차하는 사람들이 많아지면서 민원이 많아지고 최근에는 캠핑을 규제하는 분위기다. 그러니 방파제 쪽 주차장과 해수욕장 주차장에서 조용히 온 듯 안 온 듯 머물다 가야 한다. 여름에는 해수풀장도 운영되고 해수욕장 자체가 워낙 넓다 보니 한적해서 더욱 좋다.

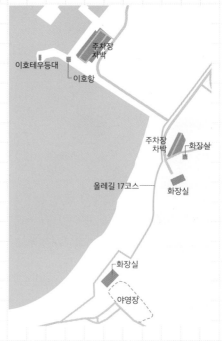

주소 제주도 제주시 이호일동 375-43 편의시설 화장실, 해수풀장(7~8월)

함께 가면 좋은 **추천 여행지**

도두봉

정상에서 제주공항이 보이는데 수없이 뜨고
내리는 비행기를 기다렸다가 한라산을 배경으로
사진을 찍어보자.

주소 제주도 제주시 도두일동 2605-4

도두해녀의집

슬러시처럼 살얼음이 가득한 물회가 인기. 마치
빙수를 먹는 듯한 시원함이 특징이다.

주소 제주도 제주시 도두항길 16 **전화** 064-743-4989 **영업**
10:00~21:00(브레이크타임 15:30~17:00)

용담해안도로

도두봉 근처쯤 가면 도로를 따라 나오는 무지개색
경계석이 포토 포인트.

솔지식당

제주 돼지고기와 찰떡궁합 멜조림 맛집이다.
제주에서는 멸치를 '멜'이라 부른다.

주소 [노형점] 제주도 제주시 월랑로 88, [시청점] 제주도 제주시
광양13길 14 **전화** 064-749-0349(노형점), 064-725-2929(시청
점) **영업** ~금요일 12:00~21:40, 토·일요일 17:00~21:40, 시청점
만 일요일 휴무

알아두면 좋은
자동차 캠핑 정보

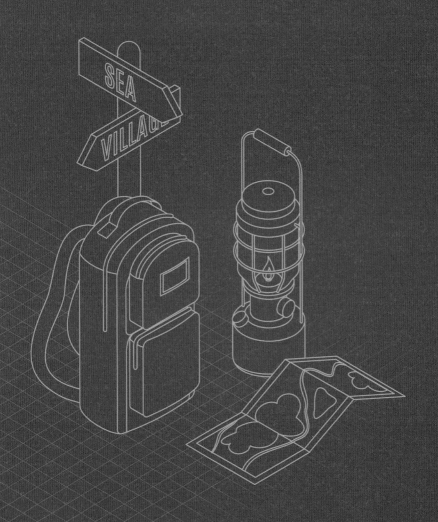

견인 면허 취득 정보

전국에는 27개 운전면허시험장이 운영되고 있다. 소형 견인 면허 시험을 치르는 곳은 서울 강남, 대전, 부산, 광양, 제주도 5개 시험장으로 한정된다. 대형 견인 면허는 서울 강남, 부산 남부, 인천, 안산, 대전, 예산, 전북, 전남, 광양, 문경, 포항, 울산, 제주에서도 취득 가능하다. 이 외에도 사설로 운영되고 있는 운전 전문학원이 있고 시험도 가능하므로 응시 관련 문의는 가까운 학원이나 시험장을 검색하여 직접 일정을 잡는 것이 좋다. 안전운전 통합민원(www.safedriving.or.kr)을 검색하면 응시 가능한 시험장과 날짜를 확인할 수 있다.

견인 면허 시험장 리스트

시험장명	주소	전화번호	면허 종류
강남	서울특별시 강남구 테헤란로114길 23	1577-1120	소형 & 대형 견인 면허 모두 가능
대전	대전광역시 동구 산서로1660번길 90	042-250-3300~1	
부산 남부	부산광역시 남구 용호로 16	051-610-8005	
광양	전라남도 광양시 광양읍 대학로 11	061-760-1600	
제주	제주도 제주시 애월읍 평화로 2072	064-710-9200~1	
인천	인천광역시 남동구 아암대로 1247	032-810-2303~4	대형 견인 면허만 가능
안산	경기도 안산시 단원구 순환로 352	031-490-2800~2	
예산	충청남도 예산군 오가면 국사봉로 500	041-330-7400~1	
전북	전라북도 전주시 덕진구 팔복로 359	063-210-3800~1	
전남	전라남도 나주시 내영산2길 49	061-339-1500~2	
문경	경상북도 문경시 신기공단1길 12	054-550-2600~1	
포항	경상북도 포항시 남구 오천읍 냉천로 656	054-290-9300~4	
울산	울산광역시 울주군 상북면 봉화로 342	052-255-8700~2	

⑫ 자동차 캠핑에 유용한 애플리케이션

대한민국 구석구석
국내 여행 정보를 총 망라해 놓은 애플리케이션으로 한국관광공사에서 제작 및 운영하고 있다. 계절별, 지역별 여행 큐레이션을 제공하고 사용자 위치 기반으로 주변 맛집과 관광지 등 여행 정보를 제공한다.

트리플
해외 정보도 많지만 국내도 만만치 않게 여행 정보가 많다. 깔끔한 UI로 보기 편하고 선택한 여행 정보를 가지고 쉽게 동선을 짜도록 도와준다.

땡큐캠핑
전국 2,500여 개의 캠핑장 정보를 제공한다. 이 중 450개는 실시간 예약 서비스까지 제공한다. 이곳저곳 가입할 필요 없이 한 번에 해결 가능한 점이 강점. 각종 용품과 먹거리도 판매한다.

캠핑지도
2,000여 개의 캠핑장 정보 및 실시간 예약 현황을 제공한다. 유저들의 가감 없는 평가가 적혀 있어 미리 캠핑장에 대한 정보를 알 수 있다. 위치 기반으로 근처 캠핑장 찾기 및 주변 놀거리 정보도 제공한다.

네이버지도
각 여행지의 영업시간을 알 수 있고 전화로 바로 연결과 길 안내가 가능하다. 네이버 예약과 바로 연동되어 저렴하게 이용할 수도 있다.

수평계
캠핑카의 수평이 맞지 않으면 잠자리가 불편하고 장시간 주차를 했을 경우 내부 가구가 뒤틀리기도 한다. 내부에서 사용한 물이 잘 내려가기 위해서라도 수평은 어느 정도 신경 써야 하는 부분이다. 휴대폰 애플리케이션으로 간단히 측정 가능하다.

윈디
오토캠핑보다는 바람의 영향을 덜 받는 자동차 캠핑이지만 바닷가 주변에 정박하는 경우 미리 바람의 강도와 방향을 알아두면 도움이 된다.

물때와날씨
위치에 따른 밀물과 썰물의 정확한 시간을 알려주는 애플리케이션이다. 조개 캐기 등 해루질과 낚시를 위해서는 꼭 필요하다. 주간 날씨와 일몰/일출, 바람의 강도, 파고까지 알 수 있다.

RVING 하기 좋은 캠핑장 72선

책에 소개한 곳을 제외하고 전국에서 자동차 캠핑에 최적화되어 있는 캠핑장을 알아보자. 캠핑카 전용 사이트를 운영하거나 사이트 간 구분이 정확하게 되어 있는 곳을 기준으로 엄선했다.

경기	안산 화랑 오토캠핑장	안산시 단원구 동산로 268	camp.ansanuc.net/	031-481-9800
	킨텍스 캠핑장	고양시 일산서구 킨텍스로 217-25	www.gys.or.kr	031-913-1700
	안성맞춤 캠핑장	안성시 보개면 남사당로 198-5	www.anseong.go.kr/tourPortal/camp	031-677-8267
	고대산 캠핑리조트	연천군 신서면 고대산길 84-12	www.godaesanresort.co.kr	031-834-6300
	재인폭포 오토캠핑장	연천군 연천읍 현문로 508번길	www.연천재인폭포 오토캠핑장.com	031-834-7271
	서운산 자연휴양림	안성시 금광면 배티로 185-39	www.foresttrip.go.kr	031-678-2913
강원	연곡 솔향기 캠핑장	강릉시 연곡면 해안로 1282	camping.gtdc.or.kr	033-662-2900
	동강전망 자연휴양림	정선군 신동읍 동강로 916-212	www.watchticket.co.kr	033-560-3464
	설악동 야영장	속초시 청봉로 25	reservation.knps.or.kr	033-801-0903
	동해 추암 오토캠핑장	동해시 촛대바위길 28	www.chuamautocamping.or.kr	033-539-3737
	망상 오토캠핑 리조트	동해시 동해대로 6370	www.campingkorea.or.kr	033-539-3600
	지경국민여가캠핑장	양양군 현남면 동해대로 62	www.jgcamp.kr	033-671-4568
충남	대둔산도립공원 수락캠핑장	논산시 벌곡면 수락리 99-11	surakcamping.com	041-746-6156
	금산산림문화타운 (남이 자연휴양림)	금산군 남이면 느티골길 200	www.foresttrip.go.kr	041-753-5706
	산꽃벚꽃마을 오토캠핑장	금산군 군북면 자진뱅이길 39	www.산꽃벚꽃 오토캠핑장.com	041-751-3322
	공주한옥마을 웅진 오토캠핑장	공주시 관광단지길 12	hanok.gongju.go.kr	041-840-8900
	독립기념관 캠핑장	천안시 동남구 목천읍 독립기념관로 1	www.i815.or.kr	041-560-0352
충북	용두산 오토캠핑장	제천시 명암로 1040	www.yongducamp.kr	043-651-6685
	옥화자연휴양림 오토캠핑장	청주시 상당구 미원면 운암옥화길 140	www.foresttrip.go.kr	043-270-7384
	현도 오토캠핑장	청주시 서원구 현도면 중척리 652	camping.cjsisul.or.kr/hyundo/index.do	043-270-7388
전남	회산 백련지 오토캠핑장	무안군 일로읍 백련로 333	www.muan.go.kr/lotus	061-283-1325
	백운산 자연휴양림 오토캠핑장	광양시 옥룡면 백계로 337	bwmt.gwangyang.go.kr	061-797-2655
	도림사 오토캠핑 리조트	곡성군 곡성읍 도림로 74	www.dorimsacamping.com	061-363-6224
	심천공원 오토캠핑장	장흥군 부산면 심천공원길 25-45	www.sccamp.kr	061-864-2266
	내장산 가인 야영장	장성군 북하면 약수리108	reservation.knps.or.kr	061-393-3088
	청자촌 오토캠핑장	강진군 대구읍 청자촌길 33	gjcamping.co	061-434-9939
	주암 오토캠핑장	순천시 주암면 구산강변길 22	www.sjcamping.co.kr	061-752-6661
	해창만 오토캠핑장	고흥군 포두면 팔영로 405	www.hcmcamping.com	061-833-9690
	무안 황토 갯벌랜드	무안군 해제면 만송로 36	www.muan.go.kr/getbol	061-450-5636
	땅끝 오토캠핑장	해남군 송지면 갈산길 25-5	autocamp.haenam.go.kr	061-534-0830
	진도 풍경 오토캠핑장	진도군 의신면 의신사천길 15-21	www.jindo.go.kr/sambyeolcho	061-543-2002
	죽산보 오토캠핑장	나주시 다시면 죽산리 123-2	juksanbocamp.kr	070-4774-7222

	내장산 국민여가캠핑장	정읍시 내장산로 410	camping.jeongeup.go.kr	063-538-7955
	달궁 자동차 야영장	남원시 산내면 덕동리 289	reservation.knps.or.kr	063-630-8900
	무궁화 오토캠핑장	완주군 고산면 고산휴양림로 89	camp.wanju.kr	063-290-2762
	장수 누리파크 오토캠핑장	장수군 장수읍 두산리 1089	www.jangsu.go.kr/reserve/index.jangsu	063-352-5660
전북	방화동 가족휴가촌	장수군 번암면 방화동로 778	banghwadong2.foresttrip.go.kr	063-350-2474
	백두대간 국민여가캠핑장	남원시 운봉읍 운봉로 151	www.namwon.go.kr	063-620-5762
	무녀도 오토캠핑장	군산시 옥도면 무녀도2길 19	mcamp.kr	063-464-4040
	변산 오토캠핑장	부안 변산 대항리 607	byeon-san.co.kr	010-8440-6655
	지리산 학천 야영장	남원시 산내면 덕동리 74	reservation.knps.or.kr	063-630-8900
	선운산 국민여가캠핑장	고창군 아산면 선운사로 158-62	네이버 예약	010-6617-4080

광주	광주시민의숲 야영장	북구 추암로 190	www.gwangju.go.kr/envi	062-971-6467
대구	달서별빛캠프	달서구 앞산순환로 248	dalseocamp.kr	053-667-3191
	금호강 오토캠핑장	북구 검단동 458-4	www.buk.daegu.kr/reserve/index.do	053-719-3300
부산	부산항 힐링 야영장	동구 초량동 1185-1	www.busanpa.com	051-999-3177
세종	합강공원 오토캠핑장	연기면 태산로 329	www.sejong.go.kr/hapgangcamp.do	044-850-1384

	황방산 생태 야영장	중구 장현동 469	www.junggu.ulsan.kr/camping	070-8280-4411
울산	대왕암공원 캠핑장	동구 등대로 100	daewangam.donggu.ulsan.kr/camping	052-209-4530
	황방산 생태 야영장	중구 장현동 469	www.junggu.ulsan.kr/camping/main.do	070-8280-4411

	가포수변 오토캠핑장	창원시 마산합포구 가포로 441-57	camp.changwon.go.kr	055-242-1320
	황산 캠핑장	양산시 물금읍 물금리 225-1	www.yssisul.or.kr/stms/hs	055-379-8690
	함안 강나루 오토캠핑장	함안군 칠서면 이룡리 998	www.haman.go.kr/tour.web	055-586-2510
	생림 오토캠핑장	김해시 생림면 마사리 1322-12	www.riverguide.go.kr/camp/saengrim/index.do	055-338-9925
	달천공원 오토캠핑장	창원시 의창구 북면 달천길 150	camp.changwon.go.kr	055-299-9004
경남	양지생태마을 캠핑장	거창군 마리면 진산길 157	www.sunnycamp.co.kr	010-4738-9343
	농월정 오토캠핑장	함양군 안의면 농월정길 9-35	cafe.naver.comnongwolautocamping	010-5490-8574
	합천 대장경 오토캠핑장	합천군 가야면 가야산로 1199	www.djgauto.kr	055-933-2058
	밀양 아리랑 오토캠핑장	밀양시 하남읍 백산리 474-32	arirangcamp.co.kr	055-359-4636
	거창산 오토캠핑장	의령군 궁류면 청정로5길 57	gjscamping.co.kr	010-9649-0453
	지리산내원자동차 야영장	산청군 삼장면 대포리 산106-2	reservation.knps.or.kr	055-973-7773

	금수문화공원 야영장	성주군 금수면 무학리 47번지	www.sj.go.kr/gumsu/index.jsp	054-932-1456
	빙계계곡 오토캠핑장	의성군 춘산면 빙계리 896	선착순	054-832-3805
	주왕산 상의 야영장	청송군 주왕산면 상의리 361	reservation.knps.or.kr	054-870-5341
	문장대 오토캠핑장	상주시 화북면 상오리 산8	www.mjdcamp.kr	054-533-1165
	산내들 오토캠핑장	김천시 지례면 부항댐길 50	sannaedeul.gc.go.kr	054-431-2011
경북	칠곡보 오토캠핑장	칠곡군 약목면 관호리 8	www.chilgok.go.kr/tour/main.do	054-974-9772
	대가야승마 캠핑장	고령군 대가야읍 신남로 61	www.daegayacamp.com	054-956-5279
	구미 캠핑장	구미시 낙동제방길 200	www.ginco.or.kr	054-480-2184
	단호샌드파크 캠핑장	안동시 남후면 풍산단호로 835-35	www.danhosand.or.kr	054-850-4595
	영주호 오토캠핑장	영주시 평은면 용혈리 1031-7	yeongjuho.com	054-632-7400
	위천수변 테마파크	군위군 효령면 간동유원길 8	wcpark.gunwi.go.kr	054-383-7778

04

대한민국
지역 축제 캘린더

CAMPING TIP

지역 축제는 거의 매년 같은 시기에 열리고 있지만,
코로나19 이후로 개최 시기에 변동이 있거나 진행
방식이 달라진 경우가 많다. 반드시 사전에 축제 정보를
확인하고 방문하도록 하자.

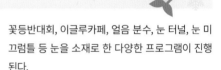

1~2월

평창 송어축제
일시 매년 12월~1월 **장소** 강원도 평창군 진부면 경
강로 3562 **홈페이지** www.festival700.or.kr
송어낚시와 썰매체험 등 다양한 체험 프로그램이
준비돼 있다. 평창군은 국내 최대의 송어 양식지로,
평창의 맑은 물에서 자란 송어는 부드럽고 쫄깃쫄
깃한 식감이 일품이다.

청평 설빙송어빙어축제
일시 매년 12월~1월 **장소** 경기도 가평군 청평면
738 **홈페이지** cpfestival.co.kr/main.html
북한강 자락의 청정 지역이자 산과 호수 그리고 북
한강의 아름다운 경치를 즐길 수 있다. 다양한 체험
프로그램과 먹거리가 마련돼 있다.

태백산 눈축제
일시 매년 1월 중순~2월 초
장소 태백산국립공원, 황지연못 등 시내 일원
홈페이지 festival.taebaek.go.kr/snow
눈축제의 백미라고 할 수 있는 초대형 눈조각은 국
립공원을 비롯하여 중앙로, 황지연못 등 시내 곳곳
에 전시된다. 대학생 눈조각 경연대회, 태백산 눈

꽃등반대회, 이글루카페, 얼음 분수, 눈 터널, 눈 미
끄럼틀 등 눈을 소재로 한 다양한 프로그램이 진행
된다.

보성차밭 빛축제
일시 12월 중순~1월 중순 **장소** 한국차문화공원
홈페이지 festival.boseong.go.kr,
verandahub.com
한국차문화공원에서 차밭 빛물결, 은하수 터널, 빛
산책로, 디지털 차나무, 차밭 파사드 등 아름다운
빛 조형물들이 전시된다. 주말 및 공휴일에는 화려
한 빛과 불의 공연이 펼쳐진다.

포천 백운계곡 동장군 축제
일시 12월 말~1월 중순
장소 경기도 포천시 이동면 화동로 2381
홈페이지 www.dongjangkun.co.kr
이동갈비와 이동막걸리의 고장 포천에서 열리는 대
표적인 축제. 송어 얼음낚시, 눈썰매 등의 체험과 다
양한 먹거리를 즐길 수 있다. 포천 유명 관광지인 산
정호수, 일동유황온천, 포천아트밸리 등이 근처에
있어 여행의 또 다른 즐거움을 준다.

해운대라꼬 빛축제

일시 12월 초~1월 말 **장소** 부산광역시 해운대구 해운대해변로265번길 6

구남로를 중심으로 해운대 전통시장, 애향길, 해수욕장 이벤트 광장, 해운대구청 등 6개 구역에서 펼쳐지는 축제. 점등식을 시작으로 매주 이색 공연이 펼쳐진다. 애플리케이션을 활용한 스탬프 투어, 달집 태우기로 날리는 소망 가득 소원지, 현장 SNS 포토 이벤트 등의 프로그램도 준비돼 있다.

칠갑산 얼음분수축제

일시 12월 말~2월 초 **장소** 청양 알프스 마을
홈페이지 www.alpsvill.com

산골에 위치한 청양 알프스 마을에서 열리는 얼음축제. 얼음 분수, 눈 조각, 대형 눈 동굴, 눈 썰매 등의 볼거리와 즐길거리를 제공한다. 5분 거리에 TV 프로그램 '1박 2일' 촬영지로 유명한 전국 최장 길이의 천장호 출렁다리가 있다.

강화도 빙어송어축제

일시 12월 말~2월 초 **장소** 인천광역시 강화군 양도면 중앙로787번길 8-2
홈페이지 www.insanry.com

강화도의 맑고 깨끗한 수질에서 자생하는 빙어 낚시를 즐길 수 있는 축제. 왕방마을 인산낚시터 일원에서 진행되며, 빙어는 물론 송어 낚시, 눈 썰매, 얼음 썰매 등을 체험할 수 있다.

러브인 프로방스 빛축제

일시 미정 **장소** 경기도 파주시 탄현면 새오리로 77
홈페이지 provence.town

이국적인 유럽풍 마을로 꾸며진 파주 프로방스에서 펼쳐지는 축제. 형형색색의 빛 조형물과 아름다운 꽃이 마을을 가득 채운다. 프랑스 남부를 연상케 하는 아기자기한 건물 사이를 걷고 있노라면 마치 동화 속을 걷는 듯하다.

안성 빙어축제

일시 12월 말~2월 **장소** 경기도 안성시 죽산면 두메호수로 221 **문의** 031-674-4528
홈페이지 dmfestival.co.kr

빙어낚시, 눈꽃 포토존, 썰매, 민속놀이체험, 맨손 고기잡기 등의 겨울 레포츠를 즐길 수 있다. 축제가 열리는 광혜원저수지는 차령산맥 물줄기의 전형적인 계곡형 1급수 저수지로서 총면적 18만 평의 경기도 안성시를 대표하는 대형급 저수지다.

3~4월

광양 매화축제

일시 매년 3월 중순 **장소** 전라남도 광양시 다압면 지막1길 55 **홈페이지** www.gwangyang.go.kr

섬진강변의 매화마을을 중심으로 해마다 3월 중순~말까지 열리는 축제. 100만 명 이상의 관광객이 방문하는 지역 대표 축제로 광양만의 맛과 멋스러움을 즐길 수 있다.

구례 산수유꽃축제

일시 3월 중순 **장소** 전라남도 구례군 산동면 상관1길 45 **홈페이지** www.gurye.go.kr/sanflower

봄을 대표하는 꽃 산수유를 마음껏 즐길 수 있는 축제. 산수유꽃으로 만든 차, 술, 음식 등을 맛볼 수 있을 뿐만 아니라 공연, 체험 행사, 불꽃놀이 등이 펼쳐진다. 지리산 온천 관광지를 비롯해 주변 관광 명소도 둘러볼 수 있다.

양산 원동매화축제

일시 3월 중순 **장소** 경상남도 양산시 원동면 원동마을 36 **홈페이지** www.yangsanfes.com

해마다 3월이면 양산 원동 일대는 매화꽃이 만발하여 봄을 알린다. 깨끗한 자연과 수려한 자연경관으

로 유명한 낙동강 변과 매화꽃이 어우러진 절경이 펼쳐지고 공연, 전시, 특산물, 푸드트럭 등 지역 연계 프로그램이 진행된다.

영취산 진달래축제

일시 미정 **장소** 전라남도 여수시 영취산 일원
홈페이지 tour.yeosu.go.kr
전국 3대 진달래 군락지 중 하나인 영취산에서 펼쳐지는 축제. 산신제, 산상음악회 등의 행사가 열린다. 4월 초까지 축제가 이어진다.

진도 신비의 바닷길축제

일시 3월 말 **장소** 전라남도 진도군 고군면 회동리
홈페이지 tour.jindo.go.kr
고군면 회동리와 의신면 모도리 사이 바다에서는 하루에 단 한 시간 동안만 길이 2.8km, 폭 40여m의 바닷길이 열린다. '한국판 모세의 기적'이라 불리는 이 길은 조수 간만의 차로 생기는 현상이다. 한 시간 동안 드러나는 바닷길을 따라 걸으며 개펄 위로 드러난 소라, 조개, 낙지 등을 줍는 재미를 즐길 수 있다.

영암 왕인문화축제

일시 4월 초 **장소** 전라남도 영암군 군서면 왕인로

440 **홈페이지** www.wangin.kr
남도 문화관광의 중심지, 영암에서 열리는 축제. 왕인 박사의 학문과 업적을 기리며 그 뜻을 전승하기 위해 상대포 역사공원, 왕인박사유적지 일원에서 열린다. 차문화 체험, 자전거 여행, 일일 관광버스투어 등의 체험 프로그램이 마련돼 있다.

고령 대가야체험축제

일시 4월 중순 **장소** 경상북도 고령군 대가야읍 대가야로 1216 **홈페이지** tour.goryeong.go.kr/fest
1500년 전 신라와 백제 강대국 사이에서도 찬란한 철기 문화를 바탕으로 고유의 역사와 문화예술을 꽃피웠던 신비의 고대 왕국 대가야. 찬란했던 가야 문화의 부흥을 위해 펼쳐지는 축제다. 퍼레이드, 뮤지컬, 게임존 등의 체험 프로그램이 준비돼 있다.

이천 도자기축제

일시 4월 말~5월 초 **장소** 경기도 이천시 신둔면 도자예술로 5번길 109 **홈페이지** www.ceramic.or.kr
유네스코 창의문화도시이자 대한민국 대표 도자 산지인 이천에서 펼쳐지는 축제. 아름다운 전통 도자

구례 산수유꽃축제

부터 현대 자기, 최첨단 세라믹 산업까지 만나볼 수 있다. 전통과 역사문화 체험, 이색 체험 등이 많아 온가족을 위한 주말 나들이로 제격이다.

태안 세계튤립축제

일시 4월 중순~5월 중순
장소 충청남도 태안군 안면읍 꽃지해안로 400
홈페이지 www.koreaflowerpark.com
꽃을 주제로 열리는 태안의 대표 축제. 안면읍 코리아플라워파크에서 열리는 축제에서는 전국 최대 규모, 최다 품종의 튤립을 다양한 콘셉트의 볼거리로

만날 수 있다. 튤립으로 꾸민 초대형 공작, 화려한 카펫트 등의 조형물, 수상정원, 풍차 전망대 등이 있다.

고양 국제꽃박람회

일시 4월 말 **장소** 경기도 고양시 일산동구 호수로 595 **홈페이지** www.flower.or.kr
일산 호수공원에서 열리는 국내 최대 규모의 꽃축제이자 대한민국 유일의 화훼 전문 박람회. 25개국 200여 개의 화훼 관련 기관, 단체, 업체가 참가하여 최신 화훼 트렌드를 제시하고 각국의 대표 화훼류와 이색 식물을 선보인다.

5~6월

합천 황매산철쭉제

일시 5월 초 **장소** 황매산군립공원
홈페이지 hmfestival.hc.go.kr
진홍빛으로 붉게 물든 전국 최대의 철쭉 군락지와 전국 제일의 등산 코스로 알려진 모산재, 기암괴석이 병풍처럼 감싸 안고 있는 고찰 영암사지가 있는 황매산 군립공원에서 열리는 축제. 철쭉 군락지 초

입까지 찻길이 나 있어 자동차로 편하게 접근할 수 있다.

서울 연등회 연등축제

일시 5월 초 **장소** 종로거리(동대문~조계사), 조계사 앞길 **홈페이지** www.llf.or.kr
신라시대부터 시작되어 고려시대 연등회, 조선시대

합천 황매산철쭉제

대한민국 축제 참살이 제공

관등놀이를 거쳐 오늘날까지 이어지고 있는 전통 축제. 고려시대 때는 개성, 조선시대에는 한양에서 성했다. 한양에서는 나라 살림에 필요한 여섯 가지의 물품(면포, 비단, 명주, 종이, 모시, 어물)을 팔던 상점가 육의전이 있던 종로를 중심으로 축제가 열렸다. 그 전통을 살려 종로 일원에서 열리고 있다.

남원 춘향제

일시 5월 중순 **장소** 광한루원, 요천 일원 등
홈페이지 www.chunhyang.org
춘향과 몽룡의 도시 남원에서 열리는 축제. 춘향의 정절과 순수한 사랑을 다양한 체험행사로 표현해 만들었다. 공연예술, 놀이체험, 등불제 등의 행사가 열린다.

울산 쇠부리축제

일시 5월 중순 **장소** 울산광역시 북구청 일원
홈페이지 www.soeburi.org
유구한 철의 역사를 가진 산업 도시 울산에서 선조들의 철기문화 역사와 산업, 문화가 공존하는 축제다. 지역 관광 활성화 및 전통 민속놀이인 쇠부리놀이를 재연하는 행사와 지역 전통 산업 문화를 계승하고자 하는 행사가 열린다.

곡성 세계장미축제

일시 5월 중순 **장소** 전라남도 곡성 섬진강 기차마을 일원 **홈페이지** www.simcheong.com
섬진강 기차마을로 유명한 전라남도 곡성군에서 개최되는 축제. 1,004종에 달하는 세계 여러 나라

강릉 단오제　　　　　大韓民国 축제 참살이 제공

의 장미꽃을 테마로 행사가 개최된다. 장미로 꾸며진 포토존과 멋진 경관이 어우러진다.

강릉 단오제

일시 6월 초 **장소** 강원도 강릉시 남대천 단오장 및 지정 행사장 **홈페이지** www.danojefestival.or.kr
우리나라 3대 명절로 꼽히는 단오. 모내기를 마친 후 풍년을 기원하는 제사인 우리나라 전통 민속축제를 계승한다는 것에서 의미가 있다. 단오는 유네스코가 지정하는 인류 구전 및 무형유산 걸작으로 등재되어 전 세계의 인류가 보존해야 할 문화유산이 되었다.

대구 꽃박람회

일시 6월 초 **장소** EXCO 1층(1·2홀), 야외광장
홈페이지 www.flowerdaegu.kr
국내 유일의 실내 꽃 박람회로서, 대구를 대표하는 축제. 대구·경북 지역의 화훼 농가에 활력을 불어넣기 위한 행사로 각양각색의 꽃을 만날 수 있다. 매년 1일 방문객만 1만 명 이상이 찾는 대규모 행사로, 매년 빠르게 성장하는 전시회다.

한산 모시문화제

일시 6월 초 **장소** 충청남도 서천군 한산면 한산모시관 일원 **홈페이지** www.hansanmosi.kr
우리나라 최고의 전통 천연 섬유인 모시의 역사성과 우수성을 알리고 체험하는 장이다. 1,500여 년을 이어온 서천군의 한산모시 전통 문화를 이해하고, 모시의 역사를 배우며 아름답고 세련된 모시옷과 모시공예품을 감상할 수 있다.

증평 들노래축제

일시 6월 중순 **장소** 충청북도 증평민속체험박물관 일원(증평군 증평읍 둔덕길 89)
홈페이지 tour.jp.go.kr
전래 민속놀이이자 전국 민속경연대회에서 우수상을 수상한 장뜰두레놀이와 애환의 아리랑고개 공연, 퓨전음악회 등 문화예술 공연이 어우러진 한마당 축제. 특히 축제 중 열리는 전국 사진촬영대회는

도심에서 보기 어려운 두레놀이 시연과 축제와 함께 증평의 아름다운 관광지를 둘러볼 수 있다.

경남 고성 공룡세계엑스포
일시 4월 초~6월 **장소** 경상남도 고성군 회화면 당항포관광지 일원 **홈페이지** www.dino-expo.com

국내 최대 공룡 발자국 화석 산지인 고성에서 펼쳐지는 축제. 빛을 테마로 한 홀로그램 영상관을 비롯하여 5D영상관, 공룡캐릭터관, 디지털공룡체험관, 공룡동산 등 다양한 전시 및 체험시설이 있다. 해가 지면 5개의 테마의 화려한 빛 테마존에서 환상적인 빛의 향연이 펼쳐진다.

7~8월

영월 동강축제
일시 7월 말 **장소** 동강둔치 일원
홈페이지 www.ywfestival.com
동강 뗏목의 전통 문화를 계승하고자 매년 개최되는 축제. 천혜의 비경 동강에 대한 아름다움과 단종, 김삿갓에 얽힌 역사·문화 탐방과 래프팅, 패러글라이딩 체험도 함께할 수 있다. 테마관광도시 영월을 알리는 강원도의 대표적인 축제다.

보령 머드축제
일시 7월 중순 **장소** 대천해수욕장 및 시내 일원
홈페이지 www.mudfestival.or.kr,
www.daechonbeach.or.kr
보령 머드의 우수성을 널리 알리고 지역 관광명소를 홍보하기 위해 개최하는 머드 축제. 축제 기간에는 청정 갯벌에서 진흙을 채취하여 각종 불순물을 제거하는 가공 과정을 거쳐 생산된 머드 분말을 이용한 여러 프로그램과 볼거리와 즐길거리를 제공한다.

포항 국제불빛축제
일시 7월 말 **장소** 형산강체육공원. 영일대해수욕장 일원 **홈페이지** piff.ipohang.org
형산강 하구와 영일만 바다의 아름다운 야경을 무대로 펼쳐진다. 연오랑세오녀 설화의 '역사의 불빛'과 호미곶 일출의 '자연의 불빛', 포스코 용광로의 '산업의 불빛', 포스텍 방사광가속기의 '첨단의 불빛' 그리고 영일만항의 '미래의 불빛'을 담아내는, 포항을 대표하는 축제다.

함양 산삼축제
일시 7월 말 **장소** 함양 상림공원 일원
홈페이지 www.sansamfestival.com
지리산과 덕유산이 위치한 함양 지역은 산삼과 약초의 품질이 뛰어나 건강에 관심 있는 사람들이 꾸준히 찾는 지역이다. 함양산삼축제는 함양에서 직접 재배한 산삼과 약초를 알리기 위한 산삼축제로, 산신제, 버스킹 공연, 체험 마당, 산삼 판매장 등의 행사가 열린다.

금강 여울축제
일시 7월 말 **장소** 충청남도 금산군 부리면 평촌리 금강놀이마당 일원
홈페이지 tour.geumsan.go.kr/html/tour
강촌 마을에서 열리는 축제. 농촌 체험과 전통 민속 공연이 함께 하는 행사들, 전통 부채 만들기, 천연 염색, 대나무 물총 만들기, 금강여울열차 등을 즐길 수 있다.

목포 항구축제
일시 7월 말 **장소** 삼학도 및 선창 일원
홈페이지 www.mokpofestival.com
해양문화역사를 바탕으로 잊혀가는 목포 고유의 해양문화의 보존을 위해서 매년 개최되는 축제다. 목포 고유의 해양문화인 해상 파시를 재현하는 대표 프로그램과 한여름 밤빛의 향연, 이색적인 레포츠 대회, 그리고 다양한 체험 프로그램, 세계 각국의 문화공연이 준비되어 있다.

화천 토마토 축제

일시 8월 중순 **장소** 강원도 화천군 사내면 문화마을
1길 6 **홈페이지** www.tomatofestival.co.kr
대한민국 대표 여름 축제로 손꼽히는 축제다. 맛과
품질로 그 우수성을 입증받은 화악산토마토를 주제
로 각종 체험, 공연, 전시 프로그램이 진행된다. 지
역 경제 활성화와 색다른 축제의 볼거리에 관광객
들의 발길이 이어진다.

통영 한산대첩축제

일시 8월 중순 **장소** 경상남도 통영시 서문로 21
홈페이지 www.hansanf.org
세계 4대 해전 중 가장 위대한 해전인 한산대첩을
승리로 이끈 이충무공의 구국정신을 기리기 위한
축제다. '동양의 나폴리'라 불리는 통영에서 해마다
열린다. 삼도수군통제사 행렬, 한산대첩 재연, 여름
레포츠를 체험할 수 있는 바다축제가 함께 한다.

부산 바다축제

일시 8월 초 **장소** 부산광역시 해운대구 중1동
1015 **홈페이지** www.seafestival.co.kr
부산을 대표하는 관광 명소 해운대해수욕장을 중
심으로 다양한 문화예술행사와 이색 체험 행사들
로 이루어져 있다. 전국 최대 규모의 여름 해변 콘서
트, 부산 바다의 싱그러움과 뮤직 페스티벌, 록 페
스티벌, 가요제, 콘서트, 음악회 등으로 한여름 밤
에 열기를 불어넣는다.

자라섬 불꽃축제

일시 8월 중순 **장소** 경기도 가평군 가평읍 달전리
1-1 **홈페이지** jarasumfestival.com
경기도 가평 자라섬을 중심으로 불꽃 축제, 캠핑,
체험, 문화가 함께 어우러진 공연. 캠핑 명소 답게
캠핑에 필요한 다양한 전시, 체험 프로그램을 제공
하고, 이색 콘텐츠들이 어우러져 있어 온가족이 즐
길 수 있다.

무안 연꽃축제

일시 8월 중순 **장소** 전라남도 무안군 일로읍
백련로 339-2 **홈페이지** tour.muan.go.kr
단일 연꽃 축제로 국내 최대 규모를 자랑하는 남도
의 대표적인 여름 축제. 매년 무안군 일로읍 백련지
일원에서 개최되는데, 10만 평의 초록색 연잎 사이
로 하얀 꽃망울을 틔우는 백련을 감상할 수 있다.
다채로운 체험과 경연대회, 백일장, 사생대회 등이
준비돼 있다.

9~10월

평창 효석문화제

일시 9월 초 **장소** 강원도 평창군 봉평면 문화마을
일원 **홈페이지** www.hyoseok.com
평창이 낳은 현대문학의 대가 가산 이효석 선생과
<메밀꽃 필 무렵>의 무대인 봉평. 문학과 하얗게
흐드러진 메밀꽃이 어우러져 소설처럼 문화 축제가
함께 하는 흥겨운 볼거리를 선사한다.

강릉 커피축제

일시 9월 말~10월 초 **장소** 강원도 강릉시
녹색도시체험센터 및 강릉 일원

홈페이지 www.coffeefestival.net
커피의 도시로도 급부상 중인 강릉. 커피 여행을 즐
기는 사람들의 발길이 끊이지 않고 있다. 강릉커피
축제에서는 커피 생두를 직접 볶고 갈아 한 방울 한
방울 내리는 모습을 볼 수 있다. 130여 개 커피 관
련 업체가 함께 하며, 커피에 대한 다양한 자료와
상품을 만나볼 수 있다.

김제 지평선축제

일시 9월 말~10월 초 **장소** 전라북도 김제시 벽골제
일원 **홈페이지** festival.gimje.go.kr

산, 평야, 바다가 한데 어울러진 아름다운 땅 김제. 지평선축제는 김제의 대표 유적지이자, 우리나라의 최초 저수지 유적인 벽골제 일원에서 열린다. 농경 문화의 중심지로서 5,000년을 이어 내려온 김제의 자연, 문화, 역사를 그대로 살린 체험 축제.

안동 국제탈춤 페스티벌

일시 9월 말~10월 초 **장소** 경상북도 안동시 탈춤공원, 하회마을 일원

홈페이지 www.maskdance.com

유형적인 자산뿐만 아니라 무형 문화재도 전승되어 온 지역, 안동. 동양의 가치관을 고스란히 담고 있는 안동다운 특징을 보여주는 문화적 자산 탈춤이 세계의 탈춤들과 만나 신명나는 축제가 열린다.

금산 인삼축제

일시 9월 말~10월 초

장소 충청남도 금산군 금산읍 인삼광장로 30

홈페이지 www.insamfestival.co.kr

국내 대표 인삼 산지로 유명한 금산에서 열리는 건강 축제. 인삼캐기체험여행, 건강체험관, 인삼한류 체험관, 추억의 인삼거리, 가족문화체험존, 분재, 야생화 전시, 전통민속공연 등 다채로운 프로그램과 천혜의 자연을 만끽할 수 있다.

오대산 문화축전

일시 10월 초 **장소** 강원도 평창군 진부면 오대산3길 62(월정사 일원)

홈페이지 woljeongsa.danah.kr

한국 불교의 성지 오대산은 월정사, 상원사, 적멸보궁을 비롯한 수많은 불교 문화를 간직한 곳이기도 하다. 아름다운 절경이 펼쳐지는 강원도 평창의 오대산에서 불교문화의 독특한 특성을 가진 다양한 프로그램을 만날 수 있는 축제다. 불교문화 체험과 자연생태, 전통문화 체험이 제공된다.

진주 남강 유등 축제

일시 10월 초 **장소** 경상남도 진주시 남강 일원

홈페이지 www.yudeung.com

진주 남강과 진주성을 배경으로 펼쳐지는 빛의 축제. 나라와 겨레를 위해 목숨을 바친 선조들의 얼과 넋을 기리며 군사 전술로 쓰였던 풍등과 횃불, 등불을 테마로 열린다. 수많은 등불과 각양각색의 유등놀이가 펼쳐진다.

수원 화성문화제

일시 10월 초 **장소** 경기도 수원시 화성행궁, 수원천, 연무대, 수원 화성 일원

홈페이지 www.swcf.or.kr

조선 제22대 정조대왕의 효심과 세계문화유산에 등재된 수원화성에서 펼쳐지는 다채로운 문화제. 개막연, 불꽃놀이, 정조대왕 능행차 등의 볼거리와 체험을 만끽할 수 있다. 서울 창덕궁에서 출발해 수원 화성행궁에 이르는 능행차를 그대로 재현하기도 한다.

양양 연어축제

일시 10월 중순 **장소** 강원도 양양군 양양읍 남대천 둔치 일원 **홈페이지** salmon.yangyang.go.kr

5년 동안 치열하게 살아온 연어들이 다시 고향 남대천으로 돌아온다. 거꾸로 강을 거슬러 오르는 힘찬 연어들의 몸짓과 다양한 행사들이 함께 어울린 축제다. 강원도 양양 남대천에서 펼쳐지는 연어 체험은 온가족이 즐기기 좋은 프로그램이다.

마산 가고파 국화축제

일시 10월 말~11월 초 **장소** 경상남도 창원시, 마산항 제1부두 행사장

홈페이지 festival.changwon.go.kr

창원에서 열리는 대한민국 대표 국화 축제. 우리나라 최초 국화 상업재배 시배지이자 지역 특산물로서의 국화를 알리고 기술 보급을 위한 다양한 행사들이 마련된다. 해양 레포츠와 경연 행사, 체험 행사 등의 프로그램이 준비된다.

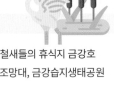

순천만 갈대축제

일시 11월 초 **장소** 전라남도 순천시 대대동 162-2
홈페이지 www.suncheonbay.go.kr
순천만 습지 일원에서 열리는 갈대 축제. 자연의 보
고인 순천만의 습지 보전과 이용을 위한 국제적 노
력과 함께 멸종위기 야생생물, 생태 보전에 대한 발
자취, 다양한 체험 행사, 문화 행사가 함께 하며, 풍
성한 먹거리와 볼거리가 마련된다.

서울 빛초롱축제

일시 11월 한 달간 **장소** 서울특별시 종로구 서린동
14 **홈페이지** www.seoullantern.com
2009년 '서울등축제'를 시작으로 2014년 '서울빛
초롱축제'로 전환되었다. 매년 300만 명이 방문하
는 축제로, 서울 청계광장에서 수표교 일대까지 약
1.2km의 청계천 물길 위에 다양한 이야기를 빛으
로 표현하여 아름답고 독특한 볼거리를 선보인다.

군산-서천 금강철새여행

일시 11월 중순 **장소** 전라북도 군산시 성산면
철새로 120 **홈페이지** gmbo.gunsan.go.kr

대한민국을 대표하는 철새들의 휴식지 금강호
일원의 군산 금강철새조망대, 금강습지생태공원
및 서천 조류생태전시관에서 열린다. 군산시에서
행사의 시작을 알리는 개막식이 진행되며,
군산시와 서천군 행사장에서 생태 체험 프로그램,
탐조 투어 등의 다채로운 행사가 진행된다.

파주 장단콩축제

일시 11월 중순 **장소** 경기도 파주시 문산읍
임진각로 177 **홈페이지** tour.paju.go.kr
파주 임진각에서 열리는 웰빙 축제. 파주 장단콩축
제는 파주시가 '파주 장단콩'의 우수성을 널리 알리
고 이를 통한 지역 농특산물의 소비 촉진 및 지역경
제 활성화를 위해 1997년부터 매년 11월 콩 수확
시기에 맞추어 개최하고 있다.

최남단방어축제

일시 11월 중순 **장소** 제주도 서귀포시 대정읍
하모리 **홈페이지** bangeofestival.com
제주의 대표적 해양문화 축제로서 매년 11월 제주
특산물인 방어를 주제로 한 축제. 제주 최남단에 위

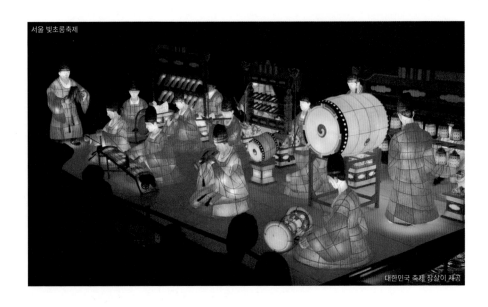

서울 빛초롱축제

대한민국 축제 잔살이 제공

치한 모슬포항에서 방어 맨손 잡기 체험, 풍어제 등의 행사가 진행된다. 매년 15만~20만 명의 관람객이 찾는 제주 대표 축제로 자리 잡고 있다.

허브아일랜드 불빛동화축제

일시 12월 중 **장소** 경기도 포천시 신북면 청신로 947번길 35 **홈페이지** www.herbisland.co.kr
포천 허브아일랜드에서 열리는 불빛 축제. 환상적인 라이팅쇼와 함께 화려한 불빛들이 야경을 채운다. 산속정원, 산타조형물, 소원터널 등 낭만을 더하는 코너들이 가득하다.

춘천 호수별빛나라축제

일시 12월 말 **장소** 강원도 춘천시 수변공원길 54 일대 **홈페이지** www.chmbc.co.kr
춘천의 자랑인 호수와 아름다운 공원을 활용한 그린 페스티벌. 춘천 MBC, M광장 일대에서 화려하게 펼쳐진다. 노천카페의 상설 공연과 더불어 의암호 공지천, 의암공원, KT&G 상상마당 등에서 다채로운 테마를 주제로 공연이 펼쳐진다.

이월드 별빛축제

일시 11월 중순 **장소** 대구광역시 달서구 두류공원로 200 **홈페이지** www.eworld.kr
화려한 불빛과 신나는 음악, 풍성해진 볼거리로 12만여 평의 이월드와 대구의 랜드마크 83을 수놓는 화려한 밤이 열린다. 30여 가지의 놀이기구와 수시로 진행되는 불꽃놀이, 포토존 등 각종 체험거리들이 있다.

청도 프로방스 별빛동화마을 축제

일시 12월~3월 **장소** 경상북도 청도군 화양읍 이슬미로 272-23
홈페이지 www.cheongdo-provence.co.kr
청도 프로방스에서 열리는 수많은 별빛과 축제, 동화 같은 마을을 소재로 펼쳐지는 별빛 축제. 어둠이 내리면 하나둘 빛을 낸다. 다양한 포토존에서의 사진 찍기도 별빛동화마을의 하이라이트.

제주 들불축제

05 전국 가스 충전소 정보

* 2019년 기준. 당일 충전 불가한 곳, 운영 시간이 상이하므로 전화로 문의 후 이용해야 하며, 지역별로 충전 가격이 다를 수 있다.

서울·경기·인천 지역

남서울 가스
서울 강남구 대치동 21-1
02-3411-4411~4415

대성산업
서울 구로구 오류동 74-8
02-2612-0039

LPG 가스충전(그린에너지)
서울 송파구 가락동 22
02-2138-2555

서울 시민가스
서울 송파구 마천동 41-9
02-408-3000

가평 충전소
경기도 가평군 가평읍 하색리 248-2
031-582-9950

원일 에너지
경기 고양시 일산구 문봉동 195-4
031-977-0271

극동실업
경기 광명시 하안동 501-6
02-898-1212, 1213

대성 산업(곤지암)
경기 광주 실촌면 삼리 612-8
031-763-6107~6109

구리 LPG 충전소
경기 구리시 갈매동113
031-552-0242~0244

창림 에너지(평화로)
경기 동두천시 상봉암동 154-1
031-866-8111~8114

현대오일뱅크 김포
경기 부천시 오정구 고강동 100-4
032-671-0418

동일석유 부천
경기 부천시 오정구 삼정동 67-6
032-673-6719

SK 안산충전소
경기 안산시 사동 1493
031-409-6051~6055

안성 에너지
경기 안성시 대덕면 모산리 396-3
031-672-2212~2215

SK 원곡 충전소
경기 안성시 원곡면 내가천리 산 25-7
031-653-6886

반일가스 공업
경기 안산시 사사동 142-1
031-419-3551~3558

창림 에너지(평화로)
삼표에너지
경기 안양시 만안구 양양 7동 206-12
031-443-7111

여주 LPG 충전소
경기 여주군 가남면 은봉리 38-2
031-884-7113 ,7114

현대오일뱅크
경기 여주군 북래면 천송리 565-1
031-883-7701, 7702

MS 가스 용인 공장
경기도 용인시 양지면 주북리 429-3
031-339-2032

동일 석유 이천
경기 이천시 관고동 121-1
031-634-2000

SK 덕평 충전소
경기 이천시 마장면 이치리 522-4
031-633-0383~0385

신성가스 공업
경기 파주시 문산읍 선유리 966-29
031-954-2244

삼성가스
경기 평택시 세교동 477-1
031-652-9466

SK 평택 충전소
경기 평택시 청북면 고염리 926-1
031-683-1171~1173

SK 포천 충전소
경기 포천시 내촌면 음현리 640
031-571-2160

대성산업
경기 포천시 영증면 금주리 870-6
031-533-5903~5906

SK 하남 충전소
경기 하남시 창우동 522
02-744-5872

화성 LPG
경기 화성군 팔탄면 구장리 103
031-534-6610~6612

에너지 프라자(조암)
경기 화성시 우정면 호곡리 89-1
031-351- 6123~6126

성림 가스 충전소
인천 남구 주안 5동 35-1
032-442-3301~3303

현대오일뱅크 인천
인천 부평구 구산동 12-5
032-518-6601~6602

현대오일뱅크 한일
인천 서구 가좌동 574-21
032-576-2131~2133

LPG 뱅크
인천 서구 석남동 222
032-571-1851~1853

인천 LPG 충전소
인천 서구 학익동 401-26
032-865-0081~0084

SK 인천 충전소
인천 중구 항동 가 50
032-885-4961

강원 지역

동해 가스
강릉시 교동 613-3
033-646-4921

강릉에너지(동덕)
강릉시 연곡면 덩덕리 259
033-644-9361~9362

강릉에너지
강릉시 포남동 1005-274
033-642-7757

E-대일가스
동해시 천곡동 360
033-532-9023

삼척가스
삼척시 마달동 13-1
033-574-1351~1352

영동가스충전소
속초시 교동 795-3, 795-4
033-635-5913

부흥가스 충전소
속초시 조양동 1288-- 12
033-633-2854

한도가스 충전소
영월군 북면 문곡리 1587-2
033-374-7042

GS 웅진상사
원주시 단계동 198-2
033-742-1112~1124

북원 충전소
원주시 단구동 735
033-760-6618

정우가스
원주시 태장동 2077
033-734-2676

강원가스 충전소
철원군 갈말읍 강포리 130-5
033-452-0017

GS춘천가스
춘천시 근화동 794-1
033-257-1526

동보 충전소
춘천시 후평동 726-5
033-254-6787

태백가스 상사
태백시 문곡동 16-6
033-581-8306

황지가스
태백시 상장동 산 171-2
033-552-2259

동방산업
평창군 용평면 장평리 204
033-332-4427

홍천가스상사
홍천군 북방면 하화계리 300-1
033-433-7444

광주·전라 지역

대우가스
김제시 하동 427-4
063-546-3131, 3132

전북가스 충전소
완주군 봉동읍 구만리 146
063-244-3979

전북 현대 충전소
완주군 용진면 구억리 515-1
063-242-5589

전북 익산 LPG 충전소
익산시 금강동 1118-16
063-833-7770

한성가스
익산시 금강동 950-3
063-858-5567

신동양 충전소
익산시 목천동 415-14
063-837-1011

임실 충전소
임실군 임실읍 두곡리 195-8
063-643-4500

전북 전주 에너지 충전소
전주시 덕진구 팔복동 1가 282-2
063-211-6300

전북 서곡프로판 충전소
전주시 완산구 효자동 3가 848-3
063-277-9934

전북 청기와 에너지
정읍시 신태인읍 신덕리 95
063-571-8000

전북 가스 충전소
군산시 소룡동 545
063-462-6161

우진 엘피지 산업
남원시 어현동 599
063-632-5188

남원 LPG 충전소
남원시 월락동 495-5
063-633-5500

전남 금선 에너지
전라남도 광양시 광양읍 초남리 557-2
061-763-8833

전남 대영 에너지
구례군 용방면 죽정리 362-3
061-782-7800

전남 나주 가스 충전소
나주시 문평면 옥당리 108-5
061-335-4500

전남 신일 에너지
담양군 무정면 봉안리 201
061-383-6501

전남 금성가스
목포시 산정동 1422-22

전남 목포가스
목포시 석현동 669-19
061-283-6300

전남 ME ENERGY
목포시 석현동 952-2
061-280-6256

전남 남악 IC개발 벌교 충전소
보성군 벌교읍 척령리 277-3
061-857-3900

전남 동양 LPG 충전소
전라남도 순천시 가곡동 976-3
061-752-7391

E1 순천 LPG 충전소
순천시 연향동 139-1
061-744-7504

자동리가스 충전소
신안군 지도읍 자동리 산 216-4
061-262-7231

구봉가스 충전소
전라남도 여수시 국동 37-497
061-642-2023

동화가스 여수 영업소
여수시 연등동 71 6-2
061-641-5910

영진 에너지
영광군 영광읍 녹사리 69-3
061-352-1943

청기와 에너지
장흥군 안양면 기산리 687-9
061-863-6618~6619

전남 한성가스 충전소
해남군 해남읍 구교리 423-5
061-536-2181

대구·경북 지역

SK 경산 충전소
경산시 진량면 선화리 173-1
054-851-6981~6983

한성산업
경주시 용강동 1276-1
054-776-0001~0004

광평 LPG
경상북도 구미시 광평동 60-6
054-463-8801

구미가스
구미시 비산동 376-1
054-463-2077

문화가스
구미시 원평1동 535-10

대한가스
구미시 광평동 55-1
054-463-5115

김천 중앙 충전소
김천시 지화동 765-7
054-463-1011~1012

상주 충전소
상주시 화개동 4-4
054-534-2171~2172

대성 산업
안동시 수상동 820-49
054-858-8903

영주 LPG
영주시 장수면 반구리 527
054-638-7177

영주 LPG 충전소
영주시 휴천 1동 707-3
054-631-2221

영천 LPG 충전소
영천시 화산면 당곡리 산 62
054-335-8887

울진 충전소
울진군 울진읍 읍남리 350
054-782-2965~2966

의성 충선소
경상북도 의성군 의성읍 철파리 270-20
054-832-0365

SK 동해 충전소
포항시 남구 동촌동 1011-5
054-272-2049

대성 산업 포항
포항시 남구 해도 2동 99-2
054-272-4158

천일가스
포항시 남구 호동 576
054-277-1001

SK 글로벌 세영 충전소
대구 달서구 갈산동 100-63
053-581-6145~6146

대구 LPG 충전소
대구 달서구 상인동 1384
053-632-3381~3384

경성 에너지 대구산업
대구 달서구 상인동 1384
053-585-6311

경북가스
대구동구 효목동 291-4
053-751-7777

GS흥구 원대 가스
대구북구노원동 3가 636
053-357-7710

대성 산업
대구 북구 칠성동 2가 67-1
053-353-7081~7083

한신 충전소
대구 북구 침산동 842
053-354-5571~5573

경북산소
대구 서구 이현동 52-91
053-562-1614

화성가스
대구 서구 중리동 1120-11
053-565-0221~0223

부산·울산·경남 지역

성주 에너지
경상남도 거제시 아양동 111-1
055-681-3133~3134

동광개발 목포 충전소
경상남도 거제시 목포 1동 192
055-687-9145

거창 LPG
거창군 거창읍 송정리220
055-944-6840

PSG 동방 충전소
경상남도 고성군 고성읍 우산리 4-1
055-672-4174~4176

대성 종합가스
경상남도 고성군 고성읍 율대 5길 15
055-672-4641~4643

SK 김해 LPG
김해시 안동 260-24
055-334-9466~9468

가야가스
경상남도 김해시 어방동 1067-2
055-322-2311~2316

MS에너지
경상남도 김해시 한림읍 가산리 347-2
055-342-0554~0555

성부 가스 산업
경상남도 남해군 고현면 도마리 732-4
055-864-8104

경서 에너지
경상남도 마산시 내서면 중리 1211
055-232-8891

금성 가스
경상남도 마산시 봉암동 472-8
055-292-4136~4137

명성 에너지(극동)
마산시 석전동 260-1
055-255-0010

마산 에너지 P
경남마산시 신포동 1가 35-1
055-243-8811~8815

마산 LPG
경상남도 마산시 합성동 328-3
055-251-6801~6802

밀양에너지
밀양시 삼문동 102-24
055-354-0715

남척가스
경상남도 사천시 공명면 조장리 258
055-852-4706~4707

신성 에너지
경상남도 양산시 북정동 167
055-385-4002

MS 종합가스
경상남도 양산시 웅상읍 주남리 541-10
055-366-5522~5523

광진 에너지
경상남도 진주시 나동면 독산리 582-1
055-758-8000~8002

MS 가스 용인 공장
경상남도 잔주시 상평동 214-17
055-752-3330

명성 에너지
경상남도 진주시 상평동 231-8
055-752-4989~91

대림 가스 공업
경상남도 진주시 상평동 235-3
055-752-1233~1234

영진 가스
경상남도 진해시 덕산동 25-1
055-574-4450~4451

경성에너지
경상남도 창녕군 대합면 등지리 274
055-532-2557~2558

광신개발
경상남도 창원시 대원동 73
055-273-2300

SK 평택 충전소 P
경상남도 통영시 도산면 법송리 1192-2
055-643-9300

GS 오일 석유 P
부산 금정구 화동동 164
051-528-1133

한국 에너지 산업(기장)
부산 가장군 가장읍 청강리 705-8
051-722-5152~5155

대양산업
부산 동작구 범일동 252
051-646-5561

한국가스산업 H
부산 동구 범일동 830
051-635-3131~3135

삼성에너지
부산 동래구 수안동 80
051-555-3100

동양가스 산업
부산 북구 덕천동 574-2
051-333-0036~0038

한국가스 산업 사상
부산 사상구 감전동 158-13
051-326-3131~3135

아신 산업
부산 사상구 감전동 500-1
051-311-0131

극동유화(감전)
부산 사상구 감전동 507-13
051-311-1311~1315

대성 산업
부산 사상구 덕포동 394-4
051-303-4747

MS 가스 P
부산 사상구 학장동 276-22
051-325-5501~5506

은광가스 산업
부산 사하구 감천동 805-9
051-206-3326~3328

광진 기업(장림)
부산 사하구 장림 2동 370
051-263-3131~3132

부산 가스개발
부산 서구 남부 민동 692
051-248-7365~7369

SK 가스 부산 에너지
부산 영도구 청학동 1-46
051-403-5752~5753

송정 LPG 충전소
부산 해운대구 송정동 77-7
051-704-9197

고려 엘피가스
울산 남구 여천동 1000-1
052-272-8487

울산 LPG
울산 남구 여천동 901-19
052-272-8844~8846

금광가스
울산 남구 달동 1272-8
052-272-8900

아성 에너지
울산 북구 효문동 666
052-287-1666

제주 미래 에너지 P
제주 북제주군 한림읍 협재리 2791
064-796-1422~1424

한라가스 충전소
제주 서귀포시 신효동 1325-12
064-767-2222

연동가스 충전소 13K
제주 제주시 연동 1395-1
064-711-0339

천마물산 P
제주 제주시 일도 2동 233-1
064-784-3205

INDEX

경상도

제주도

메모

우리 산천에서 즐기는
아웃도어 여행의 모든 것

중앙books × 대한민국 가이드 시리즈

대한민국 트레킹 가이드

진우석·이상은

등산보다 가볍게, 산책보다 신나게!
계절별·테마별 트레킹 코스 66개

최신개정판

대한민국 섬 여행 가이드

이준휘

걷고, 자전거 타고, 물놀이 하고,
캠핑하기 좋은 우리 섬 50곳

최신개정판

서울·경기·인천 트레킹 가이드

진우석

천천히 한 걸음씩
반나절이면 충분한 도심 속 걷기 여행

신간

휴일만 손꼽아 기다리는 당신에게

최고의 야외 생활을 설계해 줄
중앙북스의 대한민국 가이드 시리즈를 소개합니다.

제주 오름 트레킹 가이드
이승태

오늘은 오름, 제주의 자연과 만나는
생애 가장 건강한 휴가

(신간)

대한민국 자전거길 가이드
이준휘

언제든 달리고 싶은 우리나라 최고의
물길, 산길, 도심길 자전거 코스

대한민국 자연휴양림 가이드
이준휘

숲으로 떠나는 평화로운 시간,
몸과 마음이 건강해지는 자연휴양림 여행법

대한민국
자동차 캠핑 가이드

초판 1쇄 2021년 2월 25일
개정판 1쇄 2021년 12월 6일
개정판 2쇄 2024년 7월 1일

지은이 | 허준성 · 여미현 · 표영도

발행인 | 박장희
대표이사 · 제작총괄 | 정철근
본부장 | 이정아
책임편집 | 문주미

기획위원 | 박정호

마케팅 | 김주희, 박화인, 이현지, 한륜아
표지 디자인 | ALL designgroup, 변바희
본문 디자인 | 김성은, 김미연
지도 디자인 | 양재연

발행처 | 중앙일보에스(주)
주소 | (03909) 서울시 마포구 상암산로 48-6
등록 | 2008년 1월 25일 제2014-000178호
문의 | jbooks@joongang.co.kr
홈페이지 | jbooks.joins.com
네이버 포스트 | post.naver.com/joongangbooks
인스타그램 | @j__books

ⓒ 허준성 · 여미현 · 표영도, 2021

ISBN 978-89-278-1270-8 14980
ISBN 978-89-278-1257-9 (세트)

중앙**books** 는 중앙일보에스(주)의 단행본 출판 브랜드입니다.

숲의 푸르름 만큼 행복이 더해지는

포레스트 파크, 휘닉스 평창

푸르름이 가득한 숲과 잔디가 펼쳐진 포레스트 파크엔 일상과 완전히 다른 풍경과 즐거움으로 가득합니다.
어디서든 이어지는 자연과의 소통, 일상에서 벗어난 여유, 소중한 사람과 함께 즐기기 충분한 공간
여행에 대한 불필요한 고민 없이 숲과 자연 속에서 호흡하며 여유롭고 건강한 여행을 떠나보세요.

phoenix
pyeongchang

문의 및 예약 1577 0069(#1)   홈페이지 www.phoenixhnr.co.kr